优质中药材种植全攻略

——一本写给药农的中药材宝典

黄璐琦　王　升　郭兰萍　主编

中国农业出版社
北　京

编 者 名 单

主　　编： 黄璐琦　王　升　郭兰萍

副 主 编： 周　涛　王　晓　詹志来　万修福

编者名单（按姓氏笔画排序）**：**

万修福　王　升　王　晓　王引权　王铁霖

王娟娟　王继永　石琳源　卢　恒　吕朝耕

向增旭　刘　伟　闫滨滨　孙　智　李　莉

杨　野　何　林　何霞红　谷　巍　张　燕

张小波　张子华　张重义　张逸雯　岳广欣

金　艳　周　涛　周良云　郑司浩　赵振宇

袁青松　殷延志　郭兰萍　黄璐琦　崔　莉

康传志　葛　阳　蒋靖怡　曾　燕　詹志来

前言

随着健康中国战略的深入实施，人民对美好、健康生活的需求逐步提升，加之全球新冠肺炎疫情的蔓延，人类已经意识到中医药在健康养生和防病治病领域发挥着不可替代的作用，中药材的需求量，尤其是优质中药材的需求量不断被拉升。

近年来，我国中药材生产快速发展，种植面积持续增长，2020年达到8 822万亩。中药材种植种类进一步增加，常见栽培中药材发展到300余种。中药材种植已经成为健康中国、脱贫攻坚以及乡村振兴等多项国家战略的重要支撑。据统计，2019年初全国约有44%的贫困县开展了中药材种植，规模达2 130万亩，年产值近700亿元，共带动222万人脱贫致富。

在扶贫工作全面推进中，发现大部分药农存在专业化水平不高，对市场了解不清晰，绿色防控管理不到位等不足。尤其是大部分药农对中药材缺乏一些基本的常识和理解，还是像对待普通农作物一样对待中药材，导致了药材质量不稳定、药农收入得不到保障等问题，急需我们在全国范围内开展中药材农民培训，以提高中药材种植技术，从而保障中药材质量。从“扶贫先扶志，扶贫必扶智”的角度出发，近年来，中国中医科学院中药资源中心融合统战部“中国健康好乡村”项目、国家中医药管理局中药材产业扶贫行动、国家中药材产业技术体系技术建设等一系列工作，在全国范围内开展了不同形式的中药材种植带动、培训和推广工作。

为在全国范围内更好地开展中药材农民培训工作，我们组织相关高等院校与科研院所，编写了《优质中药材种植全攻略——一本写给药农的中药材宝典》，一本写给中药材种植农民的，有“药味”的、接地气的、图文并茂、公益性的科普读物。本书共12章，分为两部分。第一至四章为具有浓厚“药味”的中药学基本知识部分，从中医药是我国的伟大宝库、中药药性理论、中药分类和道地药材几个方面介绍了什么是中药。第五至十二章为接地气的中药材生产部分，主要从中药材生产现状与区划、中药材质量管理与控制、中药材种质资源的多样性及其品种的选择、中药材栽培的土肥水管理、中药材病虫草害综合防治、中药生态农业、中药材设施栽培及智能化管控、中药材采收及产地加工等方面介绍了中药材种植的关键技术环节。本书内容参考了最新的科研成果、吸收了传统种植经验，同时结合生产实际，在写作风格上强调通俗易懂，突出可读性和故事性。

本书是一系列相关项目成果的总结，相关研究得到了财政部和农业农村部国家现代农业产业技术体系、“十三五”国家重点研发计划(2017YFC170701、2017YFC1701405、2017YFC170705)、国家自然科学基金重大项目（81891014)、中国中医科学院科技创新工程（CI2021A03903）等项目资助。

因地制宜发展中药材产业是脱贫之良方，是乡村振兴之良策。实施乡村振兴，重在产业兴旺，关键在于科技进步，而广大农村处于国家科技创新体系的“末梢”，是科技支撑“最弱的一环”。加强职业人才的教育，尤其是高素质农民的教育，是科技支撑乡村振兴的重要途径。希望本书能在正确指导中药材的专业化选种、栽培、植保、采收、产地加工等生产相关工作的科学进行，为产业兴旺提供科技支撑，助力乡村振兴中发挥积极的作用。

编　者

2021年8月

目　录

第二部分
优质中药材种植技术

第一部分

中药学基本知识

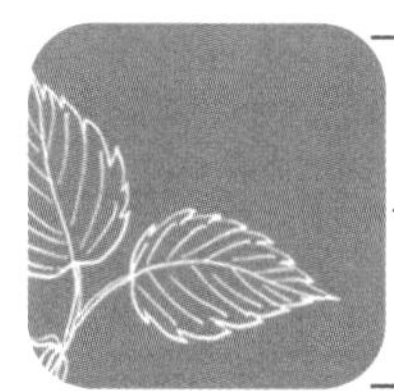

第一章 中医药是我国伟大的宝库

第一节 中医药的形成与发展

中医药是一个伟大的宝库，是中华优秀文化的杰出代表，其形成于长期的医学实践，在不断地总结、提升过程中，又受各时期文化、政治、天文、地理等因素影响，形成了一套完整的对人体生命和疾病认知的医学理论体系。

一、中医理论的形成

中医药理论的形成主要来源于实践，并在实践中接受检验和发展。中医药理论由中华民族的祖先在长期生产、生活实践中逐步创造、积累和总结所得。“神农尝百草，一日而遇七十毒”就是有目的的医疗实践活动的总结。通过剖杀动物观察组织结构和功能，如胃肠具有“传化物而不藏，实而不能满”的特性等。另外，中国古代哲学孕育了中医药学的思维，在中医药学中将古代哲学思维具体实用化，衍生了中医临床常用的理论思维方法，主要包括天人合一、整体观念、顺势思维、辨证论治、动态平衡五方面。

中医理论的形成源于黄帝、扁鹊等，以问答等形式被记载和认识。《黄帝内经》为现存早期较为系统的医学著作，也标志着古代中医学从经验提升至理论指导下的具体实践。据考证，《黄帝内经》约成书于西汉，在《史记》之后，《汉书》之前。中药的早期著作《神农本草经》对三百余种药物及其疗效进行了总结归纳，包括药物剂量的使用、功效等。随后秦汉时期张仲景著《伤寒杂病论》《金匮要略》，隋唐孙思邈著《千金要方》《千金翼方》等，金元四大家以及不同医学流派百家争鸣，使中医药理论体系不断丰富。

传承与创新是中医药发展的主题，也是中医药发展的内生动力。中医药典籍浩如烟海，中医药理论百家争鸣，中医药学在千百年的临床实践中有序传承，不断发展，直至今日，仍在临床实践中接受检验，在指导实践中不断发展，实为中医药学理论长青的根本原因。

二、医学相关的考古发现

大量出土的医学文献与文物资料对中医药源流探索、中医药传承与发展有重要意义。近现代的大量考古发现可较真实地还原远古时期人类对生命和疾病的认识。如早期出土的人头骨证实开颅手术的应用距今约5 000年，对九针的应用在公元前2 000多年，对人体经络的认识早于汉代，通过甲骨文认识到商代就有“口、首”等器官的记录以及对“疟、疥、蛊”等疾病的记载。

1.早期中医外科疗法 从考古获取的证据可证实，现今大量使用的医学外科治疗是古代中医治疗疾病的主要手段之一。科学家推测1995年于山东广饶傅家大汶口遗址发现的距今约5 000年的一具人类骨骼曾做过开颅手术，且该患者在接受手术后至少存活了两年。

2.九针的出土 1968年，在河北满城西汉中山靖王刘胜墓（葬于公元前113年至公元前103年）出土了金医针4枚、银医针6枚。其中，金医针针体长6.5 ~ 6.9厘米，上端为方柱形的柄，比针身略粗，柄上有1个小孔，计有鍉针、锋针各1枚，毫针2枚；6枚银医针都残缺，其中有1根可能是员针。据研究，这批金、银医针与《灵枢·九针十二原》所述形制相似，属于两千年前遗留下来的“古九针”，被认为是现存最早的针具实物。

3.经络认识 1993年四川绵阳双包山二号西汉墓出土了木人模型，高28.1厘米，木胎，体表髹黑漆，裸体直立，手臂伸直，掌心向前，体表绘有纵形19条红色线，与经脉循行线类似，发掘者将之命名为“人体经脉漆雕”。作为与经脉内容相关的模型，它要比针灸铜人早千余年，可见其意义之重大。

2012年成都金牛区天回镇3号墓出土的西汉经穴髹漆人像，是迄今为止我国发现最早、最完整的经穴人体模型。且木人上漆绘的红线表现的是早期经脉学说“十一脉”的体表循行；白线表现的是早期经脉学说“十二脉”的经脉循行。此外，木人身上有大小不一、形状不规则的点百余个，表现的是脉腧。

4. 最早的中药辅料炮制品 西汉海昏侯墓园主墓（M1）中出土了由木质漆盒盛装的样品，通过核磁及三维重建、显微分析，发现该样品由外部辅料层和内部植物层构成（图1-1）。结合显微特征、质谱分析，推测该样品中为玄参科地黄属（*Rehmannia*）植物的根，且可能经过了热水等处理，《神农本草经》记载地黄具有“主折跌，绝筋，伤中。血痹，填骨髓，长肌肉”等功效，这与古代文史资料记载墓主生前患有严重的风湿病相符。样品的辅料层内含有淀粉粒与蔗糖，这可能与炮制“矫味矫臭、利于服用”的作用有关。M1木质漆盒内遗存样品是迄今报道的我国古代最早的中药辅料炮制品，其发现和鉴定为深入了解我国古代药物炮制与应用历史奠定了基础。

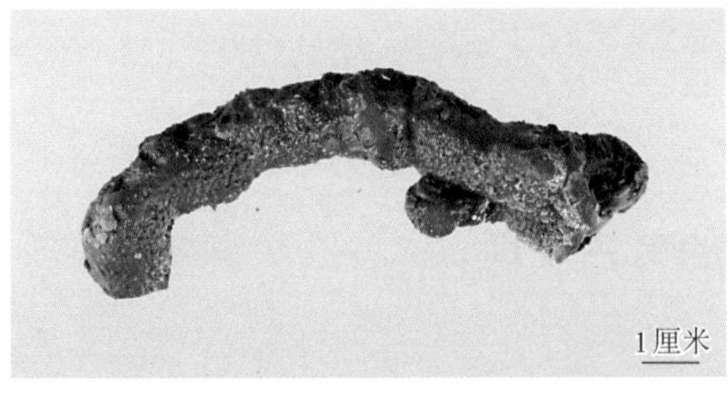

图1-1 海昏侯墓室出土样品（左）及其漆盒（右）

三、中药的发现

中药是指在中医理论指导下用于预防、诊断、治疗疾病或调节人体机能的药物，多为植物药，也有动物药、矿物药。中国劳动人民几千年来在与疾病作斗争的过程中，通过实践，逐渐积累了丰富的医药知识。由于药物中的“草”类占大多数，所以记载药物的书籍称为“本草”。

《史记纲要》中记载：“神农尝百草，始有医药”，《淮南子·修务训》中记载：“神农……尝百草之滋味，水泉之甘苦，令民知所避就，当此之时，一日而遇七十毒。”《新语卷上》中也有关于“神农尝百草”的传说和古谚。“神农”是那个时代的劳动人民，“尝百草”反映了医药起源于劳动实践的过程。“一日而遇七十毒”反映了祖先在发现药物的过程中付出的巨大代价。虽属于历史传说，但它也真实生动地反映了我们祖先在与自然和疾病斗争过程中，发现药物的过程。在原始社会，人们通过长期的观察和实践，逐渐学会了辨别一些植物的方法，且通过口尝身受，逐渐认识了哪些植物对人体有益，哪些具有治疗作用，而哪些误食会导致呕吐、昏迷甚至死亡，这就是早期植物药的发现。随着后期工具的使用，逐渐发现了动物药等。

随着文字的创造和使用，药物由口耳相传发展为文字记载。数千年前的钟鼎文中已出现了“药”字：（战国文字）。《说文解字》训释为“治病之草，从草，乐音。”明确指出了“药”即治病之物，且以“草”类居多。《山海经》记载100余种动物药和植物药，并记述了它们的医疗用途。西周《周礼·天官·医师》中有“医师掌医之政令，聚毒药以供医事”一语，说明在古代发现中药的时候，人们已经认识到不少中药材本身就是以毒的形式出现的，所以称之为“毒药”。20世纪70年代出土于长沙马王堆的帛书《五十二病方》载方约300首，涉及药物240种，对药物的炮制、制剂、用法、禁忌等皆有记述，体现中药应用的悠久历史。

现存最早的药学专著《神农本草经》，载药365种，按照药物有毒无毒、养生延年、驱邪治病的差别，分为上、中、下三品，即后世三品分类。每药之下，均有相应药物的性味、主治功用、生长环境等，部分药品还介绍别名、产地等。后世本草的发展根据药物属性、药物功用等对其进行了进一步的分类。

20世纪50年代以来，政府先后数次组织人员对中药资源进行大规模调查，在此基础上编制全国性的中药书籍，目前使用的中药总数达8 000余种。随着现代自然科学迅速发展，在中医药事业自身发展需求的促进下，中药的现代研究取得瞩目成就，促进了中药鉴定、中药化学、中药药理学、炮制学、制剂学、储备学等学科的发展和进步。

四、中医药的优势与发展

中医学具有众多优势，顺应了健康医学发展的要求。首先，中医具有“治未病”学术思想，《素问·四气调冲大论》记载：“圣人不治已病治未病，不治已乱治未乱”，中医“治未病”的思想有三层含义：一是未病先防，强调了预防疾病的重要性；二是既病防变，突出了根据疾病的现状及其发展规律，早期、有预见性的合理治疗；三是愈后防复，疾病痊愈后防止其复发。中医学不仅有丰富的预防保健理论，预防保健的方法也很丰富，如中医的导引、气功等方法对养生保健大有裨益。其次，中医学还具有整体观与健康医学的服务宗旨。中医学认为“天人合一”，人体本身是形神统一的整体，人体的功能状态是肌体对内外环境作用的综合反应。中医学不是机械地孤立地看待“病”，而是把“病人”看做是一个整体，把“病”作为人体在一定内外因素作用下，在一定时间的失衡状态。在治疗上，既要祛邪、又要扶正，强调机体正气的作用，通过调节人整体机能状态达到治病的目的。中医在防病治病时，强调内外各种因素对人的影响，因而即使同一种病，由于性别、年龄、体质、性格、生活环境及精神状态等种种差异，导致临床表现各个不同，中医强调的“辨证论治”正是通过不同的“证”来认识每个人所患疾病的关键病因和病机，而采取相应的治疗方法，实际上做到了个体化治疗。再次，中医治疗手段较多，归纳起来主要有药物和非药物疗法两种。中医方剂是中医最常用的药物疗法之一，方剂的有效成分复杂，正适应于人体多样性和病变复杂性的特点，通过多环节、多层次、多靶点作用以调节人体自身功能。中医疗法除了传统汤药，众多的非药物疗法也是中医的优势，如气功、导引、砭石、针灸、按摩等等，简单易行，容易掌握，可以解决诸多常见病多发病，甚至急性病。

此外，中医药所倡导的养生保健思想对提高人们健康素质和生活质量有重要指导作用，中医强调的“天人合一、形神统一、动静结合”为主体的养生保健理论和丰富多彩、行之有效的方法，对未来人类的身心健康有重要作用。中医药学以其完整独特的理论体系和有效的防治手段成为现代医学不可替代的一部分，其防治现代人类疾病的优势正为国际社会所认识，其发展越来越受到世界各国的关注，随着中医药学的深入发展以及能被国际社会理解和接受的有关中医药名词术语的规范化，大量中医药教育和医疗机构的建立，中药研发生产、质量控制、安全评价等中医药行业国际标准化，中医药学必将被世界各国人民所接受，中医药必将在未来迅猛发展的健康医学事业中发挥更大的作用，以其良好的临床疗效和防病治病的能力与现代医学互相取长补短，共同发展，共同进步。

第二节　中医药是中华文明宝库的钥匙

中医药文化是由我国劳动人民、历代医药学者共同创造的，并以其强大的生命力和极大的包容性随着科学技术的进步逐步发展和完善。中医药文化是指源于中医理论及中医各项治疗手段的，包括价值观念、认识事物的思维和处理矛盾的方式在内的开放的、发展的中国传统文化。习近平总书记在澳大利亚墨尔本中医孔子学院指出：“中医药学凝聚着深邃的哲学智慧和中华民族几千年的健康养生理念及其实践经验，是中国古代科学的瑰宝，也是打开中华文明宝库的钥匙。深入研究和科学总结中医药学对丰富世界医学事业、推进生命科学研究具有积极意义。”

一、中医与传统文化

文化是一个民族的灵魂，是独特于世界民族之林的标记。中国传统文化是决定中国人思维方式、价值取向、气质特征的根本基因，是中华民族号召力、凝聚力和向心力的源泉[①]。中医文化是中国传统文化的典型和范例，是科学文化和人文文化水乳交融的知识体系，是中华民族对生命与疾病认知的独特构成部分。中医文化世代相传，我国古代劳动人民对于中医药文化的形成、传播、传承、发展有着不可磨灭的功绩，正是这样强大的群众基础，才使这一优秀传统文化根深叶茂、源远流长。

众所周知，中医是中国传统文化的重要组成部分，是当今仍在发挥重要作用的中国传统科学，是传统文化的重要载体之一[②]。因此，从某种程度上说，中医药文化的复兴是推动中华民族文化复兴的一个重要途径，中医药文化能够重现昔日辉煌也将是中华民族文化复兴的一个重要表现。中医药学在发展的过程中，不断汲取当时的哲学、文学、数学、历史、地理、天文、军事等多种学科知识的营养，同时又融入中华民族优秀传统文化的血脉之中，成为传统文化不可分割的一个组成部分。中医药学是在中华民族传统文化的土壤中萌生、成长的，中医药学在这种文化氛围中能够自然地得以普及，民众或多或少都能知医识药。“秀才学医，笼中捉鸡”，一方面形象地道出了具有传统文化知识背景的人学习中医相对容易之现象，另一方面也说明了中医与传统文化的密切关系。

（一）中医文化遵循“天人合一”的整体观

中医文化崇尚自然，其“天人合一”的整体观颇为典型：人与天地自然是一个有机的整体，人的一切生命活动与自然息息相关。《素问·宝命全形论》说：“人以天地之气生，四时之法成，天地合气，命之日人”，就是提示人类应该尊重自然、保护自然，与自然和谐共处。

尊重自然是中医文化发展的前提。中医认为人是一个有机的整体，与自然四时气候的变化紧密联系，形成了人与自然的统一。事实表明，按照天人合一的整体观，自然环境及气候变化确实会影响人体生理功能，从而导致疾病的发生，譬如重症急性呼吸综合征（SARS）、禽流感等疾病的发生给现代社会和经济造成深重影响，都源于人类对自然与环境任意践踏和亵渎。

保护自然是中医文化发展的基础。中医文化认为，人是天地宇宙发展到一定阶段的产物，是大自然的组成部分，人体小宇宙与天地大宇宙息息相通，人体不仅在结构上与天地相应，人体的机能活动与天地阴阳、四季的变化规律相一致，人体生命活动等受自然规律的支配和约束，环境的改变必然导致人类生存和健康状况的变化，并以此解释人体的组织结构、生理功能、病理变化，指导疾病的诊断和防治。事实证明，被污染的土

① 郑晓红, 王旭东. 中医文化的核心价值体系与核心价值观[J]. 中医杂志, 2012, 53(4): 271-273.

② 张其成, 李艳. 中医药文化研究的意义及其战略思考[J]. 中华中医药杂志, 2006(2): 67-70.

地、水、空气、食物等都在直接或间接地伤害我们自己。因此，为了人类自身的生存安全和健康，保护环境刻不容缓。

追求自然是中医文化可持续发展的动力。中医文化高度重视自然的价值理念，强调自然有着人类赖以生存的必要条件。历代中医养生学家都把追求自然作为保健防病的重要原则，强调人类必须顺应自然环境与社会环境的客观规律。传统中医文化追求自然的文化精神，既有利于对自然环境的保护，又有利于促进国民身体的健康。

（二）中医文化所倡导的伦理道德

创造一个具有良好伦理秩序和道德氛围的社会环境是构建和谐社会的重要前提。正如道格拉斯·诺斯所言："一个社会健全的伦理道德准则是使社会稳定、经济制度富有活力的黏合剂"。中医文化不仅是中华医药的宝库，也是中国传统的伦理道德文化的集大成者。中医文化积极倡导的"悬壶济世"的社会责任感、"大医精诚"的职业操守、"以人为本"的人文精神都有利于构建一个和谐、友好的社会环境。

"悬壶济世"的社会责任感。中华医学，自古便有"悬壶济世"的优良传统。自宋代以来，秉承儒家思想的传统，"不为良相，则为良医"，更是成为旷世流风。可见，中华医学凝聚着中华民族深厚的社会责任感。一个拥有强烈社会责任感的民族是有前途的民族。中华民族之所以曾经创造过无比辉煌的成就，是与中华民族独特的文化气质分不开的。在构建和谐社会、全面建设小康社会的伟大实践中，树立和弘扬崇高的社会责任感尤为重要。

"大医精诚"的职业操守。唐代著名医学家孙思邈在《千金要方·大医精诚》中，精辟地论述了医生必须恪守的道德准则：一为"精"，即技术精湛；二为"诚"，即品德高尚。孙氏对医生提出的以"精诚"为要，尊重生命、仁善博爱、一视同仁、精求医术、专心敬业等要求，基本上涵盖了一名医者应具备的品格和素质，是医务人员必须遵循的职业操守。在"和谐社会"的建设过程中，将"精诚"二字视为医务工作者的职业操守，对其全面提升医务工作者的职业道德素养、转变行业作风、缓解紧张的医患关系有着十分重要的现实意义。

"以人为本"的人文精神。自古以来，中医文化就以尊重生命、以人为本的人文精神为世人所称颂。《黄帝内经》提出："天覆地载，万物悉备，莫贵于人"；孙思邈《千金要方》强调："人命至重，有贵千金"，均是中医文化"以人为本"的文化气质和精神品质的具体体现。构建"和谐社会"，借鉴"以人为本"的中医文化精神既要吸取传统文化中的精粹，又要屏除一些糟粕，赋予传统文化新意。

二、中药与传统文化

中药的用药奥妙不仅在于其功效主治，还在于其植根于中华文化中的药物性味、君臣关系以及服食方法。

（一）中药的“七情配伍”

所谓“七情配伍”，又称配伍七情、药物七情。前人把单味药的应用及药物之间的配伍关系概括为七种情况，称为“七情”，除“单行”外，皆从双元配伍用药角度论述单味中药通过简单配伍后的性效变化规律。它高度概括了中药临床应用的七种基本规律，是中医遣药用方的基础。“七情”的提法首见于《神农本草经》，其序例云“药……有单行者，有相须者，有相使者，有相畏者，有相恶者，有相反者，有相杀者。凡此七情，全和视之”。

单行：指仅使用一味中药用以治疗典型病证的用药方法。如独参汤治疗典型的脾肺气虚证、气脱证等，竹沥水用治痰证。这种用药手段极类似于两兵交锋，先行官先进行博弈，这体现了一支队伍最精锐部分的强弱。单行也体现了中药“简便廉验”的特点，用小组方治病，是对药物资源、社会资源的节约。

相须：是中药常用的用药方法，它指的是两种药物合并使用，互相增强药力，甚至发挥出新的作用。附子和干姜均是温里的常用药，它们配合，药力更强。有“附子无姜不热”的说法。它们互相需要，是复方中的基础药对，或者叫核心处方。

相使：指的是一种药物为主，另一种辅助其药力的配伍。如石膏和川牛膝配伍治疗胃火牙痛，石膏清胃降火，为主药，川牛膝引火下行，为使药。这种配伍方式常常用于主证和兼证并见的情况。

相畏：一种药物的毒性被另一种药物抑制或减缓。如生姜可以减少半夏毒性，则半夏畏生姜。治疗疟疾的常山往往可能产生胃肠反应，使用陈皮则可以减轻这一反应。

相恶：一种药物减少另一药物的功效。如人参恶莱菔子，含有人参的方剂往往不能有莱菔子，否则人参补气的功效会降低。相恶的中药归经一般相似。

相反：两种药物使用产生毒副作用。这是一种配伍禁忌，常见的有“十八反”：本草明言十八反，半蒌贝蔹及攻乌，藻戟遂芫俱战草，诸参辛芍叛藜芦。

相杀：是相畏反过来的叫法。半夏畏生姜，生姜可以杀半夏毒。相杀的另一意义在于解毒。

（二）中药方中的“君臣佐使”

“君臣佐使”是中医的组方原则。这种组方原则最早见于《内经》。《素问·至真要大论》中“主药之谓君，佐君之谓臣，应臣之谓使”。《神农本草经》记载：“上药一百二十种为君，主养命；中药一百二十种为臣，主养性；下药一百二十五种为佐使，主治病；用药须合君臣佐使”。

君药：即在处方中对处方的主证或主病起主要治疗作用的药物。它体现了处方的主攻方向，其药力居方中之首，是组方中不可缺少的药物。

臣药：是辅助君药加强治疗主病和主症的药物。

佐药：意义一是为佐助药，用于治疗次要兼证的药物；二是为佐制药，用以消除或减缓君药、臣药的毒性或烈性的药物；三是为反佐药，即根据病情需要，使用与君药药性相反而又能在治疗中起相成作用的药物。

使药：意义一是引经药，引方中诸药直达病所的药物；二是调和药，即调和诸药的作用，使其合力祛邪。如牛膝、甘草就经常作为使药入方。

（三）药食同源

中药与食物的界限并不明显，如小麦是食品，浮小麦则是药品。《黄帝内经》记载："自古圣人之作汤液醪醴者，以为备耳。道德稍衰，邪气时至，服之万全"。中药之所以区别于植物药，一大原因在于其炮制。而炮制方法与烹饪方法极为相近。"医"的繁体字为"醫"，"酉"即为酒。药食同源的源流、内涵及定义中酒为百药之长，药食同源也可见一斑。《周礼·天官》中记有"食医"一职，掌管饮食调配。书中还记载了疾医主张用"五味、五谷、五药养其病"[①]。"五谷为养，五果为助，五畜为益，五菜为充，气味合而服之，以补精益气"，"五谷、五畜、五果、五菜，用之充饥谓之食，以其疗病则谓之药，是以脾病宜食粳米即其药也，用充饥虚即为食也。故但是入口资生之物，例皆若是"[②]。食物本身具有药物的某些特征，一定条件下，可以作为药物使用。如患有急性龋齿牙痛，可用花椒救急，起到止痛的效果。贪食油腻不消化，可用山楂消食化积。醋可以抑制引起足癣等的部分真菌，起到很好的抗菌作用。生姜、葱白、芫荽（香菜）则有较强的解表作用，可用治风寒感冒。

（四）道地药材

《黄帝内经》曰："岁物者，天地之专精也"，提出了药物的采收要有特定的年份和特定的产地，我国第一部中药学专著《神农本草经》也有"土地所出，真伪陈新，并各有法"的记载，在《本草经集注》中关于道地药材的产地则有了更进一步的说明："诸药所生，皆有境界……多出近道，气力性理，不及本邦……所以疗病不及往人，亦当此缘故也"。

道地性同藏象思维一样，不仅在中医药领域有极高的价值和广泛的应用，在其他领域也有较为广泛的应用。如珠宝行业的和田玉，食品行业的哈密瓜，文房四宝中的徽墨、善琏湖笔等都是自古以来的道地产品。

目前公认的道地药材概念，是经过中医临床长期应用优选出来的，产在特定区域，受到特定生产加工方式影响，较其他地区所产同种药材品质佳、疗效好，具有较高知名度的药材。

第三节　中医药的机遇与挑战

几千年来，中医药始终维护着中华民族的繁衍生息。由于近代西方医学传入中国，中医药的主导地位受到了挑战。1929年甚至颁布了废止中医案，严重阻碍了中医药的

① 杨天宇. 周礼·十三经译注[M]. 上海: 上海古籍出版社, 2016: 90.

② 牛兵占, 肖正权. 黄帝内经素问译注[M]. 北京: 中医古籍出版社, 2003: 119, 198, 561.

发展。新中国成立后，中医药受歧视的情况得到有效纠正。一是设立专门的管理部门。1954年在卫生部设立中医司，1988年设立国家中医药管理局。二是大力发展中医药教育。1951年卫生部就颁发了关于组织中医进修学校及进修班的规定，如今全国多数省份都已建立中医药高等院校。三是加强中医医疗机构建设。全国有中医医院3 900多所，中医门诊部和诊所4万多个，中医类别执业（助理）医师45.2万人。

近年来，中医药在重大疫情防控和突发公共事件医疗救治中发挥了重要作用。中医、中西医结合治疗重症急性呼吸综合征（SARS），疗效得到世界卫生组织的肯定。中医治疗甲型 H1N1流感，取得良好效果，引起国际社会关注。中医药在防治艾滋病、手足口病、人感染H7N9禽流感等传染病，以及汶川地震、甘肃舟曲特大泥石流等突发公共事件医疗救治中，都发挥了独特作用。中药研究也取得了喜人成效，屠呦呦研究员因发现青蒿素——一种用于治疗疟疾的药物，荣获 2015 年诺贝尔生理学或医学奖。

如今中医药事业迎来了“天时、地利、人和”的大好发展时机。《中医药发展战略规划纲要（2016—2030年）》《中华人民共和国中医药法》等利好政策，以及2019年中共中央、国务院《关于促进中医药传承创新发展的意见》的颁布，都说明中医药已在国家战略中占有重要地位。

2019年新冠肺炎疫情爆发以来，习近平总书记多次强调坚持中西医结合、中西药并用。在此次抗击疫情中，中医药参与的广度和深度都是空前的，取得的效果也是显著的。对现有治疗瘟疫的中成药、经典方剂进行筛选的成果，被纳入国家诊疗方案。还同步进行临床疗效观察和科学研究，及时发布了“三药三方”科研成果，优选出一批有效方药。全国中医药参与救治确诊病例的比重达到92%，湖北省确诊病例中医药使用率和总有效率超过90%，为全国疫情防控取得重大战略成果贡献了力量。

与此同时，中医药发展也遇到了一些挑战，中医药在理论和临床实践方面的特色与优势未能得到有效发挥与传承；一些中医药院校缺乏对中医药原创思维的教育和传承；中医药技术与现代科学技术的结合有待加强，技术升级较为缓慢；中医药知识产权保护制度欠缺等。面对以上挑战与机遇，我们更需要加快促进中医药传承创新发展，为保障人民群众生命安全和身体健康、全面推进健康中国建设、确保全面建设社会主义现代化国家新征程开好局、起好步贡献力量。

第二章 中药药性理论

中医药历经千年，蕴含着我们民族的智慧，传承已久的中药作为中医药宝库中熠熠发光的明珠，是我们的宝贵财富。中药药性理论能够帮助我们更好地走近中药、理解中药，更好地传承发展中药事业，所以对于中药材的生产者来说有必要掌握一些基本的药性理论知识。

中药药性的含义简单来说就是指药物的偏性。因为中医认为，疾病的发生是因为人体的正常平衡状态被打破，出现了阴阳气血的偏盛偏衰，而药物可以纠正机体出现的偏差。所以就将药物在恢复或减轻病情的过程中表现出来的特性和作用称之为药物的偏性。

中药药性理论基本内容包括四气、五味、升降浮沉、归经、毒性等。药性理论是我国历代医药学家在长期实践中，以阴阳、脏腑、经络学说为依据，从不同的角度对中药的功效或者中药作用的性质和特征进行的概括。药性理论来源于实践，也服务于实践，是指导医生临床用药、发挥中药疗效的理论依据。

第一节　寒热温凉“四气”

一、四气的含义

四气，指的就是药物具有寒热温凉四种不同的药性，又叫四性。是从寒热的角度对药物进行归类。早在《神农本草经》中就有了四气的概括，此后历代本草文献也都沿用。并且四气作为药性理论中的首论，历来受到医家的重视，《医宗必读》中就谈到“寒热温凉，一匕之谬，覆水难收”。此外，因为温热属阳，寒凉属阴，所以四气又有着阴阳的属性。

二、四气的确定及应用

中药有很多，具体每一味药的四气应该如何确定？我们举两个例子以帮助大家理解。我们来想想，在炎热的夏天，太阳炙烤着大地，树叶一动也不动。你热得满头大汗，心情自然也不愉快。正在这时，有人给你送来了一碗清凉的绿豆汤。你肯定会非常高兴，咕咚咕咚一碗下肚之后，你感觉到没那么热了，心情也好了不少。我们就可以看出来绿豆能解暑热，缓解了我们酷热难耐、烦躁不安的症状，是寒凉之品。当你正在地里劳作，突然刮起了风，雨也紧跟着来了。你为了赶着把手头的一点儿活干完，淋了些雨。等回到家里，先是打喷嚏，又是流鼻涕的，于是赶紧到厨房煮点姜茶。喝完后，身子觉得暖了，鼻涕也慢慢地止住了。姜茶驱散了身体所受到的寒气，我们就可以说姜能够散寒，是温热之品。

通过以上例子，我们可以看出药物的寒热温凉不是随随便便确定的，那些能够减轻或治疗热证疾病的药物，我们称之为寒性药或凉性药；那些能够减轻或治疗寒证疾病的药物，我们称之为温性药或热性药。

四气之中寒和凉、温和热仅表示在程度上的不同，有些药物还可以用“大寒”“大热”“微寒”“微温”来表述。还是举上面那个淋雨的例子，不过情况变成了你回到家之后，打了几个喷嚏，心里想着没啥大问题，扛一扛就过去了。不料到了傍晚开始出现头痛发热、身体发冷的症状。医生给你开一副麻黄汤（含有麻黄、桂枝等），服用后，汗出病退。在这两个淋雨的例子中，病情严重程度不同，所用来消除症状的药物也不同，很明显麻黄、桂枝的温热之力要强于生姜。就是这样，人们在许许多多次的实际应用中，渐渐掌握了各种中药的寒热。也许有的人会有疑问，中药是不是只有寒热温凉这些药性呢？

关于这个问题，不同的人看法会有不同。因为在实践中，人们发现有一类药的寒热界限不明显，作用比较平和，这类药我们称之为平性药。比如我们熟知的山药，就可以药食两用，煲汤煮粥等都可以加入，因其性平，不会引起上火或者伤胃，可作为食品长期服用。这样一来，中药药性可就不止寒热温凉四种，所以有人就主张将平性加入变为寒热温凉平五性。但是一般来说，我们还是习惯上称之为四性，这里可以不把“四”理解为确切的数字。

四气理论对于医生在临床辨证时是十分重要的，首先医生要明确疾病的寒热，然后依据药物的四气，将温热药用治寒性病，寒凉药用治热性病，即遵从“疗寒以热药，疗热以寒药”的治病原则。

第二节　酸苦甘辛咸“五味”

一、五味的含义及确定

五味指的就是药物具有酸、苦、甘、辛、咸五种不同的药味。

首先，五味可以通过口尝直接感知。比如，我们常说“哑巴吃黄连，有苦说不出”，这就是一种味觉上的直观感受，你的嘴巴能够尝到，也就是五味代表的第一层含义，即反映药物的真实滋味。第二层含义与功效有关，是五味反映药物作用的性质和特征。它是对药物功效的再提炼总结，用药味来表示不同功效的共性。比如说理气药中的陈皮，是芸香科植物橘的干燥成熟果皮。它能够理气健脾，是治疗脾胃气滞的佳品。它本身就有辛香刺激的气味。又例如解表药中的紫苏叶，本身就具有辛味。给它们标以辛味人们自然很容易理解。但如果我们去口尝石膏，因为石膏属于一种矿物类药材，口尝就知道它本身没有什么味道，但是石膏能够解肌，透散里热，这就符合多数辛味药具有的“能散”的特点，所以我们说石膏也具有辛味。这就提示我们，无论是四气还是五味，都是紧紧依据功效得出的总结。因此，五味有时超越了药物本身具有的滋味，更多的是在用“味”提示功效作用。

此外，五味也具有阴阳五行的属性，这早在《黄帝内经》中就做了系统的论述。《黄帝内经》一书在中医药领域的地位是非常高的，被奉为经典。对后世中药理论的发展和临床用药产生了巨大的影响。当中就讲到：“辛甘发散为阳，酸苦涌泄为阴，咸味涌泄为阴，淡味渗泄为阳”。“木生酸……辛胜酸。火生苦……咸胜苦。土生甘……酸胜甘。金生辛……苦胜辛。水生咸……甘胜咸”。“夫五味入胃，各归所喜，故酸先入肝，苦先入心，甘先入脾，辛先入肺，咸先入肾”。概括来说就是辛甘淡属阳、酸苦咸涩属阴。五味与五行的对应关系是酸味属木、苦味属火、甘味属土、辛味属金、咸味属水。五味还分别对应五脏，酸入肝、辛入肺、苦入心、咸入肾、甘入脾，根据五行相克阐明了五味的相克（图2-1）。

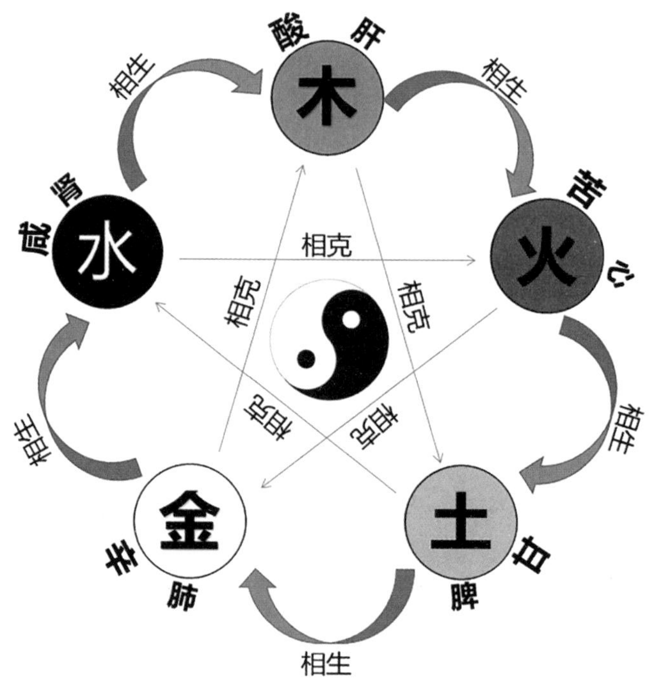

图2-1　五行相克与五味相克

但要注意的是，这些是在五行思想影响下对一般情况的总结，并不是一成不变的，不必过于生搬硬套、机械对待。除了酸、苦、甘、辛、咸这五种药味之外，中药实际上还具有淡味、涩味等。但受到五行学说的影响，人们一般还是将五味认为是最基本的药味，或者认为淡味依附于甘味、涩是酸的变味等。

二、五味与药物作用的关系

1.辛味 “能散、能行”。比如说，冬天的时候，大家都比较爱吃火锅，特别是一些麻辣的锅底。辛辣的味道刺激着我们的口腔，我们吃着吃着就觉得身体热起来了，有的人还会满头大汗，满脸通红。这个过程中，身体的血液循环加快，促进了排汗。那么我们就可以把这个“散”和“行”，理解为发散、行气、行血的意思。因此辛味药也就多为发散解表药、行气活血药，比如生姜、川芎等。

2.甘味 “能补、能和、能缓”。一般来讲，那些有滋补之力的药物都具有甘味，比如人参、大枣、龙眼肉等。现代研究表明中药中带来甘甜味道的物质一般是多糖和氨基酸，而它们大多又可以为身体提供所需能量，这也从一方面解释了甘味药为什么具有补益的作用。和，指的是和味、和中、调和药性，甘味药的加入能够改善中药的口感，比如口服的丸剂中加入蜂蜜能够使苦味减弱，便于患者服药。有一些消食药也具有甘味，比如神曲能够治疗食积不化，起到和缓脾胃（即和中）的作用。说到甘味，我们就不得不提一味中药——甘草，甘草性平味甘，与其他的药物配伍使用，能够调和诸药，缓和偏性或者减轻毒性，又被称为“国老”。

3.酸味 “能收、能涩”。酸味药一般具有收敛固涩的作用，用于治疗自汗盗汗、久泻久痢、小便频多等滑脱病证，如乌梅酸涩，有着良好的涩肠止泻痢作用，为治疗久泻久痢的常用药。又如俗称为“枣皮”的中药山茱萸，其味酸涩，有补益肝肾、收涩固脱的功效，于补益之中又具封藏之功，为固精止遗至要药，与覆盆子、桑螵蛸等同用治疗肾虚膀胱失约之遗尿、尿频。另外有些酸味药还具有生津止渴的作用，这个也很好理解，在典故“望梅止渴”中，士兵们听到前方有梅林，脑子里想到梅子酸酸的味道，嘴巴就会不自觉地分泌唾液。因酸味入肝，有些药用醋炮制可以增强其引药入肝的作用，比如醋制香附、柴胡等。

4.苦味 “能泄、能燥、能坚”。其中的能泄包含三方面的含义：降泄（降气）、通泄（通便）、清泄（清火）。降泄指的是将肺胃上逆之气沉降，具有下气平喘，降逆止呕的作用。像我们熟知的苦杏仁能够降肺气而平喘，陈皮苦降，能够下气止呕。通泄指的就是具有通便的作用，比如泻下药中大黄、番泻叶等，苦味都是十分明显的。清泄主要指的就是能够去除火热之邪，多数的清热药都可以说其具有苦味。比如栀子、菊花等。苦能燥说的是能够燥湿，典型的就是药材中的三黄（黄芩、黄连、黄柏），这三味药材的苦寒之性十分明显，都能够清热燥湿，用治湿热内盛。苦能坚，说的是能够坚阴，主要是指一些苦味药能够治疗阴虚火旺，我们知道，热邪亢盛容易耗伤身体津液，消除了火热之邪，就有利于津液的保存，实际上还是一种清热的作用。比如知母、黄柏能够泻火坚阴，治疗阴虚火旺之骨蒸潮热、盗汗等。

5.咸味 “能下、能软”。“下”指的是泻下通便，如泻下药中的芒硝具有咸味，主要成分就是硫酸钠（Na_2SO_4）。起泻下通便作用的原理是硫酸根离子不易被肠壁吸收，从而留存在肠内形成了高渗溶液，阻止肠内水分吸收，水分越积越多，肠内容积增大，引起机械刺激，促进肠蠕动而致泻。但是要指出的是“咸能下”有着一定的局限性，所能标示的药物比较少。因为大多数的泻下药是苦寒或者甘润的。“软”指的是能够软化、消除结块，即所说的软坚散结。比如牡蛎能够治疗痰火郁结所致的痰核、瘰疬、瘿瘤等，与鳖甲等同用，治疗血瘀气滞所致的癥瘕痞块。昆布、海藻具有消痰软坚散结的功效。另外咸入肾经，为了增强药物的功效，引药入肾，常用盐水来炮制一些药物。如知母、黄柏、杜仲经盐炒后，可增强入肾经的作用。

中药有很多种，其中有的药味单一，而有的则具有多种药味，这就标志着有的中药功效单一，而有的就比较广泛，但是要指出的是药味不能代替具体的功效，认识了中药的五味不代表掌握了功效，五味与其他药性理论一样都是对中药功效某一角度或层面的描述。

三、五味的应用

五味理论作为药性理论中重要的组成部分，在临床上可以用于指导药物的配伍，形成了“酸甘化阴”“辛甘化阳”“辛开苦降”等配伍原则。五味结合四气能够提高临床用药的准确性，知寒热而不辨其味，或者知其味而不分寒热都无法做到准确辨别药物作用。

第三节　升降浮沉

一、升降浮沉的含义

升降浮沉表示的是药物对人体作用的不同趋向性。就是说，药物对机体有向上、向下、向外、向内四种不同的作用趋向。

升降浮沉这个思想其实产生的比较早，它实际上就是把哲学思想里的升降出入观点应用到了中医药里，用以解释机体的生理功能和病理变化：比如中医基础理论中脾主升清、胃主降浊、肺主宣发肃降。身体出现了异常也可以用升降出入来描述这些病势的趋向，胃气上逆致使人恶心呕吐，肺气上逆致使人咳嗽气喘，自汗、盗汗使津液外泄。

二、升降浮沉与药物性味

按阴阳属性来讲，升浮属阳，沉降属阴。四气五味也都有阴阳的属性，所以我们就能够对应起来。一般来说，性温热味甘辛药物，大都是升浮药，如麻黄、升麻、黄芪等；性寒凉味酸苦咸的药物，大都是沉降药，如大黄、芒硝等。

三、升降浮沉与药物质地

一般来讲，花、叶、皮、枝等质轻的药物大多为升浮药。比如蝉蜕，俗称知了壳，单个的重量一般只有零点几克。蝉蜕味辛疏散，体轻达表，能疏散肺经风热，性又宣散透发，治疗麻疹不透，风疹瘙痒；而种子、果实、矿物、贝壳及质重者大多都是沉降药，如牡蛎、磁石，都能重镇安神，功效之中有一种向下、沉降的性质。但要注意的是，药物质地轻重与升降浮沉的关系是前人用药的经验总结，两者之间没有必然的因果关系。

除上述一般情况外，也有一些特殊的中药，比如旋覆花虽然是花，但可以降气化痰、止呕，药性沉降而不升浮；苍耳子虽然是果实，但却通窍发汗、散风除湿，药性升浮而不沉降。所以经常会说“诸花皆升，旋覆独降；诸子皆降，苍耳独升”。此外，还有部分药物本身升降浮沉的性质不明显，典型的就是川芎，能够上行头目，下行血海。

四、影响升降浮沉的因素

有多种因素会影响药物的升降沉浮，我们将其分述如下：

药物的升降浮沉与炮制有关：在炮制药材时加入酒、姜汁、醋、盐水等不同的辅料来改变药物的作用趋向。比如酒制，中药炮制中多用黄酒，其味辛辣，性热。中医认为酒制药材能够“引药上行”。大黄属于沉降药，峻下热结、泄热通便，经酒制后，则可清上焦火热，治疗目赤头痛。姜制法一般情况下指的就是在炮制药材时加入生姜汁，生姜具有温中止呕、化痰止咳的沉降性质，一般可以增强药物降逆止呕的功效，比如姜半夏与法半夏、清半夏相比更擅长于温中化痰、降逆止呕。盐制黄柏、杜仲能引药下行，增强入肾经的作用。

药物的升降浮沉与配伍有关：药物的升降浮沉通过配伍也可发生转化。如菊花、蝉衣、升麻等升浮性质的药与当归、肉苁蓉等咸温润下药同用，虽是升降合用但终究成了润下之剂，即少量升浮药配大量沉降药，会随之下降；又如牛膝引血下行，为沉降药，与桃仁、红花及桔梗、柴胡、枳壳等升达清阳、开胸行气药同用，其随之上升，即少量沉降药与大量升浮药同用，会随之上升。

五、升降浮沉的应用

疾病存在病势和病位上的不同，病势指的是疾病的趋势，包括患者表现出恶心呕吐、气喘等有向上性质的趋势；或是胃下垂、子宫脱垂等向下的趋势；或是汗出这种向外的趋势；或是表证不解这种向内的趋势。病位指的是患病的部位，有在表、在里、在上、在下之分。升降沉浮对于临床的指导意义就是“逆病势，同病位”，比如病势是向下的，用具有升举之力的药物治疗，再结合病变部位，病变部位在上在表者宜升浮，在下在里者宜沉降。

第四节 归 经

一、归经的含义及确定

归经是药物作用的定位概念，能够标示药物的作用部位，是指药物对机体某部分的选择性作用，很好地补充了四气五味和升降浮沉，将药物的治疗作用与病变的部位联系起来。归经理论的形成是以脏腑经络学说为基础，以药物治疗的具体病证为依据，经过长期临床实践从药物的疗效中总结出来的。如安神药能够安定心神，治疗心神不宁，心主神志，所以这类药归心经。

脏腑、经络学说是中药归经的两大基石，其中经络学说的形成要早于脏腑学说，所以在脏腑学说形成之前，人们说中药的归经就是指归经络，后来随着脏腑学说的形成，慢慢的中药归经主要就是指归脏腑了。所以不同时期的本草文献中药物归经有的侧重于归经络，有的强调归脏腑。这就会造成一些药虽然归经相同，但所指含义有所不同。如麻黄和猪苓都归膀胱经，麻黄能够发汗解表，足太阳膀胱经主一身之表，所以麻黄归膀胱经是从经络辨证的角度来说的。猪苓利水渗湿，治疗水肿、小便不利等，说它归膀胱经则是指脏腑。而我们经常也可以看到有的药物不止归一经，这表明药物作用范围的广泛程度，有多处归经的药物作用范围比较广，对多个部位都会有作用。

二、归经的应用

归经理论便于临床辨证用药，做到有的放矢。意思就是说药物的归经明确了具体药物对哪些部位能够起作用，便于医生根据患者疾病所在的部位准确施药。

归经理论能够从脏腑的角度帮助我们区分功效相似的药物。如麻黄、附子、黄芪、番泻叶、泽泻都有利水的功效。其中麻黄归肺经与膀胱经，上宣肺气通调水道，下输膀胱以利水，宜于治疗风邪袭表，肺失宣降的水肿、小便不利等。附子归脾、肾经，温阳化气以利水，治疗脾肾阳虚水湿内停所致的小便不利、肢体浮肿。黄芪归脾经，能够通过补脾益气来利尿消肿，为气虚水肿之要药。番泻叶归大肠经，通过泻下通便行水消肿，治疗水肿胀满。泽泻归膀胱经，利水渗湿作用较强，治疗水湿停蓄之小便不利、水肿。

归经也可以从经络的角度来帮助我们区分功效相似的药物。如藁本、羌活、白芷、葛根、柴胡、细辛、独活、苍术、吴茱萸都有治疗头痛的功效。其中藁本、羌活治疗太阳头痛，白芷、葛根治疗阳明头痛，柴胡治疗少阳头痛，细辛、独活治疗少阴头痛，苍术治疗太阴头痛，吴茱萸治疗厥阴头痛。

归经理论具有十分明确的位置信息，补充了性味理论和升降浮沉理论。结合起来，能更全面准确地反映中药药性。所以在临床使用中药时，医生就要非常全面地考虑，综合分析，对症下药。

第五节　毒　　性

一、毒性的含义

中药的毒性有广义和狭义两种。广义上认为药物的偏性就是药物的毒性，古代还常常把毒药当做是药物的总称。而狭义上的毒性是指药物对机体所产生的不良影响及损害。包括急性毒性、亚急性毒性、亚慢性毒性、慢性毒性和特殊毒性如致癌、致畸、致突变、成瘾等。毒药要想发挥毒性需要达到一定的剂量，毒药的治疗剂量与中毒剂量比较接近，需要严格控制。我们还常常将药物毒性与药物的副作用混淆，副作用是指在治疗剂量下出现的与治疗需要无关的不适反应，一般比较轻微，对机体的伤害不大，停药后可自行消失。

二、中药中毒的主要原因

中药毒性关系到临床安全用药，一般来说引起中毒的直接原因就是有毒成分作用于人体的系统或者是组织器官，继而引发各种功能破坏。但是要说明的一点是，我们常说“是药三分毒”，但往往药物要发挥疗效也要依靠这个“毒”。引发毒性反应的前提是有毒物质要达到一定的剂量，脱离剂量谈中毒是没有意义的。现代的研究中我们发现药物存在着治疗剂量与中毒剂量，而有毒药物的治疗剂量与中毒剂量比较接近。

引起中毒的间接原因有这样几种：一是服用的剂量过大，像比较典型的乌头、附子等，这些药本身的毒性就比较大，这就需要注意这些药的用量。二是服用了伪品药材，用有毒的植物假冒正品，这一般发生在一些贵重药材上。三是炮制不当，一些中药生用有毒或者药力峻猛，需要经过炮制进行减毒。四是配伍不当，如中药配伍当中的“相反”，两种中药同用能产生或增强毒性或副作用，主要有十八反和十九畏，还有个人体质差异、特殊人群等。

三、正确对待中药毒性

从传说中神农氏口尝百草，“一日遇七十毒”的时代，到《神农本草经》依据药材有毒无毒三品分类，再到今天有明确的《医疗用毒性药品管理办法》，我们对药物毒性的认识可以说是越来越全面、深入。所以我们更应正确地认识中药的毒性，不能谈毒色变，一味地否定，应该辩证地对待，研究如何恰当地运用发挥其治疗作用。比如我们一提到砒霜，大家都会下意识地做出判断，有剧毒。但是在民间流传着很多古代医生用砒霜治病救人的故事，大多都是医生误开或者是错拿砒霜给病人，患者服用之后，不但无性命危险，反而治好了病；武侠小说中也常常会写一些以毒攻毒的情节。这样的事情，不仅仅发生在传说故事中，2020年9月6日未来科学大奖生命科学奖获奖人揭晓，张亭栋、王振义获此殊荣，以表彰他们发现三氧化二砷（俗称砒霜）和全反式维甲酸对急性早幼粒细胞白血病的治疗作用。你看，在当代也同样有化毒为药，除病医人的事情。这都提示着我们，药物的毒性是双刃剑，我们应该保持谨慎的态度，积极开发，造福人类。

第三章 中药分类

第一节　中药分类方法

中药品种繁多，来源复杂，为了便于检索、研究和运用，古今医药学家采用了多种分类法。现简介如下：

一、古代中药分类法

1.自然属性分类法　以药物的来源和性质为依据的分类方法。古代本草学多采用此法。早在《周礼》中已有五药（草、木、虫、石、谷）的记载，为后世本草学分类提供了一种模式。南北朝时期梁代陶弘景的《本草经集注》首先采用了自然属性分类法，将730种药物分为玉石、草木、虫兽、果、菜、米食、有名未用七类，每类中再分上、中、下三品，这是中药分类法的一大进步。唐代《新修本草》、宋代《证类本草》等书的中药分类法均与其大同小异。明代李时珍的《本草纲目》问世后，自然属性分类法有了突破性进展。书中根据“不分三品，惟逐各部；物以类从，目随纲举”的原则，将1 892种药物分为水、火、土、金石、草、谷、菜、果、介、木、服器、虫、鳞、禽、兽、人16部（纲），62类（目）。如草部（纲）又分山草、芳草、隰草、毒草、蔓草、水草、石草等11目。析族区类，振纲分目，分类详明科学，体现了进化论思想，是当时最先进的分类系统，对后世本草学分类影响颇大，传沿至今。

2.功能分类法　我国现存第一部药学专著《神农本草经》首先采用中药功能分类法。书中365种药分为上、中、下三品，上品补虚养命，中品治病补虚，兼而有之，下品功专治病祛邪，为中药按功能分类开拓了思路。唐代陈藏器的《本草拾遗》按药物的功用提出了著名的十剂分类法，即宣、通、补、泻、燥、湿、滑、涩、轻、重，使此分类法有较大的发展，并对方剂的分类具有重大影响。经各家不断增补，至清代黄宫绣的《本草求真》，功能分类法已较完善。书中将520种药分为补剂、收剂、散剂、泻剂、血剂、杂剂、食物等7类。各类再细分，如补类中又分平补、温补、补火、滋水等小类，系统明晰，排列合理，便于应用，进一步完善了按功能分类的方法。

3.脏腑经络分类法　以药物归属于哪一脏腑、经络为主来进行分类，其目的是便于临床用药，达到有的放矢。如《脏腑虚实标本用药式》按肝、心、脾、肺、肾、命门、三焦、胆、胃、大肠、小肠、膀胱十二脏腑将药物进行分类。《本草害利》罗列常用药物，按脏腑分队，分为心部药队、肝部药队、脾部药队、肺部药队、肾部药队、胃部药队、膀胱部药队、胆部药队、大肠部药队、小肠部药队、三焦部药队，每队再以补泻凉温为序，先陈其害，后叙其利，便于临床用药，以达有的放矢之目的。

二、现代中药分类法

1.中药名称首字笔画排序分类法 如《中华人民共和国药典》（简称《中国药典》）（2015年版）（一部）、《中药大辞典》等即采用此种分类法。其优点是将中药归入笔画索引表中，便于查阅。

2.功效分类法 功效分类法的优点是便于掌握同一类药物在药性、功效、主治病证、禁忌等方面的共性和个性，更好地指导临床应用，它是现代中药学最普遍采用的分类方法。一般分解表药、清热药、泻下药、祛风湿药、化湿药、利水渗湿药、温里药、理气药、消食药、驱虫药、止血药、活血化瘀药、化痰止咳平喘药、安神药、平肝息风药、开窍药、补益药、收涩药、涌吐药、解毒杀虫燥湿止痒药、拔毒化腐生肌药。

3.化学成分分类法 它是按照中药材所含主要化学成分或有效成分的结构和性质进行分类。如《中草药化学成分》分为蛋白质与氨基酸类、脂类、糖及其衍生物、有机酸、酚类和鞣质、醌类、内酯、香豆精和异香豆精类、色原酮衍生物类、木脂素类、强心苷类、皂苷类、C21甾苷类、萜类、挥发性成分、苦味素、生物碱类等。这种分类法便于研究中药材化学成分与药效间的关系，有利于中药材理化鉴定和资源开发利用的研究。

4.药用部分分类法 根据中药材入药部分分为根与根茎类、茎木类、皮类、叶类、花类、果实与种子类、全草类及树脂类、菌藻类、动物类、矿物类、其他类。这种分类法便于掌握药材的形态特征，有利于同类药物的比较，便于药材经营管理。

5.自然分类法 根据生药的原植物或原动物在自然界中的位置，采用分类学的门、纲、目、科、属、种分类方法。这种方法便于研究药材的品种来源、进化顺序和亲缘关系，有利于中药材的分类鉴定和资源研究，有助于在同科属中研究和寻找具有类似化学成分的新药。

第二节 中药的功效分类①

一、解 表 药

凡以发散表邪为主要功效，常用以治疗表证的药物，称解表药，又叫发表药。

本类药物大多辛散轻扬，主入肺、膀胱经，偏行肌表，能促进肌体发汗，使表邪由汗出而解，从而达到治愈表证、防止疾病转变的目的。《内经》所谓："其在皮者，汗而发之"。此外，部分解表药兼能利水消肿、止咳平喘、透疹、止痛、消疮等。

解表药主要用治恶寒发热、头身疼痛、无汗或有汗不畅、脉浮之外感表证。部分解表药尚可用于水肿、咳喘、麻疹、风疹、风湿痹痛、疮疡初起等兼有表证者。

① 钟赣生. 中药学[M]. 北京: 中国中医药出版社, 2016.

使用解表药时应针对外感风寒、风热表邪不同，相应选择长于发散风寒或风热的药物。由于冬季多风寒，春季多风热，夏季多夹暑湿，秋季多兼燥邪，故应根据四时气候变化的不同而恰当地配伍祛暑、化湿、润燥药。若虚人外感，正虚邪实，难以祛散表邪者，又应根据体质不同，分别与益气、助阳、养阴、补血药配伍，以扶正祛邪。温病初起，邪在卫分，除选用发散风热药物外，应同时配伍清热解毒药。

使用发汗力较强的解表药时，用量不宜过大，以免发汗太过，耗伤阳气，损及津液，造成"亡阳""伤阴"的弊端。又因汗为津液，血汗同源，故表虚自汗、阴虚盗汗以及疮疡日久、淋证、失血患者，虽有表证，也应慎用解表药。另外，使用解表药还应注意因时因地而异，如春夏腠理疏松，容易出汗，解表药用量宜轻；冬季腠理致密，不易汗出，解表药用量宜重；北方严寒地区用药宜重；南方炎热地区用药宜轻。且解表药多为辛散轻扬之品，入汤剂不宜久煎，以免有效成分挥发而降低药效。

根据解表药的药性及功效主治差异，可分为发散风寒药和发散风热药两类，也称辛温解表药与辛凉解表药。

现代药理研究证明，解表药一般具有不同程度的发汗、解热、镇痛、抑菌、抗病毒及祛痰、镇咳、平喘、利尿等作用。部分药物还有降压、改善心脑血液循环等作用。

（一）发散风寒药

本类药物性味多属辛温，辛以发散，温可祛寒，故以发散肌表风寒邪气为主要作用。主治风寒表证，症见恶寒发热，无汗或汗出不畅，头身疼痛，鼻塞流涕，口不渴，舌苔薄白，脉浮紧等。部分发散风寒药分别兼有祛风止痒、止痛、止咳平喘、利水消肿、消疮等功效，又可用治风疹瘙痒、风湿痹证、咳喘以及水肿、疮疡初起等兼有风寒表证者。

本类药物代表性中药有麻黄、桂枝、紫苏叶、荆芥、防风、羌活、白芷等（图3-1）。

（二）发散风热药

本类药物性味多辛苦而偏寒凉，辛以发散，凉可祛热，故以发散风热为主要作用，发汗解表作用较发散风寒药缓和。主要适用于风热感冒以及温病初起，邪在卫分，症见发热、微恶风寒、咽干口渴、头痛目赤、舌边尖红、苔薄黄、脉浮数等。部分发散风热药分别兼有清头目、利咽喉、透疹、止痒、止咳的作用，又可用治风热所致目赤多泪、咽喉肿痛、麻疹不透、风疹瘙痒以及风热咳嗽等症。

本类药物代表性中药有薄荷、牛蒡子、桑叶、菊花、蔓荆子、柴胡、葛根等（图3-2）。

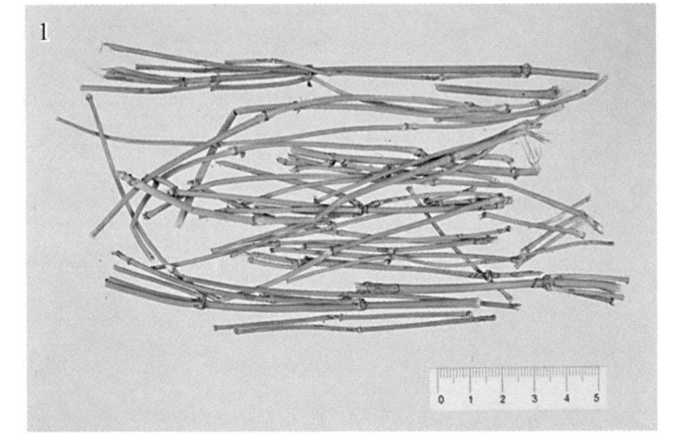

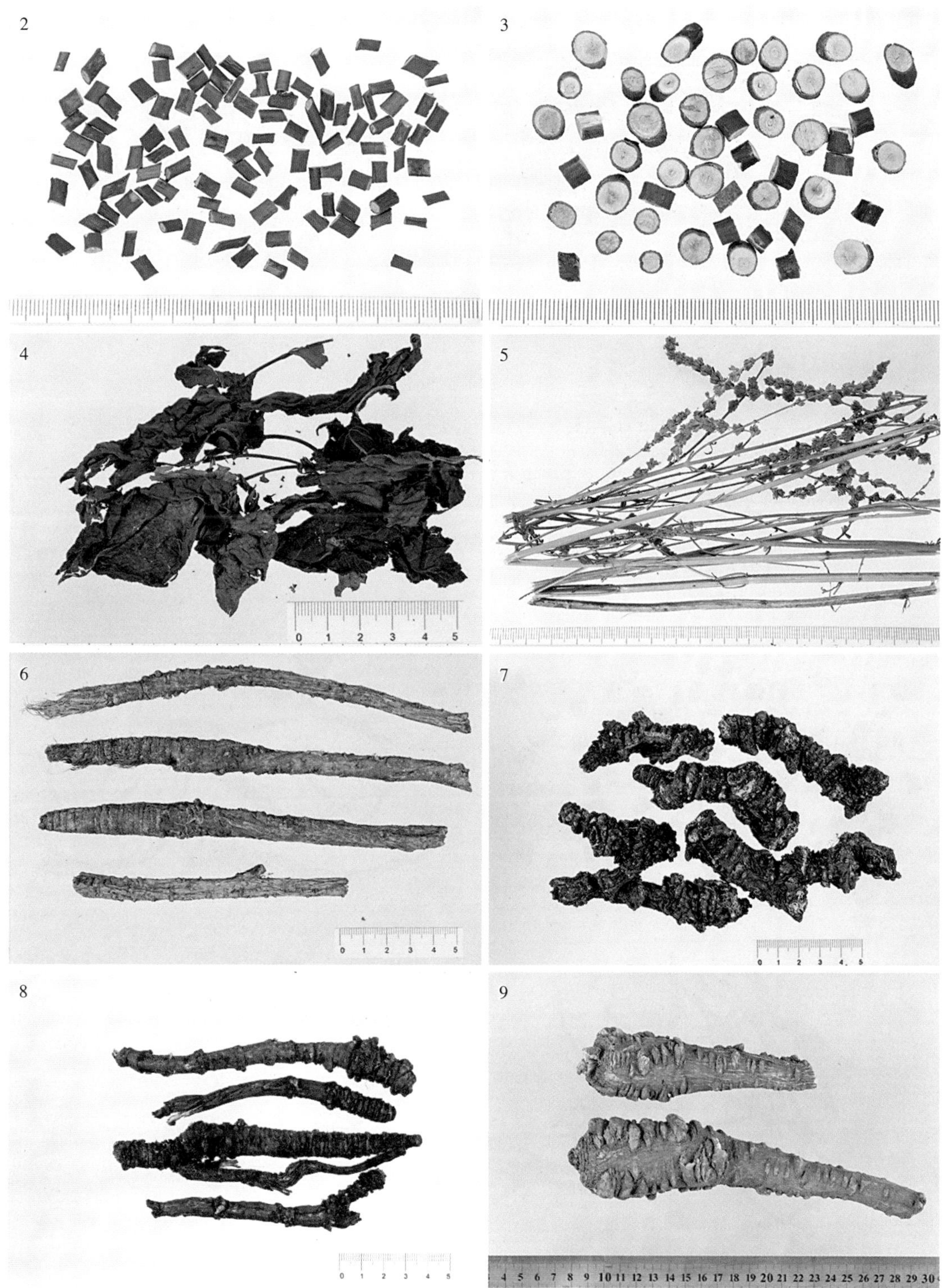

图3-1　发散风寒药举例

1.麻黄　2.桂枝尖　3.桂枝厚片　4.紫苏叶　5.荆芥　6.防风　7、8.羌活　9.白芷

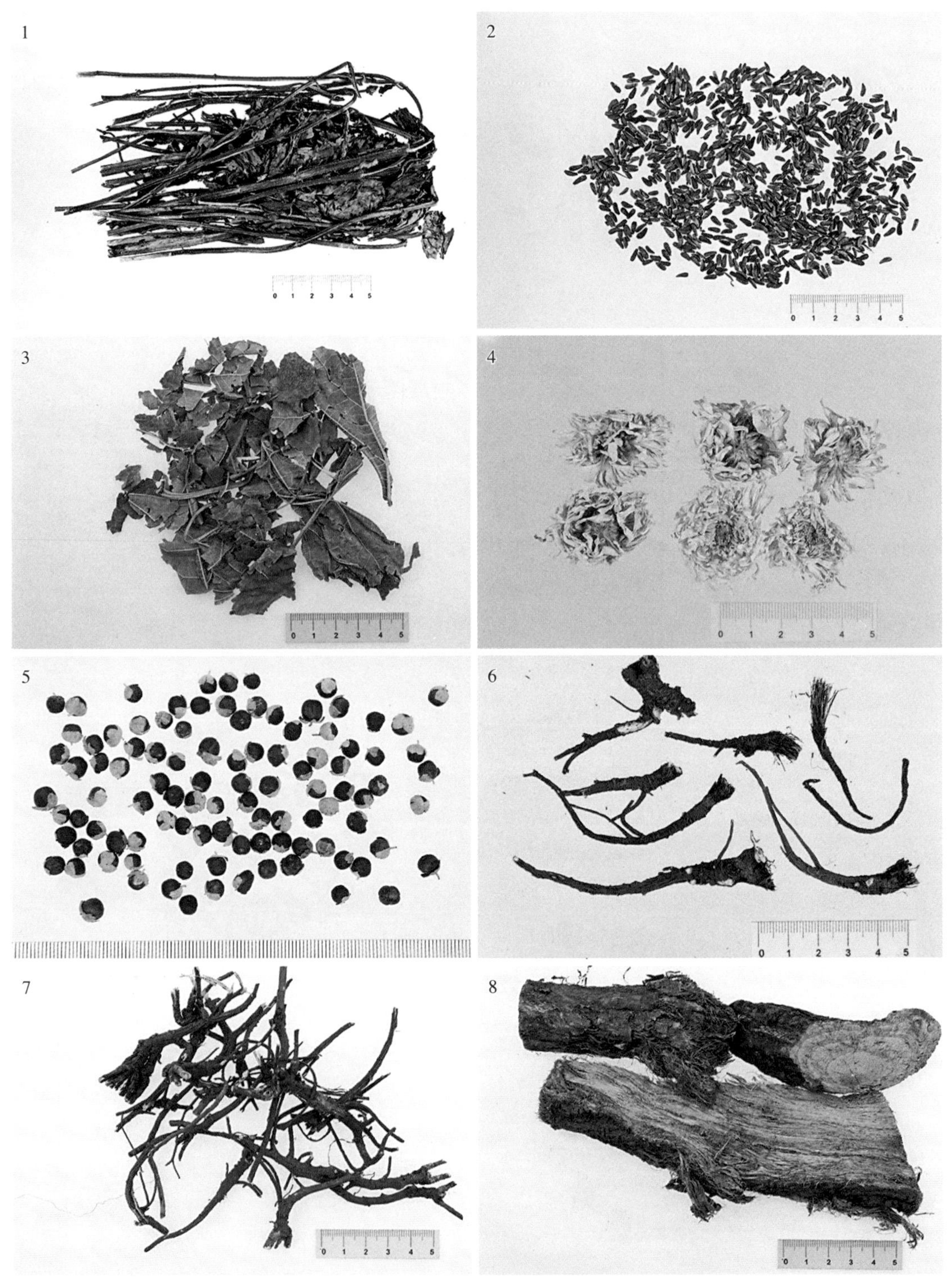

图3-2　发散风热药举例

1.薄荷　2.牛蒡子　3.桑叶　4.菊花　5.蔓荆子　6.狭叶柴胡　7.柴胡　8.葛根

二、清 热 药

凡以清解里热为主要功效，常用以治疗里热证的药物，称为清热药。本类药物药性寒凉，沉降入里，通过清热泻火、清热燥湿、清热解毒、清热凉血及清虚热等不同作用，使里热得以清解。即《内经》“热者寒之”，《神农本草经》“疗热以寒药”的用药原则。

清热药主要用治温热病高热烦渴，肺、胃、心、肝等脏腑实热证，湿热泻痢，湿热黄疸，温毒发斑，痈疮肿毒及阴虚发热等里热证。

由于里热证的致病因素、疾病表现阶段及脏腑、部位的不同，里热证有多种证型，有热在气分、血分之分，有实热、虚热之别，需选择不同的清热药进行治疗。

使用清热药时应辨别热证的虚实。实热证有气分实热、营血分热及气血两燔之别，应分别予以清热泻火、清热凉血、气血两清。虚热证则以养阴清热、凉血除蒸。若里热兼有表证，当先解表后清里，或与解表药同用，以表里双解。若里热兼有积滞者，宜配通腑泻下药。

本类药物药性大多寒凉，易伤脾胃，故脾胃虚弱，食少便溏者慎用。苦寒药物易化燥伤阴，热病伤阴或阴虚津亏者慎用。清热药禁用于阴盛格阳或真寒假热之证。

根据清热药的药性、功效及其主治证的差异，清热药可分为清热泻火药、清热燥湿药、清热解毒药、清热凉血药、清虚热药五类。

现代药理研究证明，清热药一般具有抗病原微生物和解热作用，部分药物有增强机体特异性或非特异性功能、抗肿瘤、抗变态反应及镇静、降血压等作用。

（一）清热泻火药

本类药物性味多苦寒或甘寒，以清泄气分邪热为主要作用，主治温热病邪入气分，高热、口渴、汗出、烦躁、甚则神昏谵语、脉洪大等气分实热证。部分清热泻火药能清脏腑火热，故也可用治肺热、胃热、心火、肝火等脏腑火热证。

使用清热泻火药时，若里热炽盛而正气已虚，则宜选配补虚药，以扶正祛邪。

本类药物代表性中药有知母、天花粉、栀子、夏枯草等（图3-3）。

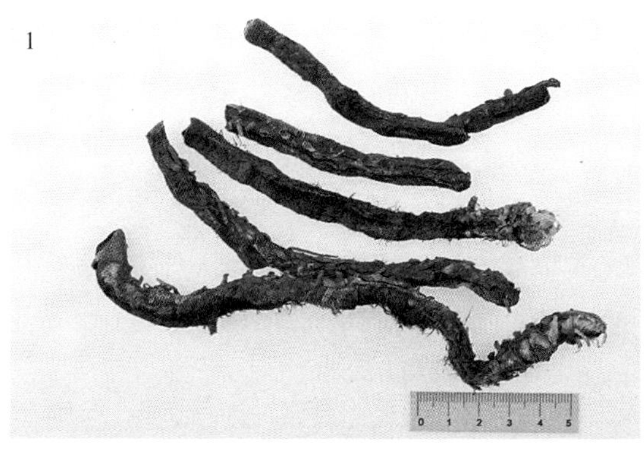

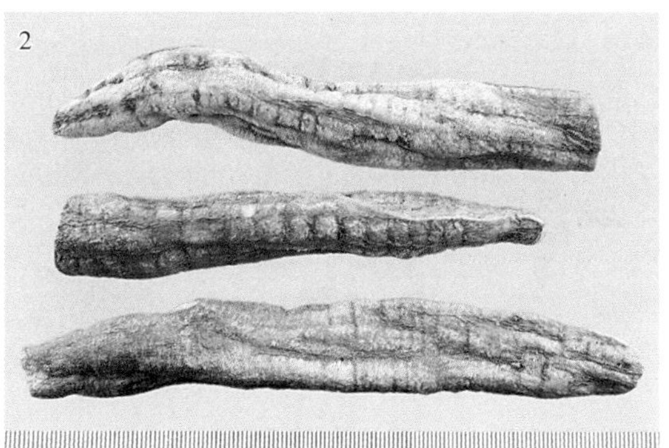

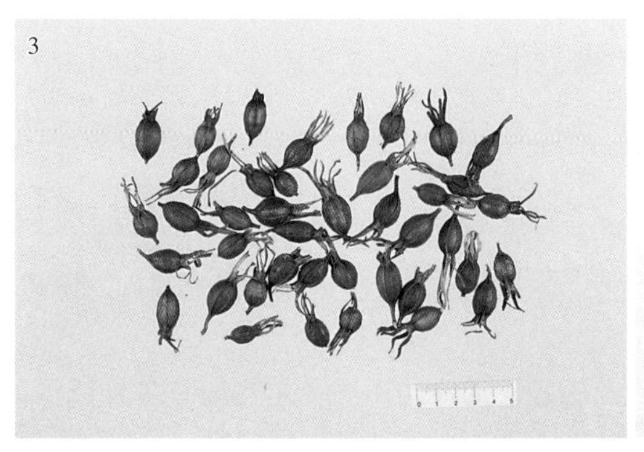

图3-3　清热泻火药举例
1.知母　2.天花粉　3.栀子　4.夏枯草

（二）清热燥湿药

本类药物性味苦寒，苦能燥湿，寒能清热，以清热燥湿为主要作用，主要用治湿热证。湿热内蕴，多见发热、苔腻、尿少等症状，但因湿热所侵肌体部位的不同，临床症状各有所异。如湿温或暑湿的身热不扬、胸膈痞闷、小便短赤；湿热蕴结脾胃所致的脘腹痞满、恶心呕吐；湿热壅滞大肠所致的泄泻、痢疾、痔疮肿痛；湿热蕴蒸肝胆所致的胁肋疼痛、黄疸、耳肿流脓；下焦湿热之小便淋沥涩痛、带下黄臭；湿热流注关节所致的关节红肿热痛以及湿热浸淫肌肤之湿疹、湿疮等。此外，本类药物多具有清热泻火、解毒作用，亦可用治脏腑火热证及热毒疮痈。

本类药物苦寒性大，燥湿力强，过服易伐胃伤阴，故用量不宜过大。凡脾胃虚寒，阴虚津亏者当慎用，必要时可与健胃药或养阴药同用。用本类药物治疗脏腑火热证及痈肿疮疡时，可分别配伍清热泻火药、清热解毒药。

本类药物代表性中药有黄芩、黄连、黄柏、苦参等（图3-4）。

（三）清热解毒药

本类药物性味多苦寒，以清热解毒为主要作用。主治各种热毒证，如疮痈疔疖、丹

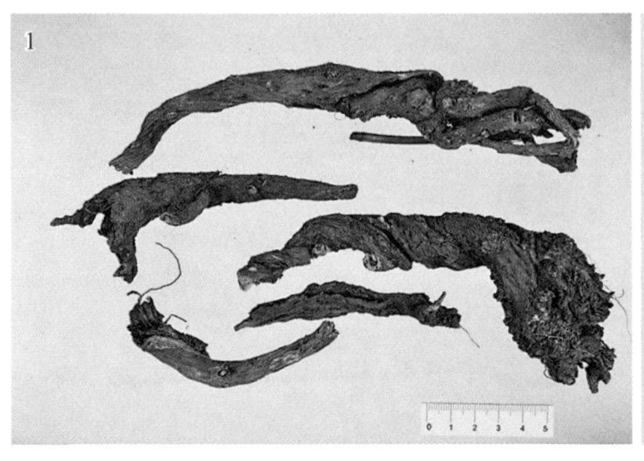

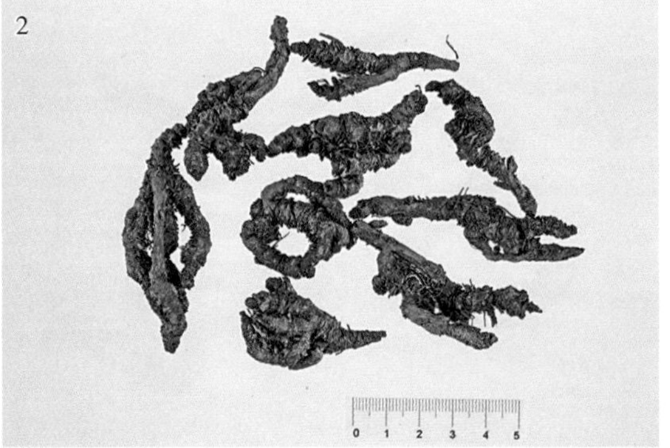

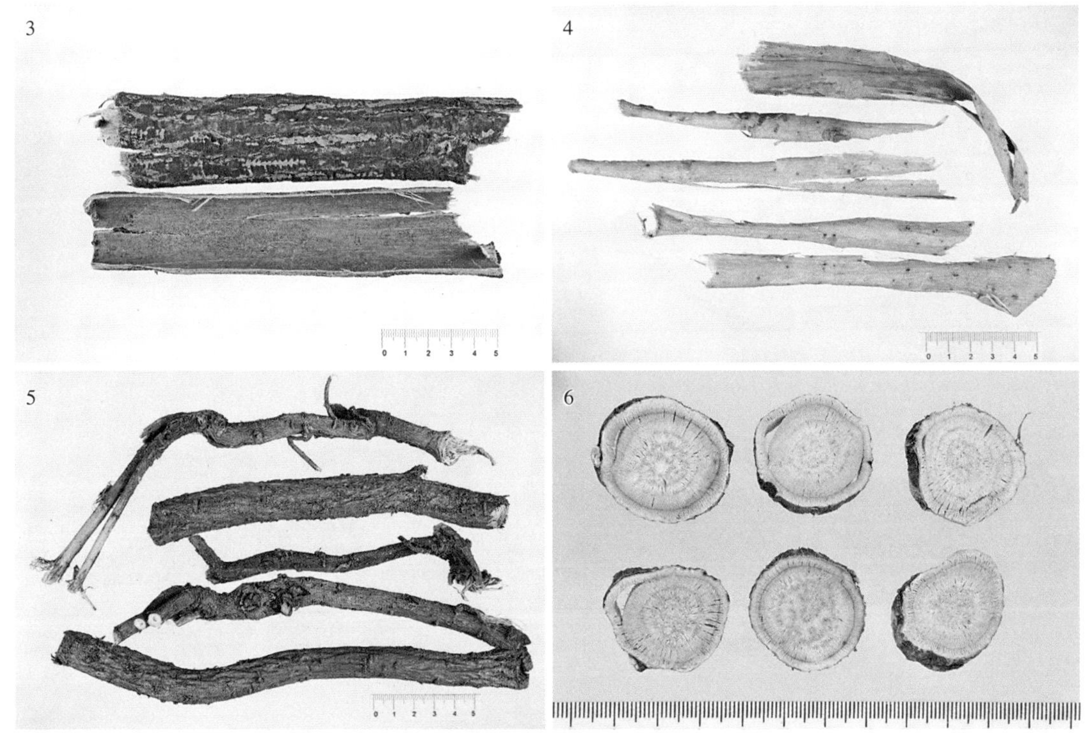

图3-4　清热燥湿药举例

1.黄芩　2.黄连　3.黄柏（黄皮树）　4.黄柏（关黄柏）　5、6.苦参

毒、温毒发斑、咽喉肿痛、痄腮、热毒下痢及虫蛇咬伤、癌肿、烧烫伤等。

在临床应用本类药物时，应根据各种证候的不同表现及兼证，结合具体药物的功用特点，有针对性地选择，并作相应的配伍。如火热炽盛者，可配伍清热泻火药；热毒在血分者，可配伍清热凉血药；疮痈肿毒、咽喉肿痛者，可配伍活血消肿药；热毒血痢、里急后重者，可配伍活血行气药等。

本类药物药性寒凉，易伤脾胃，中病即止，不可过服。

本类药物代表性中药有金银花、连翘、大青叶、板蓝根、蒲公英、重楼等（图3-5）。

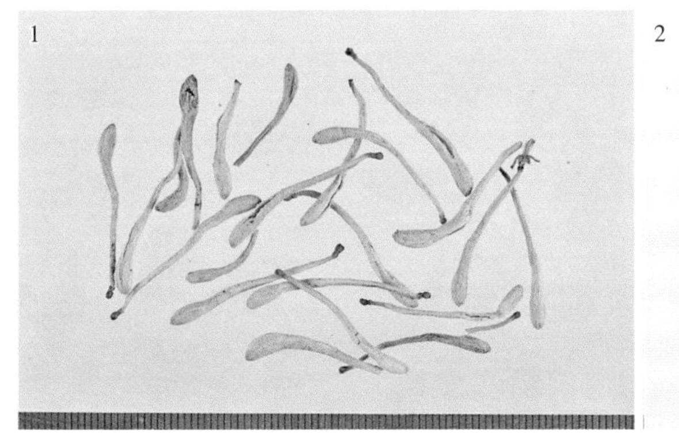

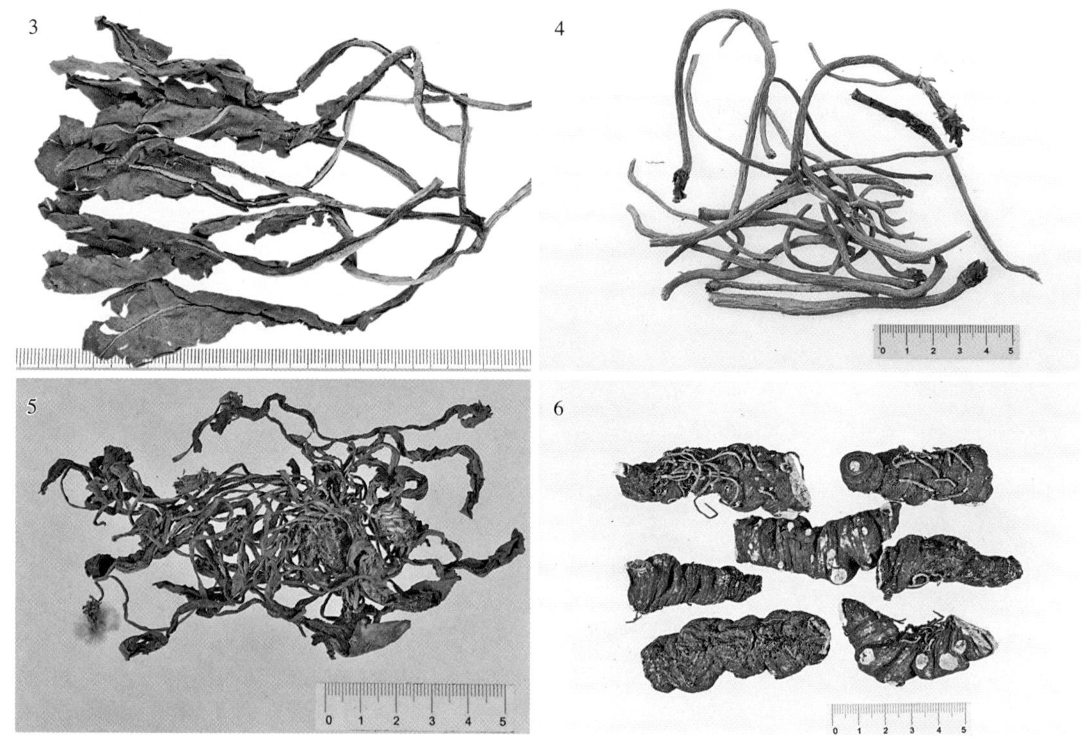

图3-5 清热解毒药举例

1.金银花 2.连翘 3.大青叶 4.板蓝根 5.蒲公英 6.重楼

（四）清热凉血药

本类药物性味多为甘苦寒或咸寒，偏入血分以清热，多归心、肝经，具有清解营分、血分热邪的作用。主要用于营分、血分等实热证。如温热病热入营分，热灼营阴，身热夜甚、心烦不寐、脉细数，甚则神昏谵语、斑疹隐隐；邪陷心包，舌謇足厥；热入血分，热盛迫血，症见舌色深绛、吐血、衄血、尿血、便血、斑疹紫暗、躁扰不安、甚或昏狂。亦可用于内伤杂病中的血热出血证。若气血两燔者，可与清热泻火药同用，使气血两清。

本类药物代表性中药有生地黄、玄参、牡丹皮、赤芍等（图3-6）。

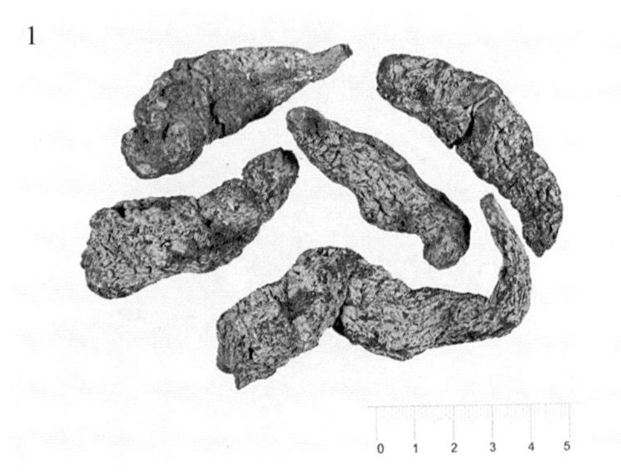

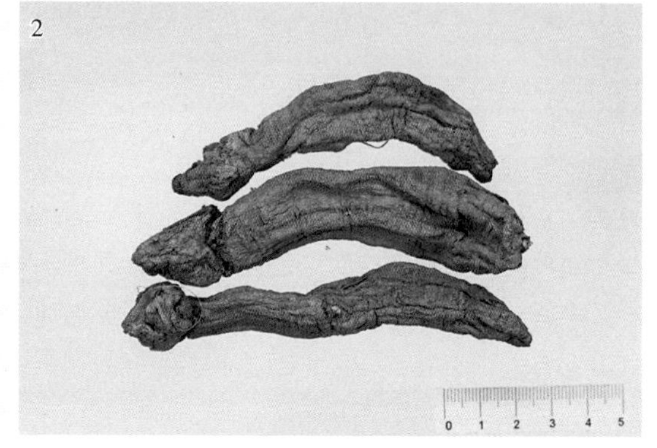

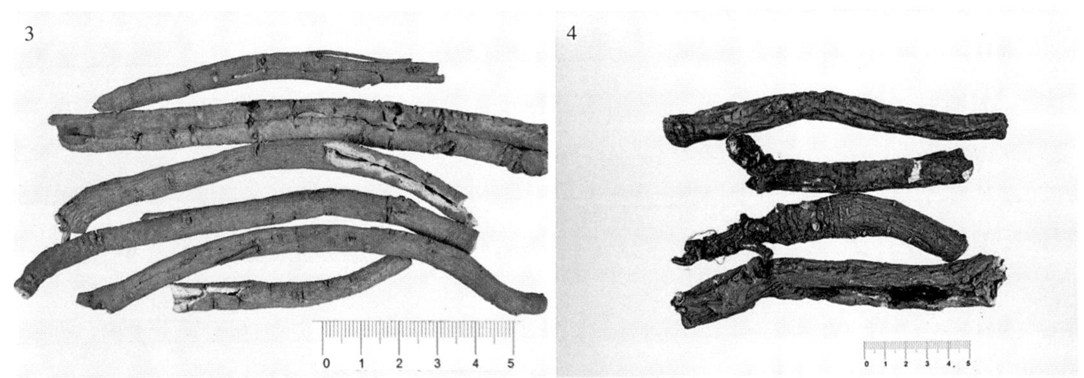

图3-6　清热凉血药举例

1.生地黄　2.玄参　3.牡丹皮　4.赤芍（川赤芍）

（五）清虚热药

本类药物性寒凉，多归肝、肾经，主入阴分，以清虚热、退骨蒸为主要作用。主治肝肾阴虚所致的骨蒸潮热、午后发热、手足心热、虚烦不眠、遗精盗汗、舌红少苔、脉细数等，及热病后期，余热未清，伤阴劫液，而致夜热早凉、热退无汗、舌质红绛、脉细数等。部分药物又能清实热，亦可用于实热证。使用本类药常配伍清热凉血及清热养阴之品，以期标本兼顾。

本类药物代表性中药有青蒿、地骨皮、银柴胡等（图3-7）。

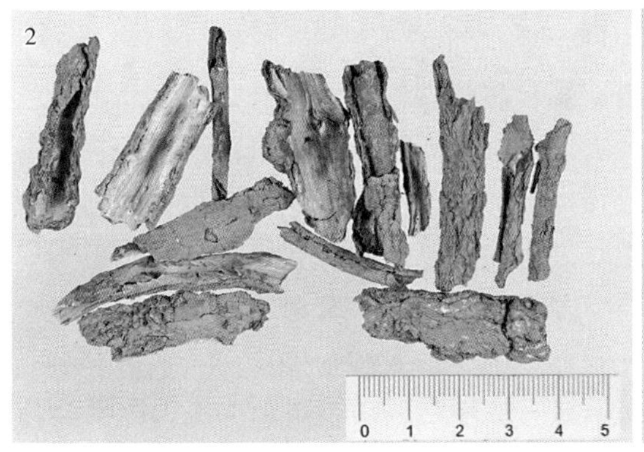

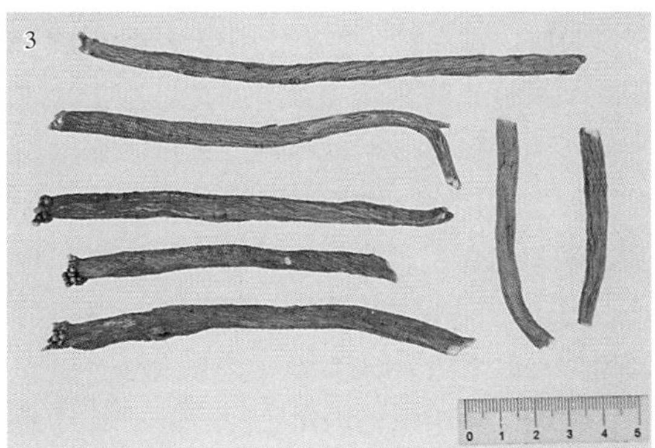

图3-7　清虚热药举例

1.青蒿　2.地骨皮　3.银柴胡

三、泻 下 药

凡能引起腹泻，或润滑大肠，以泻下通便为主要功效，常用以治疗里实积滞证的药物，称为泻下药。

本类药为沉降之品，主归大肠经。主要具有泻下通便作用，以排除胃肠积滞和燥屎等，正如《素问·灵兰秘典论》所云："大肠者，传异之官，变化出焉"。或有清热泻火，使实热壅滞之邪通过泻下而清解，起到"上病下治""釜底抽薪"的作用；或有逐水退肿，使水湿停饮随大小便排出，达到祛除停饮、消退水肿的目的。部分药还兼有解毒、活血祛瘀等作用。

泻下药主要适用于大便秘结、胃肠积滞、实热内结及水肿停饮等里实证。部分药还可用于疮痈肿毒及瘀血证。

使用泻下药应根据里实证的兼证及病人的体质，进行适当配伍。里实兼表邪者，当先解表后攻里，必要时可与解表药同用，表里双解，以免表邪内陷；里实而正虚者，应与补益药同用，攻补兼施，使攻邪而不伤正。本类药亦常配伍行气药，以加强泻下异滞作用。若属热积者还应配伍清热药；属寒积者应与温里药同用。

使用泻下药中的攻下药、峻下逐水药时，因其作用峻猛，或具有毒性，易伤正气及脾胃，故年老体虚、脾胃虚弱者当慎用；妇女胎前产后及月经期应当忌用。应用作用较强的泻下药时，当奏效即止，切勿过剂，以免损伤胃气。应用作用峻猛而有毒性的泻下药时，一定要严格炮制法度，控制用量，避免中毒现象发生，确保用药安全。

根据泻下药作用强弱的不同，可分为攻下药、润下药及峻下逐水药。现代药理研究证明，泻下药主要通过不同的作用机理刺激肠道黏膜使蠕动增加而致泻。另外大多药物具有利胆、抗菌、抗炎、抗肿瘤及增强机体免疫功能的作用。

（一）攻下药

本类药大多苦寒沉降，主入胃、大肠经。既有较强的攻下通便作用，又有清热泻火之效。主要适用于实热积滞，大便秘结，燥屎坚结者。应用时常辅以行气药，以加强泻下及消除胀满作用。若治冷积便秘者，须配伍温里药。

具有较强清热泻火作用的攻下药，又可用于热病高热神昏，谵语发狂；火热上炎所致的头痛、目赤、咽喉肿痛、牙龈肿痛以及火热炽盛所致的吐血、衄血、咯血等上部出血证。上述病证，无论有无便秘，应用本类药物，以清除实热，或异热下行，起到"釜底抽薪"的作用。此外，对湿热积滞、痢疾初起、下痢后重，或饮食积滞、泻而不畅之证，可适当配用本类药物，以攻逐积滞，消除病因。对肠道寄生虫病，本类药与驱虫药同用，可促进虫体的排出。

根据"六腑以通为用""不通则痛""通则不痛"的理论，以攻下药为主，配伍清热解毒药、活血化瘀药等，用于治疗胆石症、胆道蛔虫症、胆囊炎、急性胰腺炎、阑尾炎、肠梗阻等急腹症，取得了较好的效果。

本类药物代表性中药有大黄等（图3-8）。

（二）润下药

本类药物多为植物种子和种仁，富含油脂，味甘质润，多入脾、大肠经，能润滑大肠，促使排便而不致峻泻。适用于年老津枯、产后血虚、热病伤津及失血等所致的肠燥便秘。使用时还应根据不同病情，配伍其他药物。若热盛津伤而便秘者，配伍清热养阴药；兼气滞者，配伍行气药；因血虚引起便秘者，可配伍补血药。

本类药物代表性中药有火麻仁等（图3-9）。

图3-8　大黄（掌叶大黄）

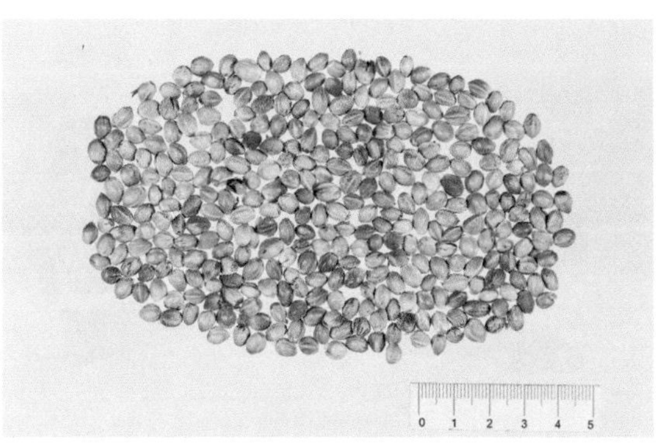

图3-9　火麻仁

四、祛风湿药

凡以祛除风湿之邪为主，常用以治疗风湿痹证的药物，称为祛风湿药。

本类药物味多辛苦，性温或凉。辛能散能行，既可驱散风湿之邪，又能通达经络之闭阻；苦味燥湿，使风湿之邪无所留着。故本类药物能祛除留着于肌肉、经络、筋骨的风湿之邪，有的还兼有舒筋、活血、通络、止痛或补肝肾、强筋骨等作用。主要用于风湿痹证之肢体疼痛，关节不利、肿大，筋脉拘挛等症。部分药物还适用于腰膝酸软、下肢痿弱等。

祛风湿药根据其药性和功效的不同，分为祛风寒湿药、祛风湿热药、祛风湿强筋骨药三类。分别适用于风寒湿痹、风湿热痹及痹证日久、筋骨无力者。

使用祛风湿药时，应根据痹证的类型、邪犯的部位、病程新久的不同，选择相应的药物并作适当配伍。如风邪偏盛的行痹，应选择善能祛风的祛风湿药，佐以活血养营之品；湿邪偏盛的着痹，应选用温燥的祛风湿药，佐以健脾渗湿之品；寒邪偏盛的痛痹，当选用温性较强的祛风湿药，佐以通阳温经之品；若风湿热三气杂至所致的热痹，及外邪入里而从热化或郁久化热者，当选用寒凉的祛风湿药，酌情配伍凉血清热解毒药；感邪初期，病邪在表，当配伍散风胜湿的解表药；病邪入里，须与活血通络药同用；若夹有痰浊、瘀血者，须与祛痰、散瘀药同用；痹证日久、损及肝肾，或肝肾素虚、复感风湿者，应选用强筋骨的祛风湿药，配伍补肝肾、益气血之品，扶正以祛邪。

辛温性燥的祛风湿药，易伤阴耗血，故阴血亏虚者应慎用。

痹证多属慢性疾病，为服用方便，可制成酒剂或丸散剂，且酒能“助药势、行血脉”，增强祛风湿药的功效。也可制成外敷剂型，直接用于患处。

现代研究证明，祛风湿药一般具有不同程度的抗炎、镇痛、改善外周循环、抑制血小板聚集、调节机体免疫等作用。常用于风湿性关节炎、类风湿性关节炎、强直性脊柱炎、坐骨神经痛、纤维组织炎、肩周炎、腰肌劳损、骨质增生、半身不遂及某些皮肤病等。

（一）祛风寒湿药

本类药物味多辛苦，性温，入肝脾肾经。辛能行散祛风，苦能燥湿，温通祛寒。具有较好的祛风、除湿、散寒、止痛、通经络等作用，尤以止痛为其特点，主要适用于风寒湿痹、肢体关节疼痛、痛有定处、遇寒加重等。经配伍亦可用于风湿热痹。

本类药物代表性中药有独活、木瓜等（图3-10）。

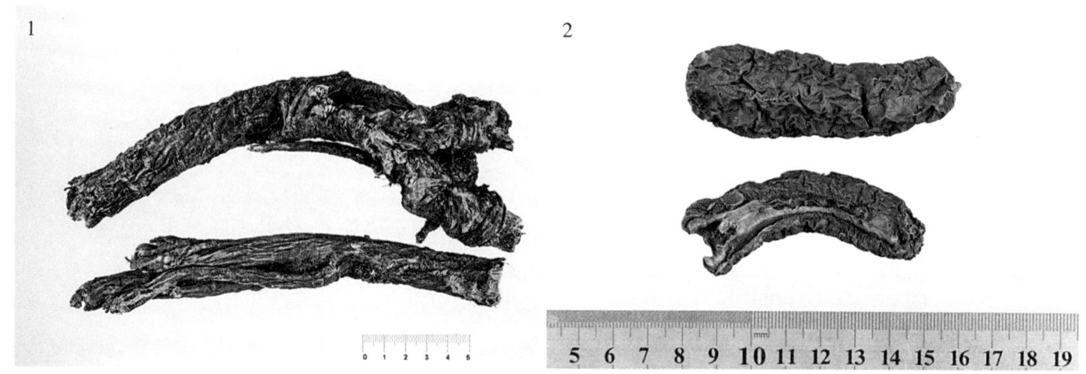

图3-10　祛风寒湿药举例

1.独活　2.木瓜

（二）祛风湿热药

本类药物性味多为辛苦寒，入肝脾肾经。辛能行散，苦能降泄，寒能清热。具有良好的祛风除湿、通络止痛、清热消肿之功，主要用于风湿热痹、关节红肿热痛。经配伍亦可用于风寒湿痹。

本类药物代表性中药有秦艽、防己等（图3-11）。

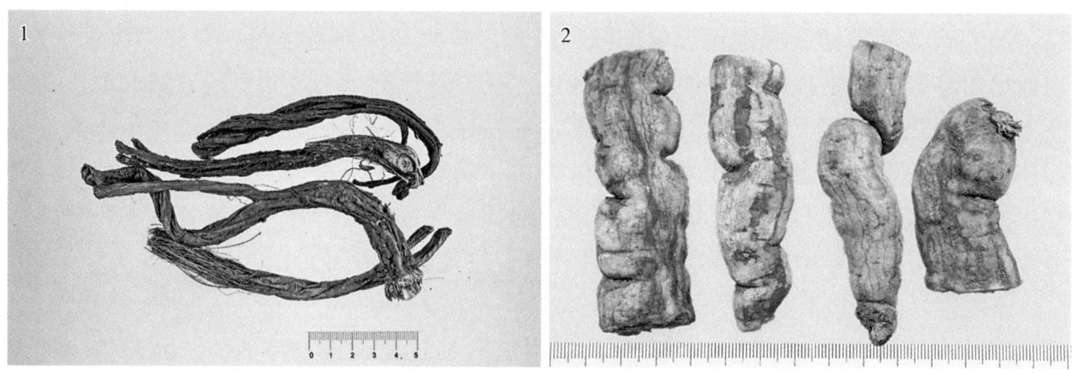

图3-11　祛风湿热药举例

1.秦艽　2.防己

五、化 湿 药

凡气味芳香、性偏温燥、以化湿运脾为主要作用，常用治湿阻中焦证的药物，称为化湿药。

脾喜燥而恶湿，“土爱暖而喜芳香”。本类药物辛香温燥，主入脾、胃经，芳香之品能醒脾化湿，温燥之药可燥湿健脾。同时，其辛能行气，香能通气，能行中焦之气机，以解除因湿浊引起的脾胃气滞之病机。此外，部分药还兼有解暑、辟秽等作用。

化湿药主要适用于湿浊内阻、脾为湿困、运化失常所致的脘腹痞满、呕吐泛酸、大便溏薄、食少体倦、口甘多涎、舌苔白腻等症。此外，部分药物亦可用于湿温、暑湿证。

使用化湿药，应根据湿困的不同情况及兼证而进行适当的配伍应用。如湿阻气滞、脘腹胀满痞闷者，常与行气药物配伍；如湿阻而偏于寒湿、脘腹冷痛者，可配伍温中祛寒药；如脾虚湿阻、脘痞纳呆、神疲乏力者，常配伍补气健脾药同用；如用于湿温、湿热、暑湿者，常与清热燥湿、解暑、利湿之品同用。

化湿药物气味芳香，多含挥发油，一般以作为散剂服用疗效较好，如入汤剂宜后下，且不应久煎，以免其挥发性有效成分逸失而降低疗效；本类药物多属辛温香燥之品，易于耗气伤阴，故阴虚血燥及气虚者宜慎用。

现代药理研究表明，本类药大多能刺激嗅觉、味觉及胃黏膜，从而促进胃液分泌，兴奋肠管蠕动，使胃肠推进运动加快，以增强食欲，促进消化，排除肠道积气。

本类药物代表性中药有广藿香、苍术、厚朴、砂仁等（图3-12）。

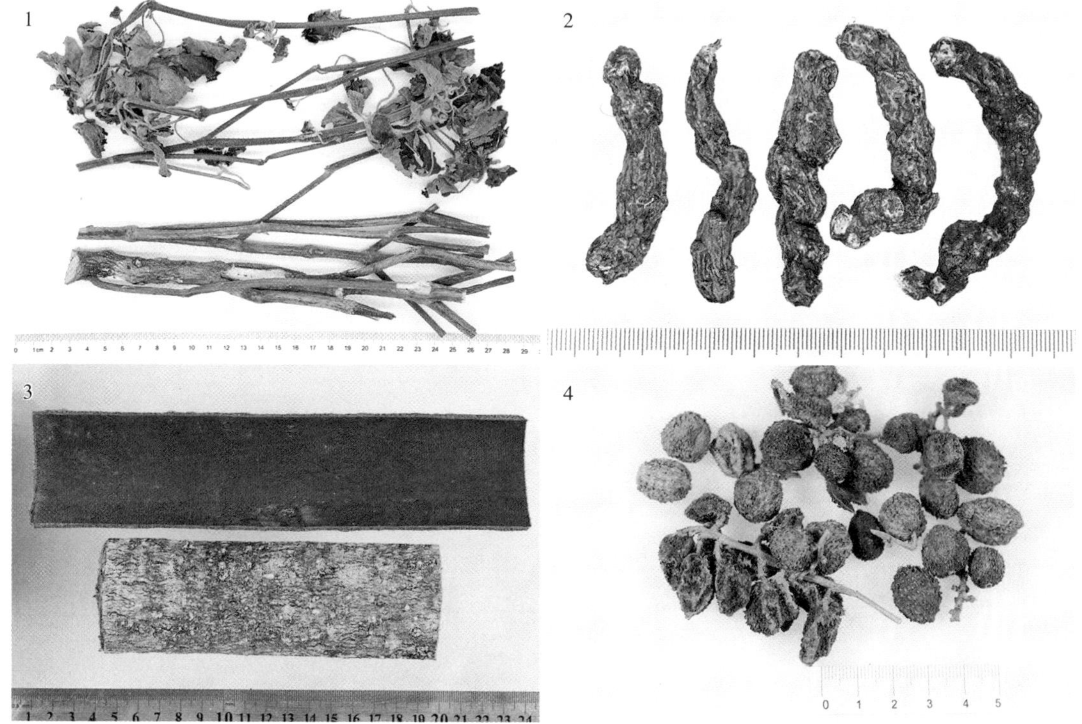

图3-12 化湿药举例

1.广藿香 2.苍术 3.厚朴 4.砂仁

六、利水渗湿药

凡以通利水道、渗泄水湿为主要功效，常用以治疗水湿内停病证的药物，称利水渗湿药。

本类药物味多甘淡或苦，主归膀胱、小肠、肾、脾经，作用趋向偏于下行，淡能渗利，苦能降泄。本类药物具有利水消肿、利尿通淋、利湿退黄等作用。

利水渗湿药主要用治水肿、小便不利、泄泻、痰饮、淋证、黄疸、湿疮、带下、湿温等水湿所致的各种病证。

使用利水渗湿药，须视不同病证，选用相应的药物，并作适当配伍。如水肿骤起有表证者，配宣肺解表药；水肿日久，脾肾阳虚者，配温补脾肾药；湿热合邪者，配清热药；寒湿相并者，配温里祛寒药；热伤血络而尿血者，配凉血止血药；至于泄泻、痰饮、湿温、黄疸等，则常与健脾、芳香化湿、清热燥湿等药物配伍。此外，气行则水行，气滞则水停，故利水渗湿药还常与行气药配伍使用，以提高疗效。

利水渗湿药，易耗伤津液，对阴亏津少、肾虚遗精遗尿者，宜慎用或忌用。有些药物有较强的通利作用，孕妇应慎用。

根据利水渗湿药药性及功效主治差异，分为利水消肿药、利尿通淋药和利湿退黄药三类。

现代药理研究证明，利水渗湿药大多具有不同程度的利尿、抗病原体、利胆、保肝、降压、抗肿瘤等作用。部分药物还有降血糖、降血脂及调节免疫功能的作用。

（一）利水消肿药

本类药物性味甘淡平或微寒，淡能渗泄水湿，服药后能使小便畅利，水肿消退，故具有利水消肿作用。用于水湿内停之水肿、小便不利，以及泄泻、痰饮等症。临证时则宜根据不同病证之病因病机，选择适当配伍。

本类药物代表性中药有茯苓、薏苡仁、猪苓、泽泻等（图3-13）。

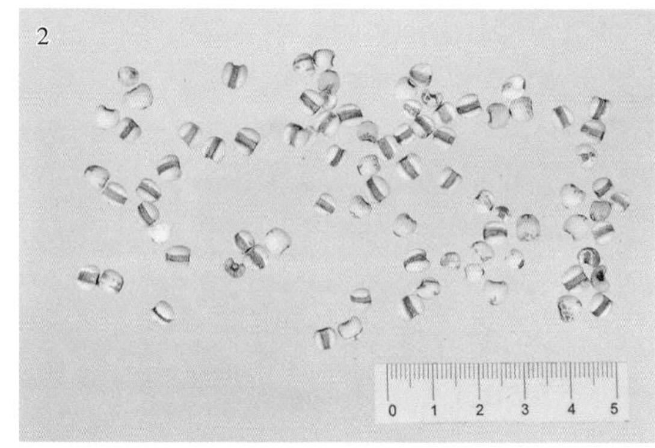

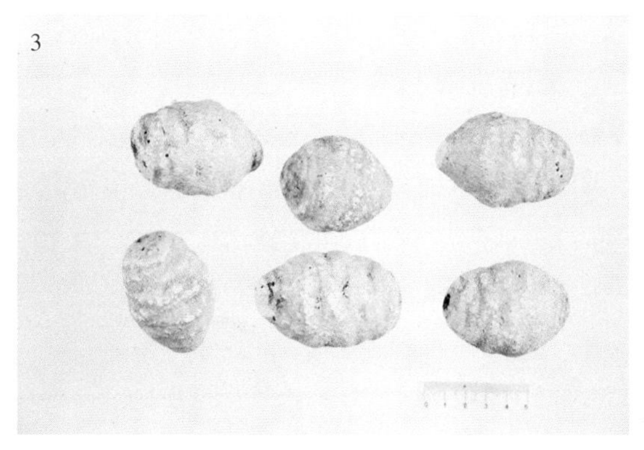

图3-13　利水消肿药举例

1.茯苓　2.薏苡仁　3.猪苓　4.泽泻

（二）利尿通淋药

本类药物性味多苦寒，或甘淡寒。苦能降泄，寒能清热，走下焦，尤能清利下焦湿热，以利尿通淋为主要作用，主要用于治疗热淋、血淋、石淋、膏淋。临床应针对病情选用相应的利尿通淋药，并作适当配伍，以提高药效。

本类药物代表性中药有车前子等（图3-14）。

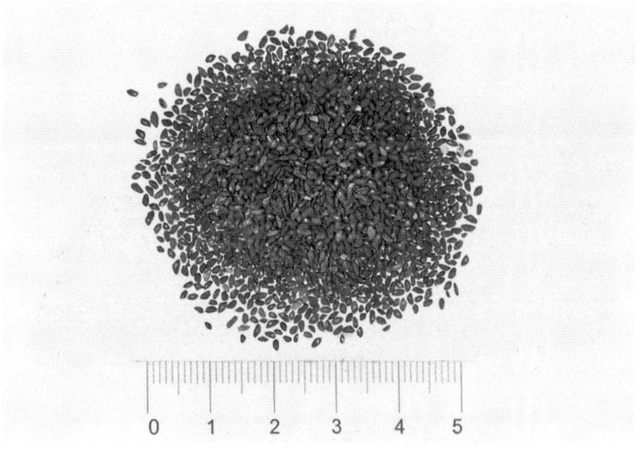

图3-14　车前子

七、温里药

凡以温里祛寒为主要功效，常用以治疗里寒证的药物，称温里药，又名祛寒药。

本类药物味辛而性温热，辛能散、行，温能通，善走脏腑而能温里祛寒，温经止痛，故可用治里寒证，尤以里寒实证为主。即《内经》所谓“寒者热之”、《神农本草经》“疗寒以热药”之意。个别药物尚能助阳、回阳，用以治疗虚寒证，亡阳证。

温里药因其主要归经的不同而有多种效用。主入脾胃经者，能温中散寒止痛，可用治外寒入侵，直中脾胃或脾胃虚寒证，症见脘腹冷痛、呕吐泄泻、舌淡苔白或伴有神疲乏力、四肢倦怠、饮食不振等；主入肺经者，能温肺化饮，用治肺寒痰饮证，症见痰鸣咳喘、痰白清稀、舌淡苔白滑等；主入肝经者，能暖肝散寒止痛，用治寒侵肝经的少腹痛、寒疝腹痛或厥阴头痛等；主入肾经者，能温肾助阳，用治肾阳不足证，症见阳痿宫冷、腰膝冷痛、夜尿频多、滑精遗尿等；主入心肾二经者，能温阳通脉，用治心肾阳虚证，症见心悸怔忡、畏寒肢冷、小便不利、肢体浮肿等；或回阳救逆，用治亡阳厥逆，症见畏寒倦卧、汗出神疲、四肢厥逆、脉微欲绝等。

使用温里药应根据不同证候作适当配伍。若外寒已入里，表寒扔未解者，当与辛温解表药同用；寒凝经脉、气滞血瘀者，配以行气活血药；寒湿内阻，宜配芳香化湿或温燥祛湿药；脾肾阳虚者，宜配温补脾肾药；亡阳气脱者，宜与大补元气药同用。

本类药物多辛热燥烈，易伤阴动火，故天气炎热时或素体火旺者当减少用量；热伏于里，热深厥深，真热假寒证当禁用；凡实热证、阴虚火旺、津血亏虚者忌用；孕妇慎用。

现代药理研究证明，温里药一般具有不同程度的镇静、镇痛、健胃、祛风、抗血栓形成、抗溃疡、抗腹泻、抗凝、抗血小板聚集、抗缺氧、扩张血管等作用，部分药物还有强心、抗休克、抗惊厥、调节胃肠运动、促进胆汁分泌等作用。

本类药物代表性中药有附子、肉桂、吴茱萸等（图3-15）。

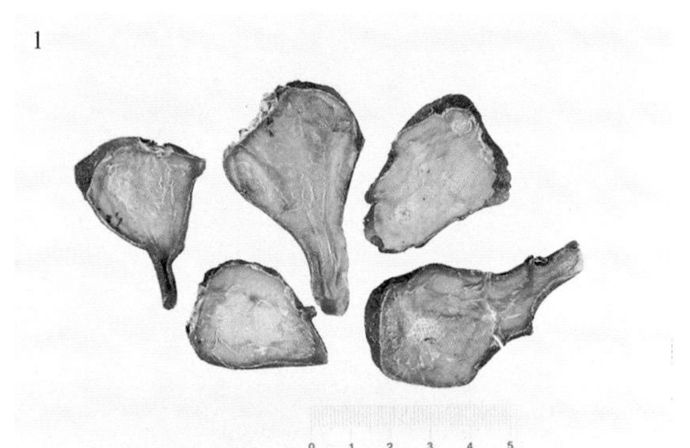

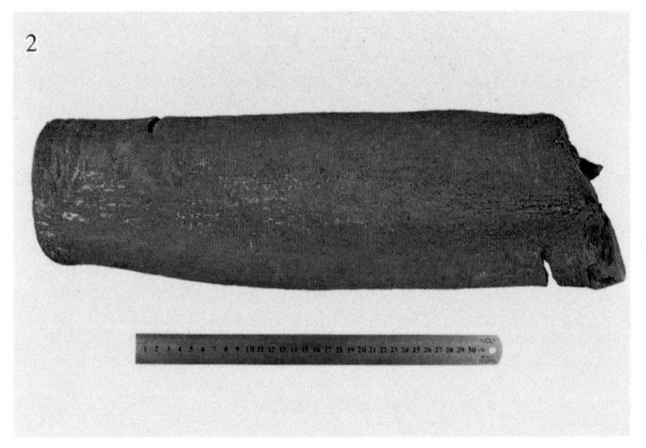

图3-15　温里药举例

1.附子　2.肉桂　3.吴茱萸

八、理 气 药

凡以疏理气机为主要功效，常用以治疗气机失调之气滞、气逆证的药物，称为理气药，又称行气药。其中行气力强者，又称为破气药。

本类药物性味多辛苦温而芳香，主归脾、胃、肝、肺经。辛香行散、味苦能泄、温能通行，故有疏理气机的作用，并可通过调畅气机而达到止痛、散结、降逆之效。主要用于治疗气机失调之气滞、气逆证。因作用部位和作用特点的不同，又分别具有理气健脾、疏肝解郁、理气宽胸、行气止痛、破气散结、降逆止呕等功效。分别适用于治疗脾胃气滞所致脘腹胀痛、嗳气吞酸、恶心呕吐、腹泻或便秘等；肝气郁滞所致胁肋胀痛、抑郁不乐、疝气疼痛、乳房胀痛、月经不调等；肺气壅滞所致胸闷胸痛、咳嗽气喘等。

使用本类药物，须针对不同的病证选择相应的药物，并进行必要的配伍。如脾胃气滞，应选用理气调中药，其中饮食积滞所致者，配伍消异药；湿热阻滞所致者，配伍清热祛湿药；寒湿困脾所致者，配伍苦温燥湿药；兼脾气虚者，配伍补气健脾药。肝气郁滞，应选用疏肝理气药，其中肝血不足者，配伍养血柔肝药；肝经受寒者，配伍暖肝散寒药；兼有瘀血阻滞者，配伍活血祛瘀药。肺气壅滞，应选用理气宽胸药，其中外邪客肺所致者，配伍宣肺解表药；痰饮阻肺所致者，配伍祛痰化饮药。

本类药物多辛温香燥，易耗气伤阴，故气阴不足者慎用。

药理研究表明，理气药具有抑制或兴奋胃肠平滑肌作用，促进消化液分泌、利胆、松弛支气管平滑肌，以及调节子宫平滑肌、祛痰、平喘、兴奋心肌、增加冠状动脉血流量、升压等作用。

本类药物代表性中药有陈皮、青皮、枳实、木香、佛手等（图3-16）。

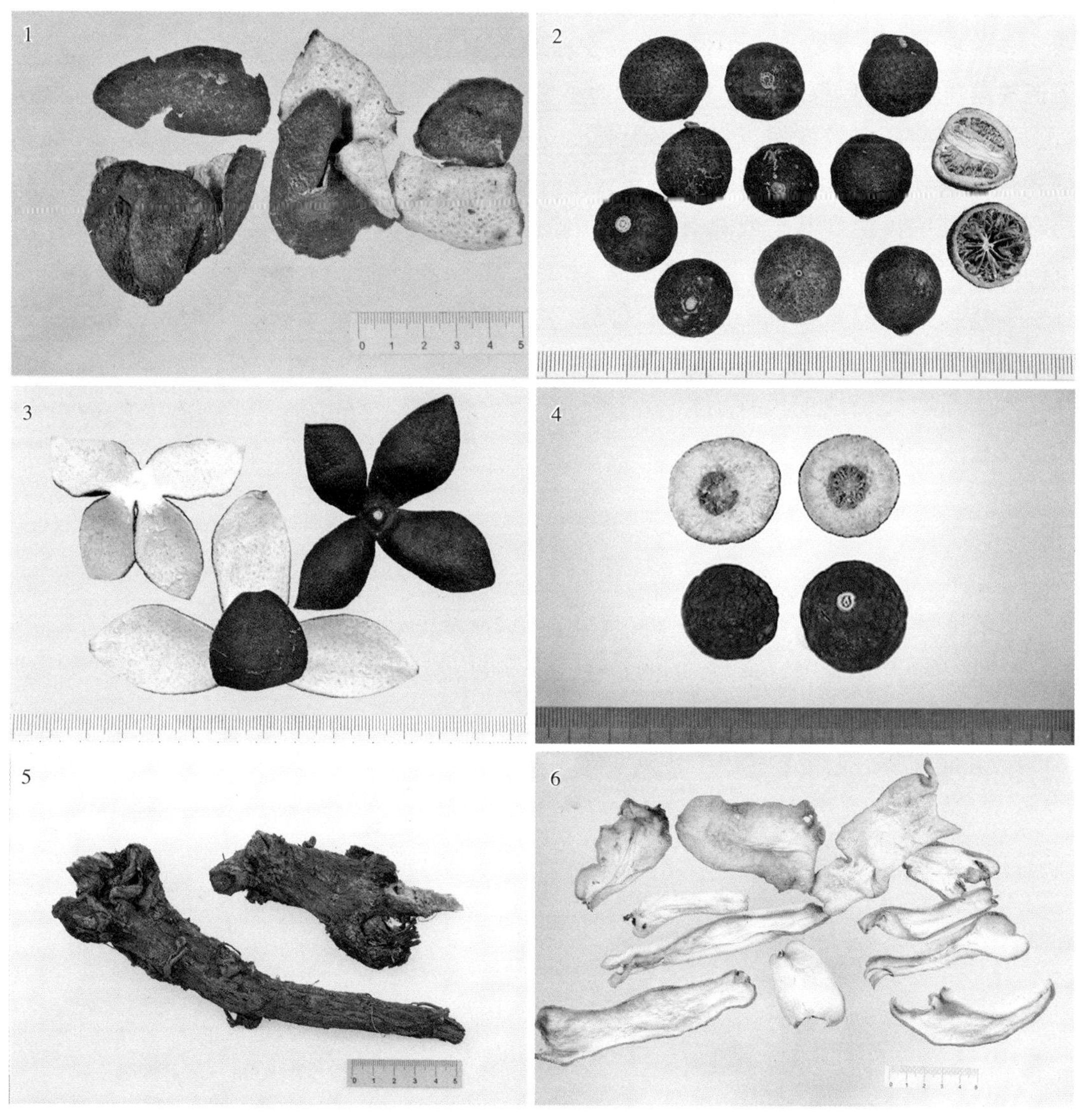

图3-16　理气药举例

1.陈皮　2.青皮（个青皮）　3.青皮（四花青皮）　4.枳实　5.木香　6.佛手

九、消 食 药

凡以消化食积为主要功效，常用以治疗饮食积滞的药物，称为消食药。

消食药多味甘性平，主归脾、胃二经。具有消食化积，以及健胃、和中之功，使食积得消，食滞得化，脾胃之气得以恢复。此外，部分消食药又兼有行气、活血、祛痰等功效。

消食药主治宿食停留，饮食不消所致的脘腹胀满，嗳腐吞酸，恶心呕吐，不思饮食，大便失常等，适用于脾胃虚弱，消化不良者。

本类药物多属渐消缓散之品，适用于病情较缓，积滞不甚者。但食积者多有兼证，故临床应根据不同病情予以适当配伍。若宿食内停，气机阻滞，需配理气药，使气行而积消；若积滞化热，当配苦寒清热或轻下之品；若寒湿困脾或胃有湿浊，当配芳香化湿药；若中焦虚寒者，宜配温中健脾之品；而脾胃虚弱，运化无力，食积内停者，则当配伍健脾益气之品，以标本兼顾，使消积而不伤正。

本类药物虽多数效缓，但仍不乏耗气之弊，故气虚而无积滞者慎用。现代药理研究证明，消食药一般具有不同程度的助消化作用。个别药还具有降血脂、强心、增加冠脉流量及抗心肌缺血、降压、抗菌等作用。

本类药物代表性中药有山楂、六神曲、麦芽等（图3-17）。

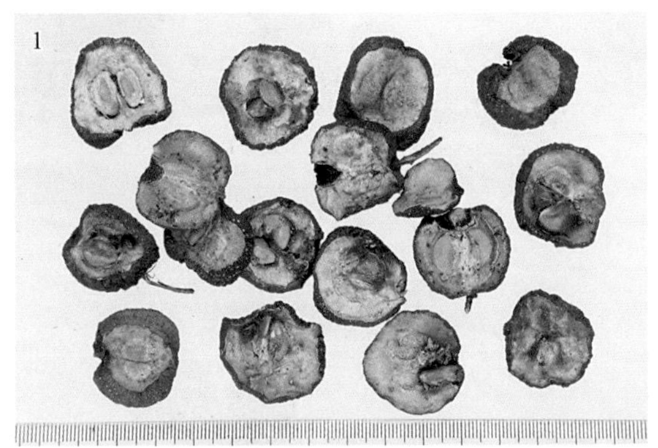

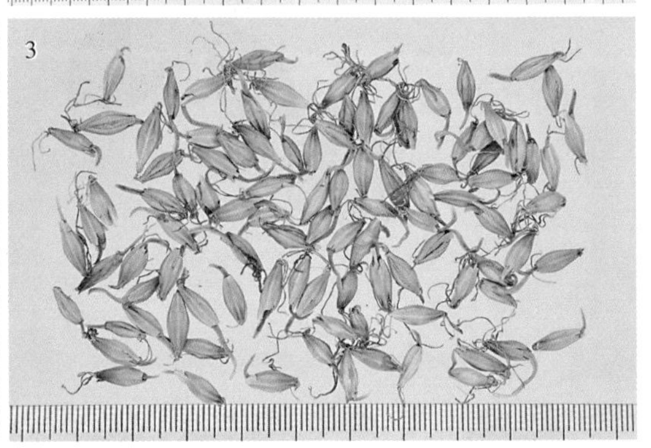

图3-17　消食药举例

1.山楂　2.六神曲　3.麦芽

十、止 血 药

凡以制止体内外出血为主要功效，主要用以治疗各种出血病证的药物，称为止血药。

止血药入血分，因心主血、肝藏血、脾统血，故本类药物以归心、肝、脾经为主，尤以归心、肝二经者为多。止血药均具有止血作用，因其药性有寒、温、散、敛之异，故根据止血药的药性和功效不同相应地分为凉血止血药、温经止血药、化瘀止血药和收敛止血药四类。

止血药主要用治咯血、衄血、吐血、便血、尿血、崩漏、紫癜以及外伤出血等体内外各种出血病证。

由于出血之证，其病因不同，病情有异，部位有别，因此在使用止血药时，应根据出血证的病因病机和出血部位的不同，选择相应的止血药，并做必要的配伍，使药证相符，标本兼顾。如血热妄行之出血者，宜选用凉血止血药，并配伍清热泻火、清热凉血药；阴虚火旺、阴虚阳亢之出血者，宜配伍滋阴降火、滋阴潜阳之药；瘀血内阻，血不循经之出血者，宜选用化瘀止血药；虚寒性出血，宜选用温经止血药或收敛止血药，并配伍益气健脾、温阳药。根据前贤“下血必升举，吐衄必降气”之论，对于便血、崩漏等下部出血病证，应适当配伍升举之品；而对于衄血、吐血等上部出血病证，可适当配伍降气之品。

“止血不留瘀”是运用止血药必须始终注意的问题。而凉血止血药和收敛止血药，易凉遏恋邪，有止血留瘀之弊，故出血兼有瘀滞者不宜单独使用。若出血过多，气随血脱者，则当急投大补元气之药，以挽救气脱危候。

根据前人的用药经验，止血药多炒炭用。一般而言，炒炭后其味变苦、涩，可增强止血之效，但并非所有的止血药均宜炒炭用，有些止血药炒炭后，止血作用反而降低，故仍以生品或鲜用为佳。因此，止血药是否炒炭用，应视具体药物而定，不可一概而论，应以提高止血的疗效为原则。

现代药理研究表明，止血药的止血作用机制广泛，能促进凝血因子生成，增加凝血因子浓度和活力，抑制抗凝血酶活性；增加血小板数目，增强血小板的功能；收缩局部血管或改善血管功能，增强毛细血管抵抗力，降低血管通透性；促进纤维蛋白原或纤维蛋白的生成，抑制纤溶；通过物理因素促进止血等。其中，促进血液凝固和抑制纤溶是其主要机制。部分药物尚有抗炎、抗病原微生物、镇痛、调节心血管功能等作用。

（一）化瘀止血药

本类药物既能止血，又能化瘀，有止血而不留瘀的特点，主治瘀血内阻，血不循经之出血病证。若随证配伍，也可用于其他各种出血证。此外，部分药物尚能消肿、止痛，还可用治跌打损伤、心腹瘀阻疼痛、经闭等病证。

本类药物具行散之性，出血而无瘀者及孕妇宜慎用。

本类药物代表性中药有茜草等（图3-18）。

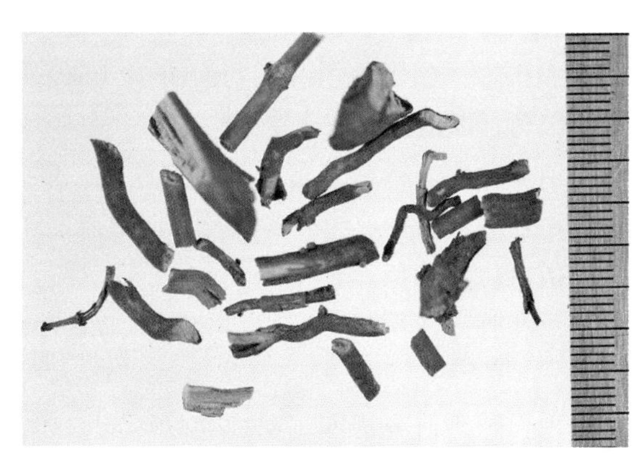

图3-18　茜　草

（二）收敛止血药

本类药物大多味涩，或为炭类，或质黏，故能收敛止血。广泛用于各种出血病证而无瘀滞者。

因其性收涩，有留瘀恋邪之弊，故临证每多与化瘀止血药或活血化瘀药同用。对于出血有瘀或出血初期邪实者，当慎用之。

本类药物代表性中药有仙鹤草等（图3-19）。

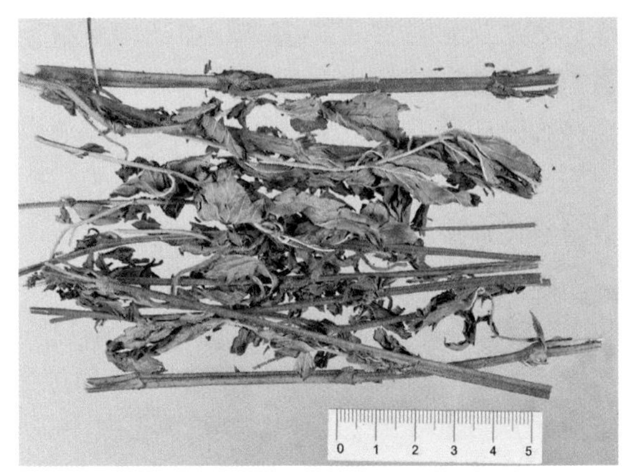

图3-19 仙鹤草

十一、活血化瘀药

凡以通利血脉、促进血行、消散瘀血为主要功效，常用以治疗瘀血证的药物，称活血化瘀药，也称活血祛瘀药，简称活血药、祛瘀药或化瘀药。其中活血化瘀作用强者，又称破血药或逐瘀药。

本类药物多具辛味，部分动物、昆虫类药物多味咸，主入血分，以归心、肝两经为主。辛散行滞，行血活血，能使血脉通畅，瘀滞消散，即《素问·阴阳应象大论》“血实者宜决之”之法。本类药物通过活血化瘀作用而达到止痛、调经、疗伤、消癥、通痹、消痈、祛瘀生新等功效。

活血化瘀药适用于内、外、妇、儿、伤等各科瘀血阻滞之证，如内科的胸、腹、头痛，痛如针刺，痛有定处，体内的癥瘕积聚，中风不遂，肢体麻木以及关节痹痛；伤科的跌打损伤，瘀肿疼痛；外科的疮疡肿痛；妇科的月经不调、经闭、痛经、产后腹痛等。

在应用本类药物时，除根据各类药物的不同效用特点而随证选用外，尚需针对引起瘀血的原因和具体的病证配伍。如瘀血因寒凝者，当配温里散寒、温通经脉药；因火热而瘀热互结者，宜配清热凉血、泻火解毒药；因痰湿阻滞者，当配化痰除湿药；因体虚致瘀者或久瘀致虚者，则配补益药。如风湿痹阻，络脉不通者，应配伍祛风除湿通络药；若癥瘕积聚，配伍软坚散结药。由于气血之间的密切关系，在使用活血祛瘀药时，常配伍行气药，以增强活血化瘀之力。

活血化瘀药行散走窜，易耗血动血，应注意防其破泄太过，做到化瘀而不伤正；同时，不宜用于妇女月经过多以及其他出血证而无瘀血现象者，对于孕妇尤当慎用或忌用。

活血化瘀药依其作用强弱的不同，有行血和血、活血散瘀、破血逐瘀之分。按其作用特点和临床应用的侧重点，分为活血止痛药、活血调经药、活血疗伤药、破血消癥药四类。

现代药理研究表明，活血化瘀药能改善血液循环，抗凝血，防止血栓及动脉硬化斑块的形成；改善机体的代谢功能，促使组织的修复和创伤、骨折的愈合；改善毛细血管的通透性，减轻炎症反应，促进炎症病灶的消退和吸收；改善结缔组织代谢，既促进增生病变的转化吸收，又使萎缩的结缔组织康复；调节机体免疫功能，有抗菌消炎作用。

（一）活血止痛药

本类药物辛散善行，既入血分又入气分，能活血行气止痛，主治气血瘀滞所致的各种痛证，如头痛、胸胁痛、心腹痛、痛经、产后腹痛、肢体痹痛、跌打损伤之瘀痛等，也可用于其他瘀血病证。

本类药物代表性中药有川芎、延胡索、郁金等（图3-20）。

图3-20　活血止痛药举例

1.川芎　2.延胡索　3.郁金

（二）活血调经药

本类药物辛散苦泄，主归肝经血分，具有活血散瘀、通经止痛之功，尤其善于通血脉而调经水。主治血行不畅、瘀血阻滞所致的月经不调，经行腹痛，量少紫暗或伴血块，经闭不行，及产后瘀滞腹痛；亦常用于其他瘀血病证，如瘀滞疼痛、癥瘕积聚、跌打损伤、疮痈肿痛等。

本类药物代表性中药有丹参、红花等（图3-21）。

（三）破血消癥药

本类药物味多辛苦，虫类药居多，兼有咸味，主归肝经血分。药性峻猛，走而不守，能破血逐瘀、消癥散积，主治瘀滞时间长、程度重的癥瘕积聚，亦可用于血瘀经闭、瘀肿疼痛、中风偏瘫等症。

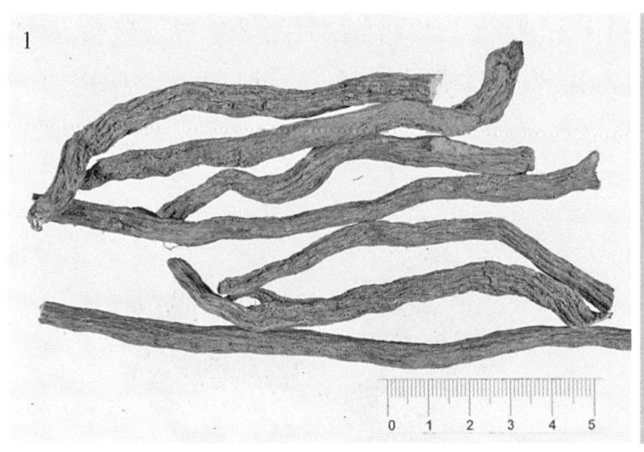
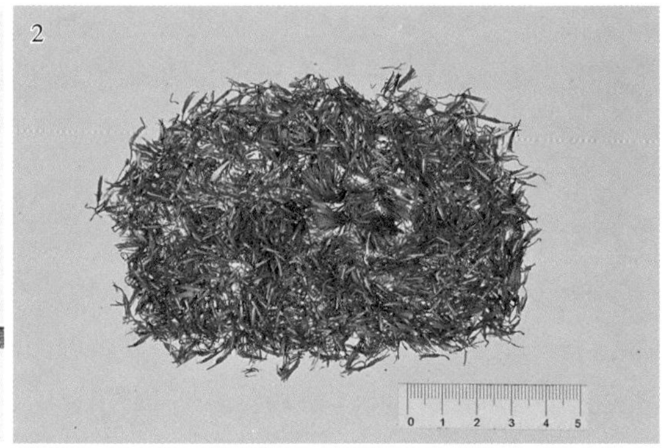

图3-21　活血调经药举例
1.丹参　2.红花

本类药物代表性中药有莪术等（图3-22）。

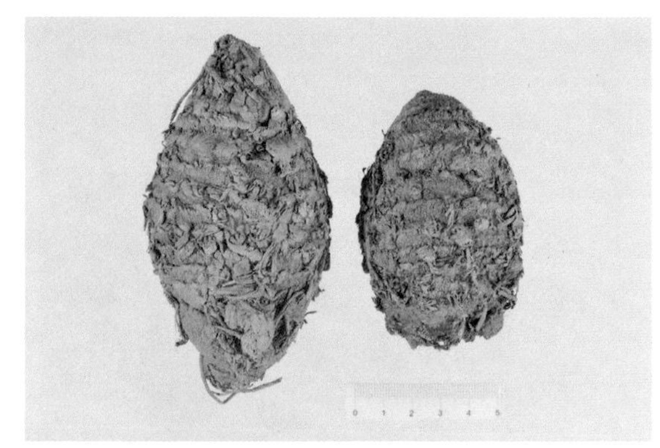

图3-22　莪　术

十二、化痰止咳平喘药

凡以祛痰或消痰为主要功效，常用以治疗痰证的药物，称为化痰药；以制止或减轻咳嗽和喘息为主要功效，常用以治疗咳嗽气喘的药物，称止咳平喘药。由于病证上痰、咳、喘三者每多兼杂，病机上常相互影响，咳喘者多夹咯痰；痰浊壅盛会影响肺的宣发肃降，易致咳喘加剧。且化痰药多兼止咳、平喘作用，而止咳平喘药又常具化痰之功，故将化痰药与止咳平喘药合并加以介绍。

化痰药味多苦、辛，苦可泄、燥，辛能散、行。其中性温而燥者，可温化寒痰，燥化湿痰；性偏寒凉者，能清化热痰；兼味甘质润者，能润燥化痰；兼味咸者，可化痰软坚散结。部分化痰药还兼有止咳平喘，散结消肿功效。止咳平喘药主归肺经，药性有寒热之分，苦味居多，亦兼辛、甘之味，分别具有降气、宣肺、润肺、泻肺、化痰、敛肺等作用。

痰，常由外感六淫、饮食不节、七情或劳倦内伤，使肺、脾、肾及三焦功能失调，水液代谢障碍，凝聚而成。它既是病理产物，又是致病因素，往往随气运行，无处不到，致病范围广泛。故元代王珪云："痰为百病之母"。"百病皆由痰作祟"。化痰药主治各种痰证：如痰阻于肺之咳喘痰多；痰蒙心窍之昏厥、癫痫；痰蒙清阳之头痛、眩晕；痰扰心神之失眠多梦；肝风夹痰之中风、惊厥；痰阻经络之肢体麻木，半身不遂，口眼斜；痰火互结之瘰疬、瘿瘤；痰凝肌肉，流注骨节之阴疽、流注等。肺司呼吸，又为娇脏，不耐寒热，凡外感六淫，或内伤气火、痰湿等，均可伤及肺脏，导致宣发、肃降失常，发为咳嗽喘息。止咳平喘药，主治外感、内伤等多种原因所致咳嗽喘息之证。

使用本类药物时，应根据不同病证，有针对性地选择相应的化痰药与止咳平喘药。又因咳喘每多夹痰，痰多易发咳喘，故化痰药与止咳平喘药常配伍同用。再则应根据痰、咳、喘的不同病因、病机而配伍，以治病求本，标本兼顾。使用化痰药除分清寒痰、湿痰、热痰、燥痰而选用不同的化痰药外，还应根据成痰之因，审因论治。“脾为生痰之源”，脾虚则津液不归正化而聚湿生痰，故常配健脾燥湿药同用，以绝生痰之机。又因痰易阻滞气机，“气滞则痰凝，气顺则痰消”，故常配理气药，以加强化痰之功。此外，痰证表现多样，临床常根据病因、病机、病证不同，分别配伍温里散寒、清热、滋阴降火、平肝息风、安神、开窍之品。由于痰浊阻肺是导致或加重咳喘的主要原因，根据刘河间提出的“治咳嗽者，治痰为先”的原则，在选用化痰药治疗咳喘时，若因外感而致者，当配解表散邪药；火热而致者，应配清热泻火药；里寒者，配温里散寒药；虚劳者，配补虚药。如肺阴虚，须配养阴润肺药；肺肾两虚，肾不纳气者，常与补肾益肺、纳气平喘药配伍。咳喘伴咯血者，还应配伍相应的止血药。

某些温燥之性强烈的化痰药，凡痰中带血等有出血倾向者，宜慎用。麻疹初起有表邪之咳嗽，不宜单投止咳药，当以疏解清宣为主，以免恋邪而致喘咳不已或影响麻疹之透发，对收敛性强及温燥之药尤为所忌。

根据药性、功能及临床应用的不同，化痰止咳平喘药分为温化寒痰药、清化热痰药、止咳平喘药三类。

现代药理研究证明，化痰止咳平喘药一般具有祛痰、镇咳、平喘、抑菌、抗病毒、消炎、利尿等作用，部分药物还有镇静、镇痛、抗惊厥、改善血液循环、免疫调节作用。

（一）温化寒痰药

本类药物味多辛苦，性多温燥，主归肺、脾、肝经，有温肺祛寒、燥湿化痰之功，部分药物外用又能消肿止痛。主治寒痰、湿痰证，如咳嗽气喘、痰多色白、苔腻；寒痰、湿痰所致眩晕、肢体麻木、阴疽流注等。临床运用时，常与温散寒邪、燥湿健脾药配伍，以期达到温化寒痰、燥湿化痰之目的。

温燥性质的温化寒痰药，不宜用于热痰、燥痰之证。

本类药物代表性中药有半夏、天南星等（图3-23）。

（二）清化热痰药

本类药物性多寒凉，有清化热痰之功，部分药物质润，兼能润燥化痰，部分药物味咸，兼能软坚散结。清化热痰药主治热痰证，如咳嗽气喘、痰黄质稠者；若痰稠难咯、唇舌干燥之燥痰证，宜选质润之润燥化痰药；痰热癫痫、中风惊厥、瘿瘤、痰火瘰疬等，

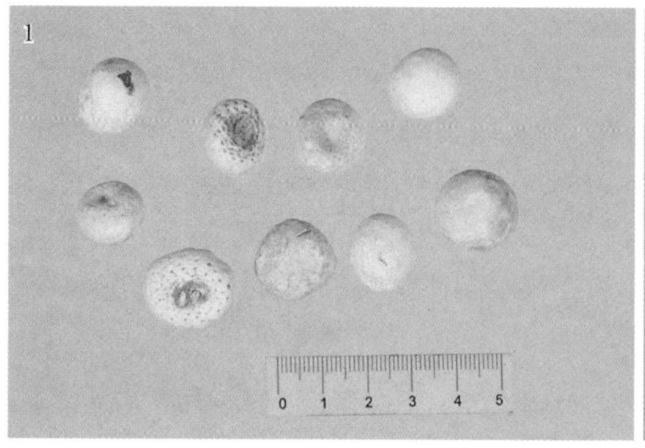

图3-23　温化寒痰药举例

1.半夏　2.天南星

均可以清化热痰药治之。临床应用时，常与清热泻火、养阴润肺药配伍，以期达到清化热痰、润燥化痰的目的。

药性寒凉的清化热痰药、润燥化痰药，寒痰与湿痰证不宜使用。

本类药物代表性中药有川贝母、浙贝母、前胡、桔梗等（图3-24）。

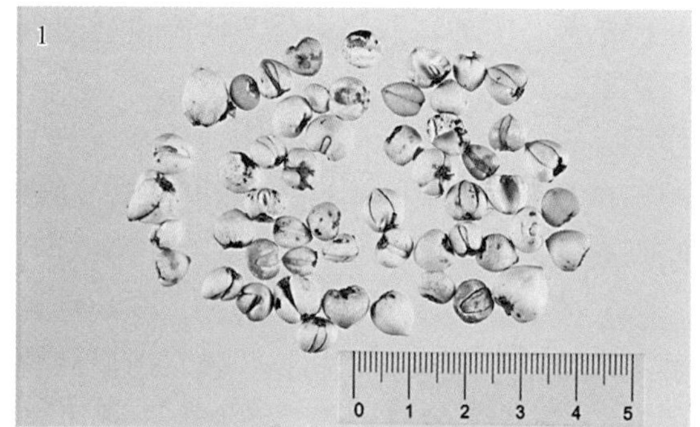

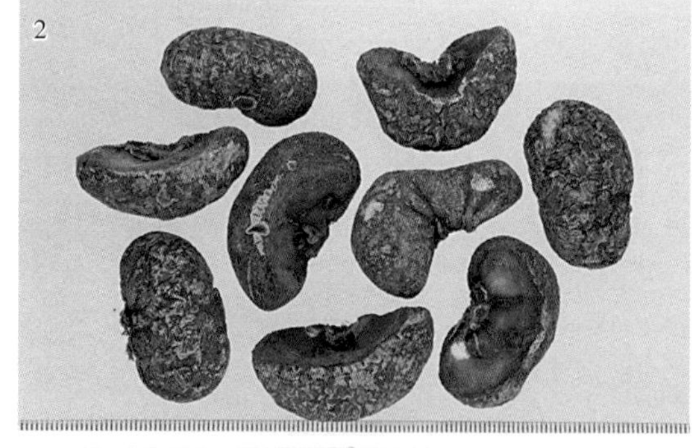

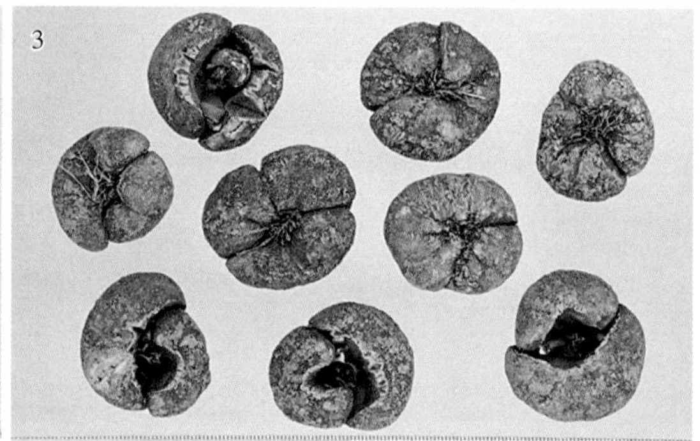

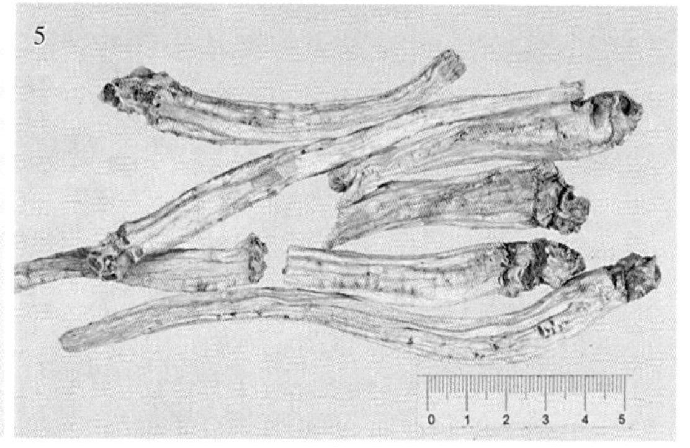

图3-24　清化热痰药举例

1.川贝母（暗紫贝母）　2.浙贝母（大贝）　3.浙贝母（珠贝）　4.前胡　5.桔梗

（三）止咳平喘药

本类药物多归肺经，其味或辛或苦或甘，其性或寒或温。因辛散之性可宣肺散邪而止咳喘；苦泄之性可泄降上逆之肺气，或因其性寒，泻肺降火，或泄肺中水气及痰饮以平喘止咳；甘润之性可润肺燥止咳嗽；个别药物味涩而收敛肺气以定喘，故本类药物通过宣肺、降肺、泻肺、润肺、敛肺及化痰等不同作用，达到止咳、平喘的目的。其中有的药物偏于止咳，有的偏于平喘，或兼而有之。本类药物主治咳嗽喘息。部分止咳平喘药物兼有润肠通便、利水消肿、清利湿热、解痉止痛等功效，亦可用治肠燥便秘、水肿、胸腹积水、湿热黄疸、心腹疼痛、癫痫等症。

本类药物代表性中药有苦杏仁、款冬花、桑白皮等（图3-25）。

图3-25　止咳平喘药举例

1.苦杏仁　2.款冬花　3.桑白皮

十三、安神药

凡以安定神志为主要功效，常用以治疗心神不宁病证的药物，称安神药。

本类药物主入心、肝经，具有镇惊安神或养心安神的功效，体现了《素问·至真要大论》所谓“惊者平之”，以及《素问·阴阳应象大论》所谓“虚者补之，损者益之”的治疗法则。此外，部分安神药分别兼能平肝潜阳、纳气平喘、清热解毒、活血、敛汗、润肠通便、祛痰等。

安神药主要用治心悸、怔忡、失眠、多梦、健忘之心神不宁证，亦可用治惊风、癫痫、癫狂等心神失常。部分安神药尚可用治肝阳上亢、肾虚气喘、疮疡肿毒、瘀血、自汗盗汗、肠燥便秘、痰多咳喘等症。

使用安神药时，应根据心神不宁之心肝火炽、心肝阴血亏虚的不同，相应选择适宜的安神药治疗，并进行相应的配伍。如心神不宁的实证，应选用重镇安神药物，若心神不宁因火热所致者，可配伍清泻心火、清泻肝火药；因肝阳上扰者，配伍平肝潜阳药；因痰所致者，则配伍化痰药；因血瘀所致者，则配伍活血化瘀药；兼血瘀气滞者，配伍活血或疏肝理气药；惊风、癫狂者，应以化痰开窍或平肝息风药为主，本类药物多作为辅药应用。心神不宁的虚证，应选用养心安神药物，若血虚阴亏者，须配伍补血养阴药物；心脾两虚者，则配伍补益心脾药；心肾不交者，又配伍滋阴降火，交通心肾之品。

使用矿石类安神药及有毒药物时，只宜暂用，不可久服，中病即止。矿石类安神药，如作丸散剂服时，须配伍养胃健脾之品，以免耗伤胃气。

根据安神药的药性及功效主治差异，可分为重镇安神药及养心安神药两类。重镇安神药多为矿石类。

现代药理研究证明，安神药一般具有不同程度的中枢神经抑制作用，具有镇静、催眠、抗惊厥等作用。部分药物还有祛痰止咳、抑菌防腐、强心、改善冠状动脉血循环及提高机体免疫功能等作用。

养心安神药

养心安神药多为植物种子、种仁类药物，具有甘润滋养之性，性味多甘平，故以养心安神为主要作用。主治阴血不足、心脾两虚、心失所养之心悸怔忡、虚烦不眠、健忘多梦等心神不宁虚证。

本类药物代表性中药有酸枣仁、柏子仁、远志等（图3-26）。

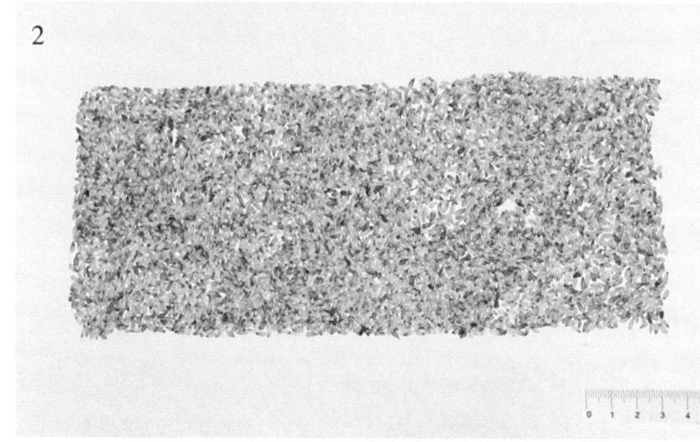

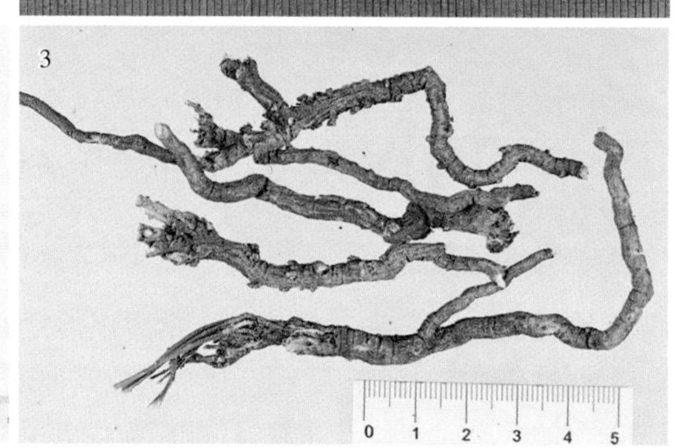

图3-26　养心安神药举例

1.酸枣仁　2.柏子仁　3.远志

十四、息风止痉药

本类药物多为虫类药，主入肝经，以平息肝风、制止痉挛抽搐为主要功效。适用于温热病热极动风、肝阳化风及血虚生风等所致之眩晕欲仆、项强肢颤、痉挛抽搐等。亦可用于风阳夹痰，痰热上扰之癫痫、惊风抽搐，或风毒侵袭、引动内风之破伤风，痉挛抽搐、角弓反张等。部分息风止痉药兼有平肝潜阳、清泻肝火、祛风通络之功，还可用治肝阳上亢之头晕目眩，肝火上攻之目赤头痛及风中经络之口眼㖞斜、肢麻痉挛、头痛、风湿痹痛等。

本类药物代表性中药有钩藤、天麻等（图3-27）。

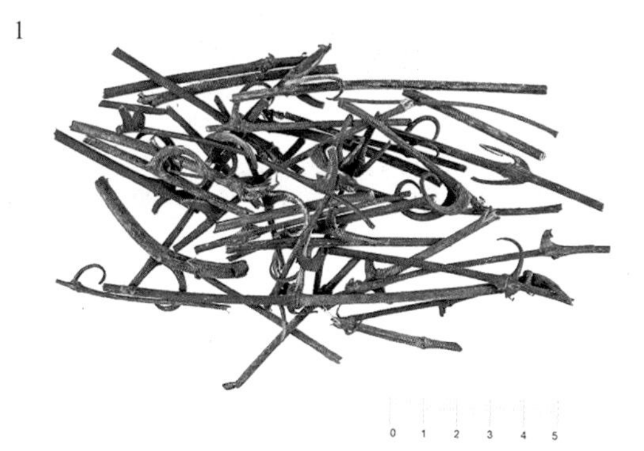

图3-27　息风止痉药举例

1.钩藤　2.天麻

十五、开 窍 药

凡以开窍醒神为主要功效，常用以治疗闭证神昏的药物，称为开窍药。因具辛香走窜之性，又称芳香开窍药。

心藏神，主神明，心窍开通则神明有主，神志清醒，思维敏捷。若心窍被阻，清窍被蒙，则神明内闭，神志昏迷，人事不省，治疗须用辛香开通心窍之品。本类药物辛香走窜，皆入心经，具有通关开窍、醒脑回苏的作用。部分开窍药兼有活血、行气、止痛、解毒等功效。

开窍药主要用治温病热陷心包、痰浊蒙蔽清窍之神昏谵语，以及惊风、癫痫、中风等卒然昏厥、痉挛抽搐。部分开窍药兼治血瘀气滞、心腹疼痛、经闭癥瘕、目赤咽肿、痈疽疔疮等。

神志昏迷有虚实之别，虚证即脱证，实证即闭证。脱证治当补虚固脱，非本类药物所宜；闭证治当通关开窍、醒神回苏，宜用本类药物治疗。然而闭证又有寒闭、热闭之分，面青、身凉、苔白、脉迟之寒闭，须施“温开”之法，宜选用辛温的开窍药，配伍温里祛寒之品；面红、身热、苔黄、脉数之热闭，当用“凉开”之法，宜选用药性寒凉的开窍药，配伍清热泻火解毒之品。若闭证神昏兼惊厥抽搐者，还须配伍息风止痉药；若见烦躁不安者，须配伍安神定惊药；若痰浊壅盛者，须配伍化湿、祛痰药。

开窍药辛香走窜，为救急、治标之品，且能耗伤正气，故只宜暂服，不可久用；其药性辛香，有效成分易于挥发，内服多不宜入煎剂，宜入丸剂、散剂服用。

现代药理研究证明，开窍药的醒脑回苏功效与其主要作用于中枢神经系统有关，对中枢神经系统有兴奋作用，亦与镇静、抗惊厥、抗心脑损伤等药理作用有关。多数开窍药可透过血脑屏障，发挥兴奋中枢，或双向调节中枢神经作用。部分开窍药尚有抗炎、镇痛、改善学习记忆、抗生育等作用。

本类药物代表性中药有石菖蒲等（图3-28）。

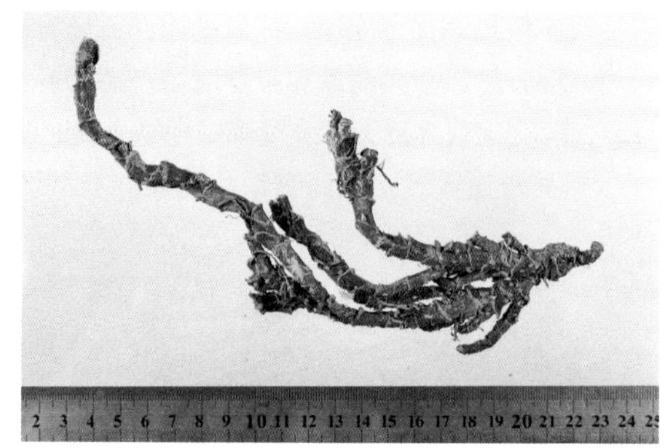

图3-28　石菖蒲

十六、补虚药

凡以补虚扶弱、纠正人体气血阴阳的不足为主要功效，常用以治疗虚证的药物，称为补虚药，也称补益药或补养药。

本类药物能够扶助正气，补益精微，根据“甘能补”的理论，故一般具有甘味。各类补虚药的药性和归经等性能，互有差异，其具体内容将分别在各节概述中介绍。

补虚药具有补虚扶弱功效，可以主治人体正气虚弱、精微物质亏耗引起的精神萎靡、体倦乏力、面色淡白或萎黄、心悸气短、脉象虚弱等症。具体地讲，补虚药的补虚作用又有补气、补阳、补血、补阴的不同，分别主治气虚证、阳虚证、血虚证、阴虚证。此外，有的药物还分别兼有祛寒、润燥、生津、清热及收涩等作用，故又有其相应的主治病证。

根据补虚药在性能、功效及主治方面的不同，一般又分为补气药、补阳药、补血药、补阴药四类。

使用补虚药，首先应因证选药，必须根据气虚、阳虚、血虚、阴虚的证候不同，选择相应的对证药物。一般来说，气虚证主要选用补气药，阳虚证主要选用补阳药，血虚证主要选用补血药，阴虚证主要选用补阴药。其次，应考虑到人体气血阴阳之间，在生理上相互联系、相互依存，在病理上也常常相互影响，故临床治疗时常需将两类或两类以上的补虚药配伍使用。如气虚可发展为阳虚，阳虚者其气必虚，故补气药常与补阳药同用。有形之血生于无形之气，气虚生化无力，可致血虚；血为气之母，血虚则气无所依，血虚亦可导致气虚，故补气药常与补血药同用。气能生津，津能载气，气虚可影响津液的生成，而致津液不足；津液大量亏耗，亦可导致气随津脱。热病不仅容易伤阴，而且“壮火食气”，以致气阴两虚，故补气药亦常与补阴药同用。津血同源，津液是血液的重要组成部分，血亦属于阴的范畴；失血血虚可导致阴虚，阴津大量耗损又可导致津枯血燥，血虚与阴亏并呈之证颇为常见，故补血药常与补阴药同用。阴阳互根互用，无阴则阳无由生，无阳则阴无由长，故阴或阳虚损到一定程度，可出现阴损及阳或阳损及阴的情况，以致最后形成阴阳两虚的证候，则需要滋阴药与补阳药同用。

补虚药在临床上除用于虚证以补虚扶弱外，还常常与其他药物配伍以扶正祛邪，或与容易损伤正气的药物配伍应用以保护正气，顾护其虚。

使用补虚药还应注意：一要防止不当补而误补。若邪实而正不虚者，误用补虚药有“误补益疾”之弊。补虚药以补虚扶弱为主要作用，其作用主要在于以其偏性纠正人体气血阴阳虚衰的病理偏向。如不恰当地依赖补虚药强身健体、延年益寿，则可能会破坏机体阴阳之间的相对平衡，导致新的病理变化。二要避免当补而补之不当。如不分气血，不别阴阳，不辨脏腑，不明寒热，盲目使用补虚药，不仅不能收到预期的疗效，而且还有可能导致不良后果。如阴虚有热者误用温热的补阳药，会助热伤阴；阳虚有寒者误用寒凉的补阴药，会助寒伤阳。三是补虚药用于扶正祛邪，不仅要分清主次，处理好祛邪与扶正的关系，而且应避免使用可能妨碍祛邪的补虚药，使祛邪不伤正，补虚不留邪。四是应注意补而兼行，使补而不滞。部分补虚药药性滋腻，不易消化，过用或用于脾运不健者可能妨碍脾胃运化功能，应掌握好用药分寸，或适当配伍健脾消食药顾护脾胃。五是补虚药如作汤剂，一般宜文火久煎，使药味尽出。虚弱证一般病程较长，补虚药宜采用蜜丸、煎膏（膏滋）、口服液等便于保存、服用，并可增效的剂型。

现代药理研究表明，补虚药可增强机体的非特异性免疫功能和细胞免疫、体液免疫功能，产生扶正祛邪的作用。在物质代谢方面，补虚药能促进核酸代谢和蛋白质合成，调节脂质代谢，降血糖。对神经系统的作用，主要是提高学习记忆能力。对内分泌系统的作用，主要表现在可增强下丘脑-垂体-肾上腺皮质轴和下丘脑-垂体-性腺轴的功能，调节下丘脑-垂体-甲状腺轴的功能，改善虚证患者的内分泌功能减退。本类药物还有延缓衰老、抗氧化、强心、升压、抗休克、抗心肌缺血、抗心律失常、促进和改善造血功能、改善消化功能、抗应激及抗肿瘤等多方面作用。

（一）补气药

本类药物性味多属甘温或甘平，主归脾、肺经，部分药物又归心、肾经，以补气为主要功效，能补益脏气以纠正脏气的虚衰。补气又包括补脾气、补肺气、补心气、补肾气、补元气等具体功效。因此，补气药的主治有：脾气虚证，症见食欲不振，脘腹胀满，食后胀甚，大便溏薄，肢体倦怠，神疲乏力，面色萎黄，形体消瘦或一身虚浮，甚或脏器下垂，血失统摄，舌淡，脉缓或弱等；肺气虚证，症见咳嗽无力，气短而喘，动则尤甚，声低懒言，咳痰清稀，或有自汗、畏风，易于感冒，神疲体倦，舌淡，脉弱等；心气虚证，症见心悸怔忡，胸闷气短，活动后加剧，脉虚等；肾气虚证，症见腰膝酸软，尿频或尿后余沥不尽，或遗尿，或夜尿频多，或小便失禁，或男子遗精早泄，或女子月经淋沥不尽、带下清稀量多，甚或短气虚喘，呼多吸少，动则喘甚汗出等；元气藏于肾，赖三焦而通达全身，周身脏腑器官组织得到元气的激发和推动，才能发挥各自的功能，脏腑之气的产生有赖元气的资助，故元气虚之轻者，常表现为某些脏气虚，若元气虚极欲脱者，可见气息微弱，汗出不止，目开口合，全身瘫软，神志朦胧，二便失禁，脉微欲绝等。此外，某些药物分别兼有养阴、生津、养血等不同功效，还可用治阴虚津亏证或血虚证，尤宜于气阴（津）两伤或气血俱虚之证。

使用本类药物治疗各种气虚证时，除应结合其兼有功效综合考虑外，补益脾气之品用于脾虚食滞证，还常与消食药同用，以消除消化功能减弱而停滞的宿食；用于脾虚湿滞证，多配伍化湿、燥湿或利水渗湿的药物，以消除脾虚不运而停滞的水湿；用于脾虚中气下陷证，多配伍能升阳的药物，以升举下陷的清阳之气；用于脾虚久泻证，还常与涩肠止泻药同用；用于脾不统血证，则常与止血药同用；补肺气之品用于肺虚喘咳有痰之证，多配伍化痰、止咳平喘药；用于脾肺气虚自汗证，多配伍能固表止汗的药物；用于心气不足，心神不安证，多配伍宁心安神的药物；若气虚兼见阳虚里寒、血虚或阴虚证者，又需分别与补阳药、温里药、补血药或补阴药同用。补气药用于扶正祛邪时，还需分别与解表药、清热药或泻下药等同用。

部分补气药味甘壅中，碍气助湿，故对湿盛中满者应慎用，必要时应辅以理气除湿之药。

本类药物代表性中药有人参、党参、黄芪、白术、甘草等（图3-29）。

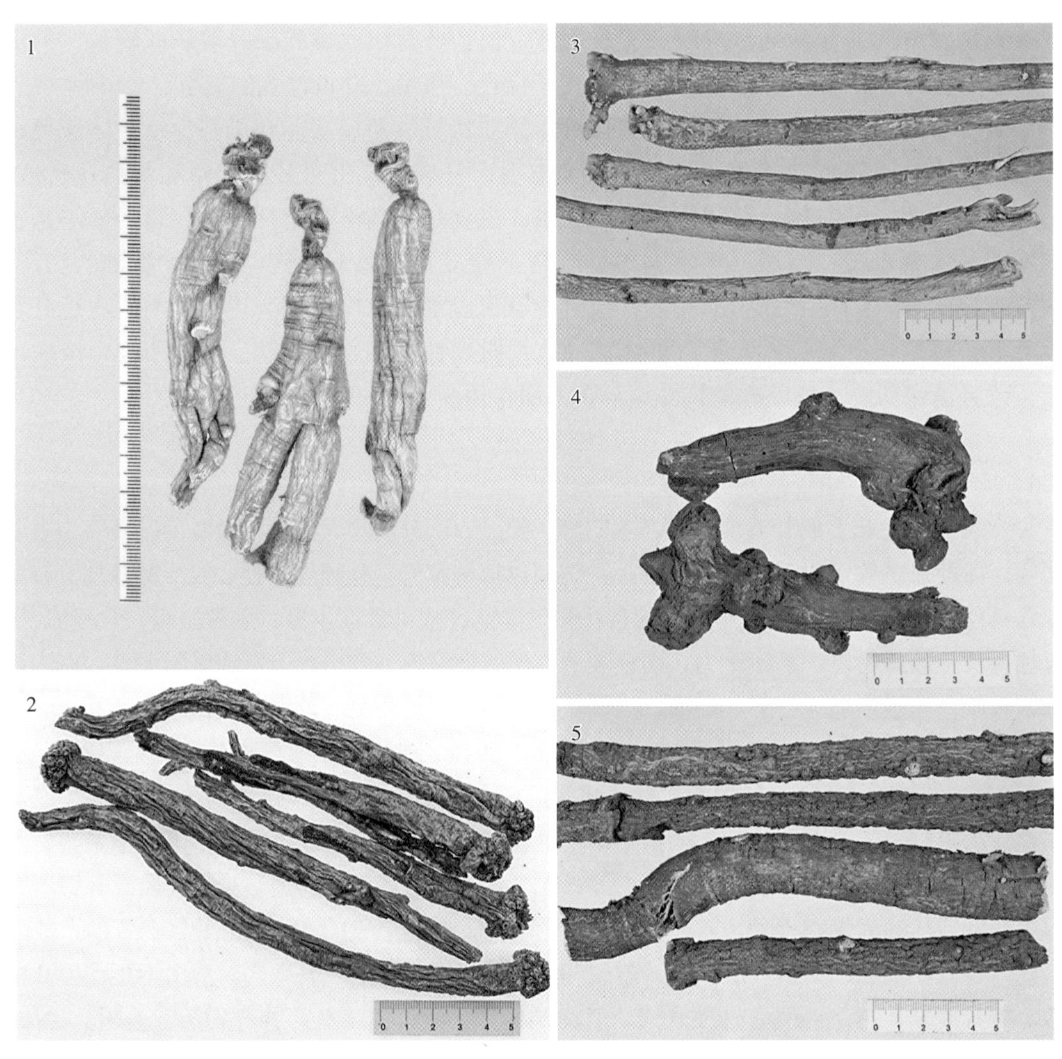

图3-29　补气药举例

1.人参　2.党参　3.黄芪　4.白术　5.甘草

（二）补阳药

本类药物味多甘辛咸，药性多温热，主入肾经。以补肾阳为主要作用，肾阳之虚得补，其他脏腑得以温煦，从而消除或改善全身阳虚诸证。主要用于肾阳不足、畏寒肢冷、腰膝酸软、性欲淡漠、阳痿早泄、精寒不育或宫冷不孕、尿频遗尿；脾肾阳虚、五更泄泻，或阳虚水泛之水肿；肝肾不足、精血亏虚之眩晕耳鸣、须发早白、筋骨痿软，或小儿发育不良、囟门不合、齿迟行迟；肺肾两虚、肾不纳气之虚喘；肾阳亏虚、下元虚冷、崩漏带下等证。

使用本类药物，若以其助心阳、温脾阳，多配伍温里祛寒药；若兼见气虚，多配伍补脾益肺之品；精血亏虚者，多与养阴补血益精药配伍，使“阳得阴助，生化无穷”。

补阳药性多燥烈，易助火伤阴，故阴虚火旺者忌用。

本类药物代表性中药有淫羊藿、杜仲、肉苁蓉、菟丝子、骨碎补等（图3-30）。

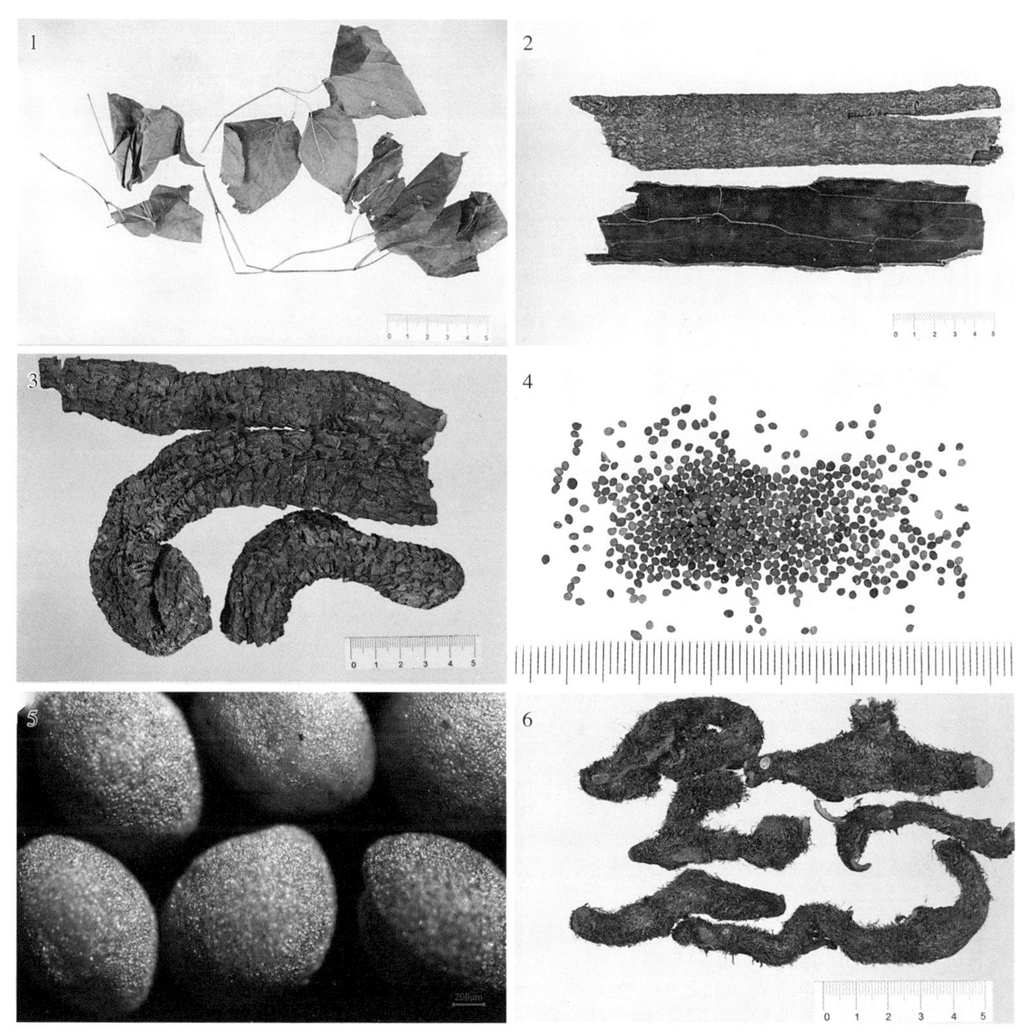

图3-30　补阳药举例

1.淫羊藿　2.杜仲　3.肉苁蓉　4、5.菟丝子　6.骨碎补

（三）补血药

本类药物大多甘温质润，主入心、肝经。具有补血的功效，主治血虚证，症见面色苍白或萎黄、唇爪苍白、眩晕耳鸣、心悸怔忡、失眠健忘，或月经愆期、量少色淡，甚则闭经等。有的兼能滋养肝肾，也可用治肝肾精血亏虚所致的眩晕耳鸣、腰膝酸软、须发早白等。

使用补血药常配伍补气药，即所谓“有形之血不能自生，生于无形之气”。补血药多滋腻黏滞，故脾虚湿阻、气滞食少者慎用。必要时，可配伍化湿、行气、消食药，以助运化。

本类药物代表性中药有当归、熟地黄、白芍等（图3-31）。

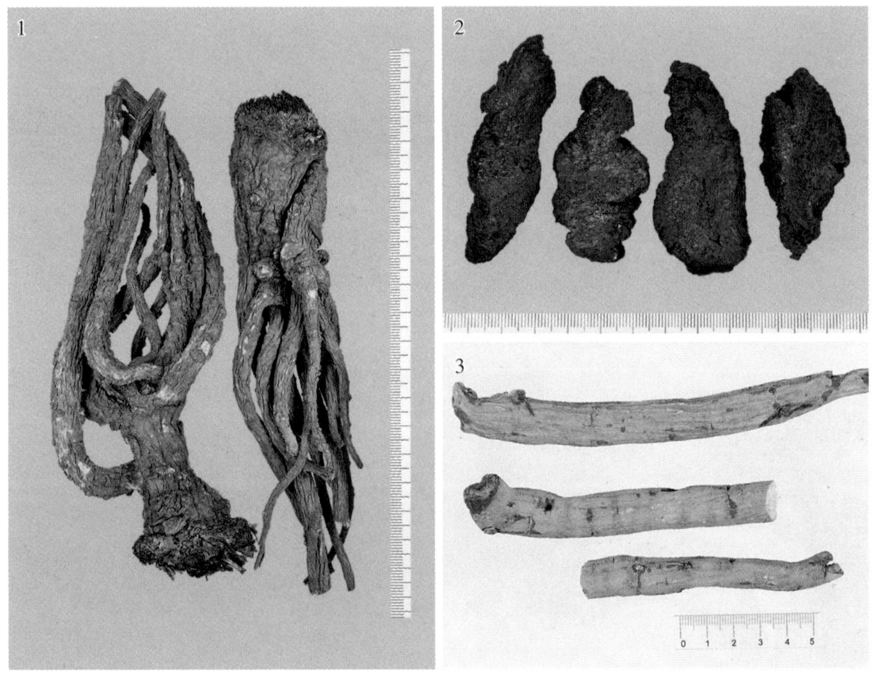

图3-31 补血药举例

1.当归 2.熟地黄 3.白芍

十七、收 涩 药

凡以收敛固涩为主要功效，常用以治疗各种滑脱病证的药物，称为收涩药，又称固涩药。

本类药物味多酸涩，性温或平，主入肺、脾、肾、大肠经。具有收敛固涩之功，以敛耗散、固滑脱，即陈藏器所谓“涩可固脱”，李时珍所谓“脱则故而不收，故用酸涩药，以敛其耗散”之意。本类药物分别具有固表止汗、敛肺止咳、涩肠止泻、固精缩尿、收敛止血、收涩止带等作用。

收涩药主要用于久病体虚、正气不固、脏腑功能衰退所致的自汗、盗汗、久咳虚喘、久泻久痢、遗精滑精、遗尿尿频、崩漏不止、带下不止等滑脱不禁的病证。

滑脱病证的根本原因是正气虚弱，故应用收涩药治疗乃属于治病之标，因此临床应用本类药时，须与相应的补益药配伍，以标本兼顾。如治气虚自汗、阴虚盗汗者，则分别配伍补气药、补阴药；脾肾阳虚之久泻不止者，应配伍温补脾肾药；肾虚遗精滑精、遗尿尿频者，当配伍补肾药；冲任不固、崩漏不止者，当配伍补肝肾、固冲任药；肺肾虚损、久咳虚喘者，宜配伍补肺益肾、纳气平喘药等。总之，应根据具体证候，寻求根本，适当配伍，标本兼治，才能收到较好的疗效。

收涩药性涩敛邪，故凡表邪未解，湿热所致之泻痢、带下，血热出血，以及郁热未清者，均不宜用，误用有“闭门留寇”之弊。但某些收涩药除收涩作用之外，兼有清湿热、解毒等功效，则又当分别对待。

收涩药根据其药性及临床应用的不同，可分为固表止汗药、敛肺涩肠药、固精缩尿止带药三类。但某些药物具有多种功用，临床应用应全面考虑。

现代药理研究表明，本类药物多含大量鞣质，与黏膜、创面、溃疡面接触后，可产生收敛作用；通过收敛作用，可进一步产生促进局部止血、保护肠黏膜而止泻等作用。此外，尚有抑菌、消炎、防腐、吸收肠内有毒物质等作用。

（一）敛肺涩肠药

本类药物酸涩收敛，主入肺经或大肠经。分别具有敛肺止咳喘、涩肠止泻痢作用。前者主要用于肺虚喘咳，久治不愈或肺肾两虚，摄纳无权的虚喘证；后者用于大肠虚寒不能固摄或脾肾虚寒所致的久泻、久痢。

本类药物治久咳虚喘者，如为肺虚，则加补肺益气药；如为肾虚，则加补肾纳气药同用。治久泻、久痢兼脾肾阳虚者，则配温补脾肾药；若兼气虚下陷者，则宜配补气升提药；若兼脾胃气虚者，则配补益脾胃药。

本类药酸涩收敛。属敛肺止咳之品，对痰多壅肺所致的咳喘不宜用；属涩肠止泻之品，对泻痢初起、邪气方盛，或伤食腹泻者不宜用。

本类药物代表性中药有五味子等（图3-32）。

图3-32　五味子

（二）固精缩尿止带药

本类药物酸涩收敛，主入肾、膀胱经。具有固精、缩尿、止带作用。某些药物甘温，兼有补肾之功。适用于肾虚不固所致的遗精滑精、遗尿尿频、带下清稀等症，常与补肾药配伍同用，宜标本兼治。

本类药酸涩收敛，对外邪内侵、湿热下注所致的遗精、尿频等不宜用。

本类药物代表性中药有山茱萸、覆盆子、莲子等（图3-33）。

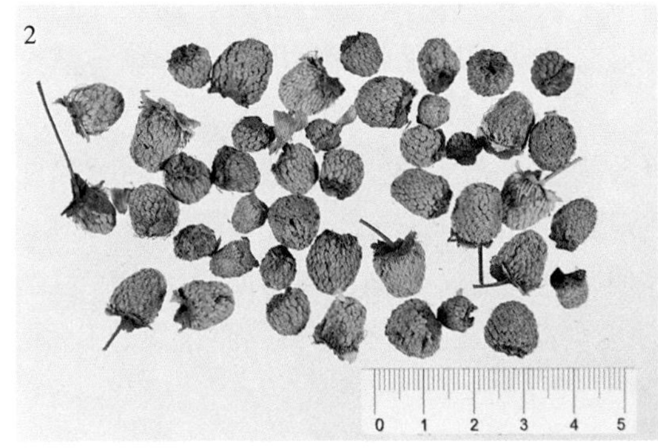

图3-33 固精缩尿止带药举例

1.山茱萸 2.覆盆子 3.莲子

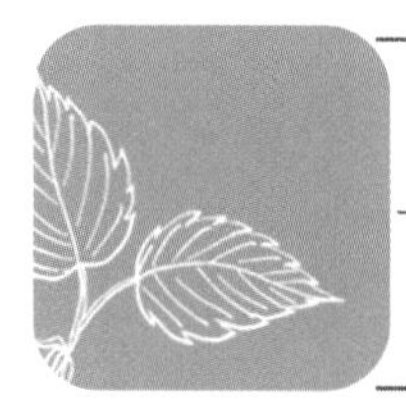

第四章 道地药材

道地药材是我国传统的优质中药材的代名词，《中华人民共和国中医药法》（简称《中医药法》）对道地药材做出了明确的定义，即“经过中医临床长期应用优选出来的，产在特定地域，与其他地区所产同种中药材相比，品质和疗效更好，且质量稳定，具有较高知名度的中药材”。同时第23条明确提出“国家建立道地中药材评价体系，支持道地中药材品种选育，扶持道地中药材生产基地建设，加强道地中药材生产基地生态环境保护，鼓励采取地理标志产品保护等措施保护道地中药材”。2016年《中医药发展战略规划纲要（2016—2030年）》也提出制定国家道地药材目录，加强道地药材良种繁育基地和规范化种植养殖基地建设。2018年12月18日农业农村部联合国家药品监督管理局、国家中医药管理局下发了《全国道地药材生产基地建设规划（2018—2025年）》（简称《规划》），将对具有鲜明中医药文化特点的道地药材发展起到积极的作用。《规划》中对道地药材的遴选方法、各区域主要道地药材品种、各道地产区主要发展方向等均做了详细的规定。为更好地深入了解道地药材，现对道地药材的形成与历史沿革、科学内涵与价值、道地药材分布及传承等进行简要介绍。

一、道地药材的形成与历史沿革

中药材是中医临床药物防治疾病的物质基础，其品质优劣直接关系到临床疗效的发挥，因此历代医家通过长期的实践与总结，逐步形成了产地固定的方法，即“道地”加以控制药材品质。早在东汉成书的药学专著《神农本草经》中便有“土地所出，真伪新陈，并各有法”的思想，其中收录了不少冠以地名的药材，如巴豆、巴戟天、蜀椒、秦皮、秦椒、吴茱萸、阿胶等，具有鲜明的地域特征，这与野生状态下，不同物种及其分布与资源相关，也是“道地”最早形成的源头。其后，南北朝时期的陶弘景在其所著《本草经集注》中对此思想进行了较大的拓展，如其在序中提到：“案诸药所生，皆的有境界。秦、汉以前，当言列国。今郡县之名，后人所改耳。自江东以来，小小杂药，多出近道，气力性理，不及本邦。假令荆、益不通，则令用历阳当归，钱唐三建，岂得相似。所以治病不及往人者，亦当缘此故也”（译：每味药都有其特定的地区环境。在秦汉以前，人们按列国划分，现在按郡县划分，后人可能又改为其他称呼。南梁地处江东，药材在附近的地区获取，药性疗效，不如它们原来的产地。湖北、四川、安徽和县的当归，浙江钱塘的天雄、乌头、附子疗效不同，这是因为不同产地的物种及其生境会导致疗效差异）。明确提出不同产地药材疗效不同，深刻认识到了不同产地其物种及其生境不同所致的疗效差异，如陶弘景所言“历阳当归”经后人考证为紫花前胡。此外陶弘景对人参、苍术等多种药材不同产地分布物种的特征及其疗效均有精辟论述，其采用的“第一、为佳、为良、次之、不堪用”等疗效评价为后世所推崇，成为性-效关联控制的代表，可谓是开“道地”之先河。

唐代显庆四年的《新修本草》序曰：“窃以动植形生，因方舛性，春秋节变，感气殊功。离其本土，则质同而效异”（译：动植物的形态和性味随着产地而改变性质，四季变化及不同的气候会产生不同的功效。离开其原本的生态环境，药材虽实体相同但是药效却不同），强调了生境对药效的影响。唐太宗在贞观元年（公元627年），将天下按照山川形势、交通便利程度分为十个“道”，按需要设监察性的官吏协助中央监管州级行政区。这也是后世认为“道地”一词最早的出处。药王孙思邈在其《千金翼方》之《药出州土》篇中按当时行政区划归纳药材产出，提出：“其出药土地，凡一百三十三州，合五百一十九种，其余州土皆有不堪进御，故不繁录耳”（译：产出这些优质药材的有一百三十三个州，共计五百一十九种药材，虽然其他的州也产这些药材，但是达不到进贡的要求，所以就不重复记录了）。这是根据产地择药之优良的代表，为后世“道地药材”形成固定的学术名词奠定了基础。此外唐代骨伤专著《仙授理伤续断秘方》中有不少冠以地域的药材，如川当归、川续断、川牛膝等。

宋金元时期，在前朝的基础上对于物种、生境、产地、功效之间的认识极大的深化。如《本草图经》中，相同药材名下有不同产地，图题均冠以产地名称，部分有优劣比较。《本草衍义》指出：“凡用药必须择州土所宜者，则药力具，用之有据。如上党人参、川蜀当归、齐州半夏、华州细辛……其物至微，其用至广，盖亦有理。若不推究厥理，治病徒费其功，终亦不能活人。圣贤之意不易尽知，然舍理何求哉？”（译：用药时要选择道地药材，这样才具有药力，用药有根据。比如上党人参、川蜀当归、齐州半夏、华州细辛等，这些药材虽不起眼，但是用处大，这是有一定道理的。如若不推敲深究病理，治病也是徒费工夫，终究不能救人。想要完全理解圣贤之意是不容易的，但是病理是一定要明白的）。《汤液本草》记载：“凡药之昆虫草木，产之有地；根叶花实，采之有时。失其地，则性味少异矣；失其时，则性味不全矣。又况新陈之不同，精粗之不等，倘不择而用之，其不效者，医之过也”（译：各类药物都有各自的产地，根茎类、叶类、花类、果实种子类药材要应时采收。产地不对，则药性不同或缺少，采收的时节不对，则药性不全。况且药材的储存年限不同、所含杂质不同，倘若不有选择地使用，致使药物不起作用，这就是医者的过错了）。均大大丰富了对不同产地中药材的认识。

明代是“道地药材”术语正式出现的阶段，明代官修本草《品汇精要》中在百余种常用药材产地项下单独列出“道地”，均为前朝推崇的品质较优的产区，这成为道地药材形成的标志。明代道地药材观念已经深入人心，不但在本草著作中出现，在戏剧、绘画中也有体现，如明代仇英的《清明上河图》、汤显祖的《牡丹亭》。陈嘉谟在《本草蒙笺·出产择地土》中说："凡诸草木、昆虫，各有相宜地产。气味功力，自异寻常。谚云：一方风土养万民，是亦一方地土出方药也"（译：各类药材，皆有适宜的产地。药力性味，不同寻常。有谚语说：一方风土养万民，是亦一方地土出方药也）。可见一方水土养育一方药材已为世人所公认。

清代诸多本草中提及药材不少冠以地名，诸多方书中均普遍提及"道地药材"，如《验方新编》记载："以上十九方，药料务要真正道地药材，分两必要秤准，切不可稍事妄加增减"（译：以上十九个药方，用药务必要真正的道地药材，用量一定要准确，不能够随便增减）。《友渔斋医话》记载："凤州党参，陕州黄芪，于潜白术，无不称者，安能气味纯厚，得及上古哉？出处道地，最为难得，欲求天生者，非我所知也"（译：凤州党参、陕州黄芪、于潜白术，人人称赞。这些药是怎么能够如此的气味纯厚，品质优良？它们出自道地产区，是十分难得的）。《医论选》序："医必究乎气化，药必究乎道地，其道直探造化之玄妙，而泄之，精且奥也"（译：行医重视身体内气的运化，用药讲究药物的道地性，这两点是十分精妙的）。清宫医案中有大量处方使用各地所产道地药材。

随着中药材需求量的增加，民国时期更是普遍讲究药材道地，诸多专著如《药物出产辨》《增订伪药条辨》《中国药学大辞典》《药物学备考》等在各药材内均普遍设有道地。近代日本本草著作也大多采用道地药材，如《中国药物学大纲》中每个药项下设有"辨别道地"。

新中国成立以来，党和国家高度重视中医药事业的发展，在中药材传统经验的传承方面也做了大量工作，逐步归纳总结各地区道地药材，逐渐形成了"浙八味""四大怀药""川药""关药"等学术名词，并写入高等院校教材，同时陆续出版了道地药材相关专著，发表了大量关于道地药材的学术文章，相关科研资金投入逐年增加，并成立了相关的国家实验室等，使之成为一门学科。

二、道地药材的科学内涵与价值

在古代，药材以野生为主体来源的背景下，药材资源及其分布受到生态环境的影响或制约，而当时物种分类虽有区分但较为粗犷，难以细化到种水平。在长期的临床实践中，人们认识到不同区域物种或居群分布的不同，所含的有效成分存在差异，从而导致其疗效也不同，因此经过漫长的临床优选，逐步形成了以产地来将相关因素加以固定的方法。可见古代通过产地这一结合了种质、生境、加工等多因素的综合方法，来对药材进行质量控制，找到了"产地—物种—生境—生产—采收—疗效"之间的关联，具有深邃的科学内涵，化繁为简，将诸多影响因素统一到地域上加以控制，至今仍值得借鉴。

近现代诸多学者从生态地理因子、种植栽培、采收、加工、炮制、成分、分子、药效等各个方面对道地药材开展了大量的相关研究，逐步将道地药材的科学内涵通过现代技术加以阐述，如黄璐琦院士提出"道地药材"的形成应是基因型与环境之间相互作用的产物，而"环境胁迫"是其产生的内在动力，最终呈现出独特的化学特征。

道地药材在历史上均存在产地变迁，甚至出现由西南至东北的远距离迁徙。究其背后原因，多是物种或是加工方法的优选过程。然而道地药材这个“优选”的过程历经漫长的临床实践，以临床疗效为最高评判指标，同时也受到自然、社会、人文等其他因素的综合影响而形成。

在当前药材逐步转变为以栽培为主流的情况下，在经济利益的驱动下，无序引种现象十分普遍，也逐步暴露出质量差异，日益显示出产地固定的巨大优势，目前中药注射液原料已经采取产地固定的方式加以控制，因此，在新的发展时期，“道地药材”将发挥其应有的、更大的价值。

三、道地药材的分布

自古以来，以相近的地域特征作为道地药材区域划分方式，出产道地药材的产区称道地产区（或称地道产区）。这些产区具有特殊的地质、气候、生态条件。“道地药材”表示方法通常为“地名+药材名”，如川药、怀药等。部分受生境气候约束较大或者需要特殊土质、生产较为集中的药材呈现较狭窄的分布，如热阳春砂、广藿香、茅苍术、浙贝母等；部分药材分布相对较广，但受选育、种植、采收与加工因素影响而呈现多个道地产区，如杭白菊、亳菊、怀菊等，又如杭白芍、川白芍等；部分多基源药材在不同区域各自成为道地药材，如温郁金、川郁金、广郁金等。此外，受野生因素制约的药材道地区域呈现逐步萎缩的情况，如川羌活等，而栽培药材因人工干预的因素呈现逐步扩散的状态。

四、道地药材的界定与遴选过程中的几个关键问题

《中医药法》第23条对道地药材的定义是经过中医临床长期应用优选出来的，产在特定地域，与其他地区所产同种中药材相比，品质和疗效更好，且质量稳定，具有较高知名度的药材。突出的是“临床长期应用优选”，综合考虑品种选育、农业技术发展、可操作性、兼顾当前生产实际等因素。《规划》在制定中采取黄璐琦院士提出的“三代本草”“百年历史”的遴选条件，经过系统的本草考证，结合近现代相关研究及当前生产实际情况，选出满足上述条件的道地药材。

1.纳入　“三代本草、百年历史”，也就是说凡是纳入道地药材目录的药材至少有中华民国及以前的历史准确记载，有百余年的推崇历史，为中医临床大夫所耳熟能详的药材，是真正经过中医临床“优选”出来的，而不是现代短短十几年所形成的主产区。

2.考证　仅仅有年限还不行，需要进行深入的本草考证工作，将漫长历史过程中物种的变化问题考证清晰，大多数药材的产地变迁背后均存在的是物种的变化，也就是品种的优化，如黄芪、枸杞、黄连等。因此必须经过系统严谨的本草考证，将品种与产地相结合，梳理清楚脉络，为科学制定道地药材目录提供依据。

3.古今结合　目录的制定不能光有古代文献，还要及时吸取近现代研究的成果，同时充分考虑当前药材实际主产区，兼顾历史产区的变迁，毕竟大部分中药存在连作障碍，因此在相近生态特点的区域内做变动是合理的。目录制定也需要充分考虑当前药材产业

的发展。

4. 排除　目录制定主要基于常用中药材，突出中医临床常用的中药，部分地方性草药虽在地方性文献中有提及，也在当地有较长的应用历史，但是并无道地性概念。此外，入选的药材基本上是国家及地方药材标准收载的品种，目前尚无各级标准、无任何规范的不宜纳入。

5. 合格性　凡是纳入目录的药材，合格是基本线，其基本的质量要求应符合《中国药典》或地方药材标准的要求。因此处理道地药材的基原、部位、采收、加工等需处理好与现行药材标准的关系。

五、道地药材的传承

道地药材是中医临床长期应用优选出来的品质佳、疗效好的药材，体现了古代医家智慧的药材质量综合性控制方法，至今仍有巨大的指导意义。随着农业科技的进步，交通的发展，物种的迁移速度加快，受自然制约的情况得到很大程度的改善，加之经济发展及城市化进程，道地药材在新形势下面临着新的挑战与机遇。因此在新的历史时期应充分挖掘道地药材的科学内涵，传承道地药材文化精髓，为新时期中医药发展提供有力保障。

1. 传承道地药材疗效评价的内涵　道地药材被用作优质药材的代名词，是经过历史上临床疗效检验而被评价为品质优良药材的，因此在道地药材的传承上首要的是疗效评价。随着中药材产业的发展，原有传统道地产区难以满足社会对中药材日益增长的需求，种植范围必然呈现逐步扩大的态势，部分非适宜区域也在生产，从而影响了药材质量，因此以道地药材为参照，开展高品质药材的生产，将为中药材的发展提供有力借鉴。同时，需要进一步进行顶层设计，开展单味中药材的临床疗效评价，继承以传统临床疗效为导向的质量观。

2. 传承道地药材全过程控制理念　对于中药材而言，从种子到种植、过程管理、采收加工等环节，品质影响因素较多，从而导致质量不稳定，直接影响到中医临床疗效的发挥。尤其是随着产地变迁的频繁及扩大，人工干预的增加，过程管控越来越重要，这对保证中药材质量可控起到十分重要的作用。因此应鼓励采用生态种植模式，采用绿色环保的采收加工技术，来提升中药材品质。

3. 传承道地药材适宜产区固定的精髓　道地药材在疗效评价和全过程控制的基础上，最重要的是通过产地予以固定。虽然种苗、栽培措施等可以改变，但一个地域的生境却无法改变，这种非人为可控因素通常是影响药材品质的关键，这也是道地药材的精髓，因此，开展适宜区域规划对中药材产业的良性发展会起到积极的指导作用。

第二部分

优质中药材种植技术

第五章 中药材生产现状与区划

第一节 中药材生产现状

一、中药材生产现状

（一）生产规模逐年增长，优势产区初步形成

目前50余种濒危野生中药材实现了种植、养殖或替代，常用的600多种中药材中300多种实现人工种养，中药材种植面积和产量逐年大幅度增加。2019年数据显示，全国中药材种植面积接近8 000万亩。其中云南、广西、贵州、湖北、河南等五省面积居前列，都在500万～800万亩。

各省市立足资源优势，初步形成东北与华北、江南与华南、西南、西北等4个道地中药材优势产区。其中，云南省2019年中药材种植面积794万亩，面积和产量居全国前列，其中文山、红河、怒江3个州的种植面积突破百万亩，草果、八角、三七的面积分别达175万亩、85万亩和49万亩；甘肃优势中药材当归、黄芪、党参的面积均超过50万亩。

（二）种业发展速度加快，支持力度不断提高

农业农村部、国家中医药管理局组织完成了《中药材种子管理办法（草案）》，已完成意见的征求。由中国中医科学院中药资源中心牵头，已发布两批共139项中药材种子种苗质量团体标准。2003年至今，据不完全统计，已选育优良中药材品种近280个，仅国家中药材产业技术体系已审定或登记的新品种就有15个。

国家中医药管理局还支持建设了28个国家中药材良种繁育基地，子基地合计近180个，累计近7万亩。2019年有霍山县、邵武市等8个繁育基地入选国家区域性良种繁育基地（第二批），这是该项目首次纳入中药材。

（三）生态种植成为亮点，应用实践得到加强

中药生态种植逐渐成为中药材生产亮点。全国已有21个省份、60余个中药材品种开展了生态种植探索和实践，如华东地区的浙贝母—水稻轮作栽培模式、华中地区的黄精林下

仿野生种植模式等。同时，建立在传统农田种植基础上的实践得到加强，如江苏省示范推广了浙贝母/元胡—玉米套种、芡实—水稻轮作、菊花—玉米间作等一批生态种植模式。

国家中药材产业技术体系在中药材生态种植理论探索和实践方面，一直处于引领地位。提出了基于“天地人药合一”和“逆境效应”的中药材“拟境栽培”生态种植理论，突破传统中药材种植模式；提出并积极实践“不向农田抢地，不与草虫为敌，不惧山高林密，不负山青水绿”的中药生态农业宣言；形成团体标准《中药材生态种植技术规范编制通则》《200种中药材生态种植技术规范》中的55项草案。

（四）机械化水平有待提高，初加工技术逐步发展

调研国家中药材产业技术体系示范基地发现，基地整体机械化水平为17%，其中种植机械化率18.48%、田间管理机械化率22.24%、采收机械化率14.52%。根茎类药材收获机械发展较快，在河北、甘肃等地区，针对丹参、党参等的收获机已在推广应用。如甘肃集成创新了中药材种子标准化生产及全膜覆盖全程机械化育苗技术，实现黄芪增产43.9%，成本降低49.1%，柴胡增产20%以上，累计已获经济纯收益15.39亿元，大幅度增加了药农的收入。

国家中药材产业技术体系机械研发成效明显。一是研发真空脉动干燥机，该设备已成功应用于枸杞、茯苓丁、赤灵芝片等药材的干燥，在国家农业产业化龙头企业大规模推广应用。二是研发的百合无硫初加工装备，集成了鼓泡气流清洗、蒸气杀青、自来水冷却、多级热风循环干燥等技术，建成湖南百合产区最大的龙牙百合干初加工生产线。

（五）引领国际标准制定，标准体系已成雏形

“十三五”期间，全国累计主导制定并获颁布的ISO国际标准有10余项。其中中国中医科学院中药资源中心制定的《中医药—中药材重金属限量》，使中药材重金属超标率平均降低13.26%，是世界植物类传统药材发布的首个ISO重金属标准。国家中药材产业技术体系组织制定并获颁布的ISO国际标准有6项：《中医药—灵芝》《中医药—铁皮石斛》《中医药—天麻》《中医药—三七》《中医药—三七种子种苗》《中医药—中药材商品规格等级通则》，其中《中医药—中药材商品规格等级通则》是中药领域首个框架性标准通则，《中医药—三七》是我国制定的第一个针对药材产品质量评价的ISO国际标准。

中国中医科学院中药资源中心牵头组织，联合全国上百家企事业单位，历经4年时间，立项与发布的通则及系列标准共计880项，形成了中药材标准体系的雏形，并将持续完善与修订。旨在解决中药材资源、种植、生产、质量、流通等环节中存在的标准协调问题，实现中药材从生产到质量全过程的覆盖，以弥补中药材系列标准缺失的空白，支撑和保障中药材行业高质量发展。

（六）成为脱贫支柱产业，带贫增收成效明显

中药材广植于我国贫困地区，是我国农村贫困人口种植业收入的重要来源之一。发

展中药产业成为农民增收的重要途径，仅河南、四川等12个省份，从事中药材种植的人数就超过980万，人均年收入7 433元。

河北省62个贫困县中的43个县将中药材作为特色产业，实现亩均纯收入近2 000元；甘肃省58个贫困县中有21个是中药材主产县，优势产区宕昌、岷县、陇西县中药材种植收益占农民人均纯收入的比重分别达到55.6%、54.3%、35.4%。

二、中药材的主要生产经营模式

2018年，常用中药材的种植面积已达1亿亩，有250种左右。据统计分析，2020年中成药生产行业销售收入达到9 500亿元，2018—2023年我国中药饮片加工行业销售收入将保持年均15%左右的市场增速，到2023年我国中药饮片加工行业销售规模将超过5 000亿元。中药材饮片和中成药市场潜力巨大，回顾中药材的生产组织和经营模式，仍是传统与现代的多种方式并存，包括个体生产、公司企业、合作社、合同订单、互联网+交易、定制药园、全产业链质量追溯等，无论生产种植还是经营发展，中药材产业从传承走上了创新之路。

（一）个体生产经营模式

这是中药材自传统的上山挖药、通过野生变家种实现人工引种栽培沿袭的一种小农生产模式，是以家庭为单位进行独立的种植经营活动，自行承担劳作的收益和风险。药材的播种、种苗自繁、栽培采挖以及集市售卖等各生产流程全部依靠家庭自有劳动力实现。在生产的决策和种植技术方面，主要依赖经验和技巧。因个体种植户对生产用工的投入有限，只能围绕有限中药材品种实施种植，难以科学评估市场需求，一旦所种植的中药材市场出现波动或萎靡，对家庭的收入将带来极大的威胁，此外，传统以家庭为单位的个体生产缺乏硬性的、科学化的种植标准，难以保证中药材的产出质量达到要求。

（二）种植大户生产经营模式

种植大户租赁、流转、承包药材产业和土地资源，集合资金、技术和人力优势，进行专业化的种植，在提高种植效益、提高土地利用率、提升农产品质量等方面的作用突出。主要经营方式有三种：一是大户独立经营。二是公司+大户经营。公司组织大户给予技术上的指导，从播种到收获全程给予设备和人才上的支持，但是不参与具体的生产种植环节。采挖后公司整片收购大户产品，不必担心市场和滞销问题。三是多个大户合作联合种植经营，用资金、技术和土地资源作为入股的资本，盈利后根据入股的份额进行平均分配。

种植大户提高种植水平的主要措施是通过改变种植的基础设施，例如荫棚的搭建、水利设备新修等，通过订单的方式向农资公司或供销社购买农资，同时不断推广药材种植机械化和信息化，及时了解市场信息，以及通过药材农技宣讲和强化农户的种植标准化意识等措施，加强传统药农的种植水平，保证中药材产出的质量。在销售渠道方面，主要通过与龙头企业的订单收购方式或者专业经纪人上门直接连片购入以及自行推销的方式销售。

（三）龙头企业带动生产模式

龙头企业与农户之间为相互联系、相互促进的生产形式。龙头企业与农户之间可以通过农业协会或一些专业合作社联系起来，发挥企业联结市场和农户的桥梁作用，如“龙头企业+种植大户+农户”“龙头企业+专业合作社+农户”等。对于土地资源，企业可通过签订土地承租合同的形式租赁农户的土地，把土地集中起来，进行统一规划和管理，并投资农田改良和基础设施建设，引进先进农业设备、优良品种等，再雇用农户为劳动力进行经营或将土地反包给农户经营。带动模式体现在对农户的技术指导方面、农产品购销途径方面、农产品价格收购方面以及农产品出售时货款的结算方式方面。

运营方式主要是通过龙头企业与农户签订具有法律效力的营销合同形式，包括资金的扶持、科技成果引进开发合同等。通过具有法律效力的合同形式明确规定各方的责权利，以合同关系为纽带，主体共同进入市场。龙头企业可与农户之间利用股份制形式互相参股，形成股份制企业或股份合作制企业，这是龙头企业与农户另一种形式的连接方式。其中，农户以土地、资金、劳动力向企业参股，而龙头企业则运用股份合作吸收农户投资入股，使企业与农户之间以股份为连接点，结成互利共赢、双向联动的经济共同体。

（四）定制药园生产经营模式

信誉良好的中药材生产企业、种植（养殖）合作社、家庭农场及种植（养殖）大户等，属于所种植药材品种的主产区或地道产区，符合生态种植要求，具备一定规模，通过改变种植的基础设施，规范田间管理，使药材质量达到《中国药典》标准以上。并能切实带动所在地及周边贫困户增收（如土地流转、用工、入股分红等），经申报审核，可评定授予“定制药园”资质，该基地产出的药材可经中药生产企业、公立中医医疗机构以订单的方式优先采购。这是一种带动当地农户种植大宗、道地中药材，构建中药材产销对接的新型发展模式，目的是促进中医药产业转型升级和供给侧结构性改革，畅通中药材销售渠道，进一步深化农村产业革命。

2018年以来，贵州评审了37家单位作为“定制药园”建设示范单位，定制药园中药材种植面积近20万亩，并逐年扩大定制药园认定规模；云南已认定了65家企业为“定制药园”企业，如滇重楼、三七、天麻等药材种植面积15万亩，带动2万多户建档立卡贫困户增收。

三、中药材生产中面临的主要问题

中药材规模化种植始于20世纪90年代，由于缺乏栽培经验，中药种植模仿作物种植，盲目追求产量，在生产中大肥大水、大量使用农药，甚至盲目使用膨大剂等生长调节剂，不但药材质量和安全无法保障，也为产地生态环境及土壤可持续利用带来极大的挑战。

（一）部分中药材供求失衡

在实际生产中，各地道地药材意识还较为薄弱，滥用道地药材称呼、盲目引种中药材和扩充产区的现象比较严重。对于价值高的中药材，各地纷纷引入发展，造成产区被动变迁，道地药材产区存在被所谓的新兴产区取代的风险。大部分中药材都是多年生植物，供需规律和价格涨跌变化也与大宗农作物有所不同。各地盲目引种导致部分中药材供求失衡，市场价格呈现大幅波动态势。2018年，市场价格下跌30%以上的中药材有60种以上。如2014年每千克白芨价格200元左右，2017年最高上涨到约1 000元，2019年又回落到120 ～ 150元。

（二）种子种苗管理薄弱

中药材种子种苗行业基本处于“企业自繁自用、农户自产自销及乱引种苗”的状况。2019年国家区域性良种繁育（中药材）基地建设开始启动，目前仅有8个基地获得认定。中药材育种工作尚处于起步阶段，列入《农业植物新品种保护名录》的中药材也只有11种，适宜推广的产量高、药性强、稳定性好的中药材品种少，能够满足生产需要的质量可靠的种子种苗不足，良种推广率尚不足10%。

（三）种植技术急需提高

中药材种植的共性问题是规模化种植主要依赖大田作物的种植经验，大水大肥、大量使用农药、滥用植物生长调节剂、缩短种植年限等问题引起土壤质量下降，造成中药材产品质量良莠不齐。主要原因一是中药材种植技术研究起步晚，较大宗作物技术差距大；二是涉及中药材种类多，研究力量和投入不足；三是中药材生产经营以个体户为主，其专业知识缺乏。

（四）投入品管理薄弱

中药材种类多、种植面积相对较小、农药市场规模小且药害风险高，导致企业开发和登记中药材专用农药产品的积极性不高，中药材病虫害防治专用农药产品严重不足，甚至无药可用；同时，超范围使用、乱用滥施农药等现象较为普遍，有的地方甚至违规使用禁限用农药。截至2018年，我国仅在人参、三七、枸杞、白术、元胡、铁皮石斛、菊花、山药等8种中药材上进行了农药登记，远远不能满足300多种常见栽培中药材生产需要，同时，已登记的农药产品偏少，如三七常见病虫害多达13种，而目前只针对黑斑病和根腐病，登记了2种农药、5种产品。

四、推进中药材生产发展的主要任务

（一）坚持市场主体，发挥政府引导作用

坚持以市场为导向，整合社会资源，立足当地，因地制宜，形成“公司+基地+农户”“协会+基地+农户”“种植大户+农户”等多种生产运营模式，充分发挥企业在中药材保护和发展中的主体作用，提高中药材质量和效益。

充分发挥政府规划引导、政策激励和组织协调作用，各省政府均将中医药产业作为新兴战略产业，分别出台了加强中药材产业发展的政策和方针。如山西省安排资金2 000万元支持开发以党参和黄芪等为主要原料的药食同源产品和中药材种苗繁育及生产基地。

（二）推进种源基地建设，夯实产业发展基础

积极推进中药材规范化、生态种植及种子种苗等基地建设，促进中药材基地建设和中药材产业发展有机结合，夯实中药材产业发展基础。以中药材良种繁育核心（示范）基地为例，从2016—2018年整体上看，可统计到的中药材良种繁育核心（示范）基地种子产量分别为9 547万千克、8 122万千克和7 945万千克，种苗产量分别为579 432万株、852 245万株和1 093 011万株。这些核心繁育基地为中药材的生产提供了大量的优质种源，极大地促进中药材种子的繁育，提升了优质种子的商业化供应能力。

（三）大力推行中药材生态种植，保障中药材质量安全

落实《中共中央 国务院关于促进中医药传承创新发展的意见》的要求“推行中药材生态种植、野生抚育和仿生栽培”。遵循统筹兼顾、合理布局，突出重点、分步实施的基本原则，结合各药材品种的实际用量、紧缺程度、生产基础和发展趋势，在解决中药材生产全局性和根本性问题上形成拳头、重点突破，以涉及全民健康的中药大品种原料生产为核心，建设生产中药工业和临床常用大宗药材生态种植基地，发挥基地的辐射和引导作用。

（四）加强信息平台建设，大力推行中药材生产流通全程可追溯

由中药材种植、采收、加工、仓储、流通、生产等构成的生产流通主线，和由中药材指导、监测、检测、追溯、预警构成的监测服务主线，二者相辅相成、相互交织。充分利用国家中医药管理局中药资源动态监测体系、农业农村部国家中药材产业技术体系、工信部中药材供应保障公共服务平台等现有国家平台，理顺政府、企业、第三方三者之间的关系，加强两条主线间的协调和发展，重点加强中药材监测服务体系建设，从而形成中药材供应保障公共服务平台和监测服务机制。建立和推行“从种植到消费”的中药材追溯体系，确保中药材信息流具有完整性和持续性，实现中药材生产全程的追踪监管。

积极开展中药材种植加工、销售信息数据收集和发布。如在工信部和国家中医药管

理局的统筹部署下，以中国中医科学院中药资源中心为技术依托单位开发的“全国中药材供应保障平台”于2019年开通，已经在全国范围内服务了192家企业。山西、山东、湖南等省均成立了中药材行业协会，建设中药材新产品展示、新技术交流和新标准发布的常态化合作交流平台，涵盖中药材种植、生产、流通全产业链，促进了各省中药材行业的资源共享、规范发展、质量提升和企业壮大。

（五）建立和完善标准化体系机制，实施标准化、品牌化战略

基于中药材主要来源于天然动植物的事实，参照国际上对传统药物及食品添加剂的管理办法，制定符合中药材生产及饮片加工的质量标准。建立以市场为主体的中药商品规格等级标准和道地药材标准，强化标准战略和品牌战略的实施，培育具有自主品牌的道地中药材品种和品牌，力争从大品种发展成大品牌，最终形成大发展。通过打造龙头企业，引领产业规范发展。

（六）开展道地药材、中药材地理标志产品等认证

落实《中华人民共和国中医药法》，在政府引导下，依托第三方开展道地药材认证、中药材地理标志产品认证，允许认证过的中药材使用相关标志。梳理道地中药材形成的历史渊源、基本模式和主导因素，构筑道地中药材形成与发展路线图，拟定道地中药材品种、核心产区及其分布式样，加强道地药材的生产，建立道地药材生产基地生态环境保护机制，鼓励采取地理标志产品保护等措施保护道地中药材。将中成药价格与原材料价格进行关联，通过鼓励中成药优质优价，促进中药材生产企业使用优质中药材，从而确保中药材生产稳定发展、保证药材质量。

第二节　中药区划

我国幅员辽阔，地形复杂，气候多样，孕育了丰富的中药资源。在中药材的生产实践活动中，经常有人会问一些有关区划的问题，如：

相关管理部门的领导经常会问：中药材产业相关生产要素布局在哪最合理？哪里最需要扶持？哪里的中药资源最需要保护？哪里的可以开发利用？

中药材相关企业的管理者经常会问：哪个区域有企业所需中药材的分布？哪个区域的药材数量多？哪个区域的药材质量优？基地建在哪里最合适？

药农经常会问：我有一块地适合种什么药材？某种药材种在哪里？等等。

中药材生产实践活动中的这些问题，都需通过中药区划研究再结合生产实际，才能更好地回答。

一、什么是中药区划

（一）中药区划的定义

根据《中国中药区划》（2019年）关于中药区划的定义，可以理解为：中药区划是研究中药及其地域系统的空间分异规律，并按照这种空间差异性和规律性对其进行区域划分。中药区划的核心是明确中药及其地域系统的空间分异规律，并清晰地域分异的区域范围和边界。

（二）中药区划的目的

根据中药区划的定义，可知在宏观层面，中药区划的目的可以概括为“研究中药的空间分异规律”“研究中药所在地域系统的空间分异规律”“依据中药的空间差异性和规律性对其进行区域划分”“依据中药所在地域系统的空间差异性和规律性对其进行区域划分”，即中药区划的目的是明确空间差异性，并进行区域划分，为中药相关生产实践活动提供依据和服务。

通俗地理解，可以认为中药区划的目的是明确区域之间中药资源禀赋特征、不同地方中药材的差异性，并把这种差异性在地图上表示出来。区划图是中药产业发展地域分工在地图上的反映，也是中药生产历史演进过程在空间上的表现形式。

（三）中药区划的对象

中药主要来源于天然药物及其加工品，包括植物药、动物药、矿物药及部分化学、生物制品，统称中药资源；中药的产品形式主要有中药材、中药饮片、中成药和配方颗粒等。

因此，按照中药资源类型，中药区划的对象可分为植物药、动物药、矿物药，化学、生物制品等。按照中药的产品形式，中药区划的对象可分为中药材、中药饮片、中成药和配方颗粒等。

一般在分布区划工作中，主要是以中药材的资源类型为对象进行区划研究。在品质和生产区划工作中，主要是以中药材的产品形式为对象进行区划研究。

（四）中药区划的尺度

尺度是地理学的一个概念，可用来反映中药资源分布范围大小，中药材生产活动涉及的地域范围大小，或中药区划涉及的空间范围大小。由于空间范围的大小不同，中药材在区域之间表现出来的特征或中药材与环境之间的关系，有可能是相同的，也有可能是矛盾的。

中药来源广泛，有些中药资源的分布范围较广，遍布全球各地，需要在较大尺度上进行区划研究；有些分布范围较窄，仅在某几个县域分布，需要在较小的尺度上进行区划研究。如在进行青蒿区划研究中发现，在省域尺度（广西境内），温度高的地方青蒿素含量低，在全国尺度（中国全境），温度高的地方青蒿素含量高。因此，中药区划工作需要明确尺度范围，区分不同尺度范围内，中药材的特征或中药材与环境之间的关系。

二、中药材生产需要中药区划作为支撑

中药资源是中药产业和中医药事业发展的物质基础，随着国民经济迅速发展和人们对身体健康需求的提升，医疗、保健等方面对中药资源的需求量猛增，中药材供求矛盾问题突出。中药材的人工种植（养殖），是解决中药材供求矛盾最有效的途径。中药材作为中药产业发展的主要生产要素，如何进行科学种植（养殖），减少对野生资源的依赖；如何使中药资源利用与保护并重，实现中药产业持续发展与生态环境保护相协调等是中药材生产过程中迫切需要解决的问题。

由于区域之间中药资源禀赋、中药材的生物特性及其所在地的自然生态和社会经济条件不同，便形成不同的中药区域，以及中药产业的演变规律。国内中药产业迅速发展有目共睹，在中药产业繁荣发展的大背景下，各省（自治区、直辖市）间发展中药材产业主要是竞争关系，存在省（自治区、直辖市）产业战略趋同、市场分割和资源争夺的现象，存在区域之间中药产业发展不平衡等问题。

在中药材生产相关管理工作中，如何去配置和完善中药材生产所需基础设施？如何通过政策引导、扶持，把中药材生产资料配置到最佳区域？如何更好地促进和服务中药材产业发展？这一系列实际问题，是决策部门和决策者在进行管理工作中必须解决的。

中药区划是全面认识中药资源和中药产业发展地域差异的重要手段，可为各级政府制定中药资源保护、开发和合理利用政策法规，统筹区域协调发展中药产业结构提供参考依据，有助于促进决策者从经验决策转变为科学决策。

为促进中药行业高质量发展，2019年10月20日，《中共中央 国务院关于促进中医药传承创新发展的意见》发布实施。要求规划道地药材基地建设，引导资源要素向道地产区汇集。为适应新的发展形势，解决发展中面临的问题，需要进行各种类型的区划工作，明确区域间中药资源、自然、社会环境条件的差异和优势，服务中药材生产、经营和管理工作。

中药材生产相关管理工作归根到底要落实到具体地块。开展中药区划，有助于了解和掌握各区域中药资源特点及演变趋势，明确区域中药资源合理利用和中药生产的发展方向等。要真正做到因地制宜进行生产活动，需要规划每种药材的生产区域、制定每种药材的具体方案，做好长远规划。中药区划将成为各级政府部门、中药材企业宏观决策和各类规划实施的科学依据和基础。

三、中药区划历史回顾

中药材受不同生态环境和人文条件等因素的影响，呈现出强烈的地域性，掌握了这方面的规律，将有利于作出科学决策。历史上最早的区划，为我国春秋战国时期魏国人

编著的《尚书—禹贡》。《禹贡》以自然地理实体（山脉、河流等）为标志，将全国划分为9个区（“九州”：冀、兖、青、徐、扬、荆、豫、梁、雍），并对每区（州）的疆域、山脉、河流、植被、土壤、物产、民族、交通等自然和人文地理现象作了描述。

（一）古代的中药区划

在人类社会认识和利用中药资源的历史长河中，历代医药家十分重视中药的产地，并在长期的实践中，积累了丰富的经验和知识，对药材和产地之间的关系认识不断具体细化，对中药区划的认识随着中医药事业的发展而不断变化。我国自古就有常用中药材由一地或几地生产供应全国使用，形成中药材主产区的情况；也有药材仅在局部地区使用，成为当地自产自销的草药、民间药或民族药。唐代以前关于中药材和产地关系的描述多为生境方面，唐、宋和元代出现了关于中药材产地的描述，明、清代出现了关于药材道地产地的描述。

（二）近代对中药产地的认识

近代（1840—1949年）中药材商品交换和商品经济的发展，大大促进了人类社会对中药资源利用能力和水平的提高，逐步形成社会地域分工和生产专业化的区域，中药的社会属性在区划中的作用逐渐上升。近代中药专著《药物出产辨》《中国药学大辞典》等代表性的著作，均有关于产地或道地产地的记载。

《药物出产辨》记载了763种药材，主要记述每种药材的产地及优劣等，产地信息详细，是近代颇有特色的中药文献。书中对从国外引种和驯化成功的生产实践活动也进行了介绍，如“木香产印度、叙利亚等处”，木香在云南丽江引种成功后，成为道地药材“云木香”；还有通过古丝绸之路传入我国的胡桃、胡椒、红花等。

《中国药学大辞典》收药目4 300条，每种药材分别介绍命名、古籍别名、产地、形态等21项内容，其中第11项产地：“乃详述其生产之地，并说明以何省何处为最道地”。说明近代人们对中药材的产地依然非常重视。

（三）现代的中药区划

关于中药区划的研究始于20世纪90年代，主要从中药资源及其所在的生态环境等方面进行了不同程度的研究。经过20多年的发展，中药区划研究取得了可喜的成就。但由于尚处于学科发展的初级阶段，中药区划的整体研究工作尚在发展中。随着人们对中药材开发和利用程度的不断深入，新时期对中药区划研究提出了新的要求，并赋予了中药区划新的研究内容和历史使命。

1.以道地或主产区为代表的区划　当代学者在继承历史本草研究成果的基础上，以中药资源为研究对象，进一步挖掘中药资源和道地药材的相关理论，并进行中药区域划分。

胡世林编著的《中国道地药材》是我国道地药材区域划分的代表性著作，根据159种道地药材产区所在地，将我国道地药材分为10大区，即川药、广药、云药、贵药、怀药、浙药、关药、北药、西药和南药。秦松云等（1997年）根据208种道地药材的分布，将我国道地药材分为东北区、华北区、西北区、华东区、西南区、华南区、内蒙古区和青藏高原区，共8个大区。

根据第三次全国中药资源普查结果编著的《中国中药区划》（1995年），明确提出“中药区划”的概念。首次以我国的自然条件和社会经济技术条件与中药材生产的特点为依据，在研究总结中药资源分布规律、区域优势和发展潜力的基础上，将我国的中药资源划分为9个一级区、28个二级区，并提出了各区中药资源保护和发展的方向、途径和措施。《中国中药区划》从分析影响中药资源分布的自然和社会因素入手，以道地药材为主，选择具有明显区域分布特色的28种野生植物类、40种家种植物类、8种动物类、3种海洋生物类、4种矿物类中药，进行适宜区分析。

为推进道地药材基地建设，加快发展现代中药产业，促进特色农业发展和农民持续增收，助力乡村振兴战略实施，农业农村部会同国家药品监督管理局、国家中医药管理局编制了《全国道地药材生产基地建设规划（2018—2025年）》，将全国划分为7个大区。

2.以生态环境相似度为代表的区划　2004年，由中国中医科学院中药研究所牵头成立了中国生态学会中药资源生态专业委员会。郭兰萍研究员关于“基于GIS的苍术道地药材最优生境分析”研究成果报告，对解决中药资源生态学研究中的难点、热点问题，大力开展道地药材的研究，具有积极的意义，为以生态适宜性为主的区划研究工作拉开了序幕。随后该课题组建立了“道地药材空间分析数据库系统”，以3S技术（地理信息系统、遥感技术及全球定位系统）为核心，融合气候、植被、土壤、地形等生态环境数据，服务道地药材生态适宜性区划工作。目前，行业内陆续开展了黄芩、青蒿等道地药材的生态适宜性区划研究。

3.以中药材品质和生产为代表的区划　种植中药材与种植其他农作物不同，中药材除了关注产量以外，更主要的是需要满足临床对中药材品质的要求。中药材人工种植区域和基地的选择过程中，需要兼顾中药材的产量和质量，其中对质量的要求应高于对产量的要求。随着中药材人工种植规模和范围的不断扩大，对中药区划工作提出了新的要求。为服务优质药材种植基地的选址，中国中医科学院中药资源中心牵头联合30多家单位，开展了“中药材生产区划研究”工作。重点开展了苍术、青蒿、马尾松、头花蓼、太子参等30多种中药材的生产区划工作。

总之，以道地和主产区为代表的区划，多基于药材的药用属性，以定性的方式进行区划；以生境相似度为代表的区划，多基于药材的道地产区和自然生态环境因素，以定性或定量的方式进行区划；以品质和生产为代表的区划，综合考虑药材的药用属性、自然生态和社会经济的综合特性，通过定性和定量相结合的方式进行区划。

四、中药区划的分类

依据区划对象的不同，中药区划可分为中药资源区划，中药产品区划，与中药相关的自然生态区划、社会经济区划，综合区划5大类。

1. 中药资源区划 以一种或几种药用资源为研究对象，依据区域间药用资源的有无、数量的多少、品质的优劣、药材产量的高低等情况，可以分为中药资源的分布区划、生长区划、品质区划和生产区划等。

2. 中药产品区划 以一种或几种中药产品（中药材、中成药、中药饮片等）为研究对象，依据区域间中药产品的有无、数量的多少、质量的优劣等情况，可以分为中药产品的分布区划、生产区划、质量区划等。如李珣所作《海药本草》所载124种药物中，其大部分为舶来品，许多输入中药的应用和贸易在历代本草著作及相关文献中可寻到记载。

3. 自然生态区划 以与中药（中药资源、中药产品）相关的某一方面或某一个自然生态环境因子为对象，依据中药和自然生态环境因子之间的关系，对各类生态环境因子进行区域划分，划分出适宜中药分布、生长和生产等的生态环境区，统称为生态适宜性区划。按照区划选择的自然生态环境因子不同，可以划分不同的生态适宜性区划，如气候适宜性、地形适宜性、土壤适宜性区划等。

4. 社会经济区划 以与中药（中药资源、中药产品）相关的某一方面或某一个社会经济环境因子为对象，依据中药和社会经济环境因子之间的关系，对各类社会经济环境因子进行区域划分，划分出适宜发展中药相关产业和活动的区域，统称为社会经济适宜性区划。按照区划选择的社会经济环境因子不同，可以划分不同的社会经济适宜性区划，如政策适宜性、交通适宜性、科技适宜性区划等。

5. 综合区划 中药综合区划是各类中药资源、中药产品和外部环境因素区划的高度综合。主要以研究区域内所有中药资源或产品，及其所在的地域系统为研究对象，依据区域间资源整体的丰富程度、特殊功能等方面的差异性和相似性进行区域划分。可分为中药资源区划、功能区划等不同类型。综合区划是为生产实践服务的，需要在继承过去工作的基础上，分析现阶段的优劣形式和特征，并科学地规划和预测将来的发展远景。正确指出一定时期内中药材产业发展的方向和途径，需要站得高、望得远，抓住战略性、根本性问题，从长远着眼考虑问题，从当前问题出发解决问题。因此，中药区划工作需要在时间上整体考虑。

中药区划涉及中药生产全产业链，包括农业、工业和商业等各个环节，是一项大的协作性工作，需要多学科交叉、联合开展，才能显示出其在科学研究中应有的作用。因此，中药区划工作需要在中药产业上整体考虑。

第六章 中药材的质量管理与控制

第一节　影响中药材质量的主要因素

中药材生产的最终目的是治病救人，种出来的药材要具有临床疗效才有价值，也就是说中药材的种植生产有其特殊性，不仅要能吃还要能治病。因此，在种植生产中就不能简单照搬大肥大水的农作物种植经验和模式，不能单纯只考虑产量，也不能随意加工处理。要树立如何确保“中药材产品”药性十足为根本理念。那么，中药材从种植到临床应用的过程中，有哪些因素对药材质量有显著影响呢？

一、种子种苗质量

种植的中药材要质量好，首先要选好种子种苗，种苗的基原要纯正、遗传性状要优良。种子种苗基原不清、种源混乱，必然影响中药材质量和药用性能。中药材的原植物基原，一定要遵照现行版的《中国药典》（一部）中药材项下的规定。《中国药典》规定了每一种中药材的原植物学名，如中药天麻是来源于兰科天麻属植物天麻（*Gastrodia elata* Bl.）的地下块茎，这里的拉丁名 *Gastrodia elata* 是天麻唯一的植物学名，鉴定清楚种植的药用植物才能确保天麻药材不会种错。

我国地域辽阔，药用植物的生长适宜区各不相同，《中国药典》也规定了有部分中药材同属多个亲缘关系相近的植物可作为一种中药材种植使用，比如掌叶大黄、唐古特大黄、大黄3种植物的根都是大黄药材合法的植物来源。因此，在中药材的种植上，一定要鉴定明确所要种植的药用植物是否具有《中国药典》规定的“法定身份”，要进行植物分类学鉴定。

种植同一种中药材，如果用不同地区的种源，质量可能不尽相同，古人说得好：“性从地变，质与物迁……离其本土，则质同而效异”，这是中药道地性的缘由，本质特征就是优质。中药材种子种苗优劣、种质退化与否，对药材质量影响同样很大。若在种植中仍停留在“就地采收—就地留种—就地再栽培”或“只种不选，只选不育”等小农经济的自发循环状态，会造成一些药材种质混杂、种源混乱，一些药材种子种苗在区域间的引种过程中出现混杂、退化现象，这些都是导致药材品质严重下降的因素。

什么样的种子种苗算优质呢？一般来说，种子活力和发芽率好，出苗率高、苗株生长旺盛是基本要求，但有些药材还要关注这一种源种植采收后的次生代谢物质积累情况。如用第一年抽薹开花的前胡种子作为前胡药材进行种植，药材的质量是无法达到《中国药典》要求的，打掉前胡第一年的花薹，用第二年的种子，药材的质量能得到提升。因此，选好要种植的中药材种苗，才能在提高中药材生产技术水平后，既保障药材产量，还能种出优质的药材。

二、生态环境因素

药用植物生长在自然环境中，直接、间接受到各种生态因素的影响。生态因子是环境中对生物的生长、发育、生殖、行为和分布有直接或间接影响的要素，例如温度、湿度、食物、氧气、二氧化碳和其他相关生物等，是生物生存所不可缺少的环境条件，称为生态因子，共包括如下几方面：

气候因子：温度、湿度、降水、日照、风、气压和雷电等。

土壤因子：土壤结构、土壤有机和无机成分的理化性质及土壤生物等。

地形因子：地面的起伏，耕地的坡度和坡向等。

生物因子：生物之间的各种相互关系，如捕食、寄生、竞争和互惠共生等。

对药用植物生存与产量、质量起决定作用的因子称为主导因子。耐寒喜凉爽的药用植物，高温就成为影响其生长发育的主导因子，如人参、西洋参喜阴凉气候，整个生长过程要求的温度范围为10 ～ 34℃，超过35℃时茎叶会灼伤；细辛最适宜的生长温度为20 ～ 22℃，超过26℃时生长受到抑制；苍术喜半阴的灌丛，如温度达到30℃就会出现死苗现象。喜热型药用植物，如砂仁、沉香、诃子、儿茶、苏木、千年健、降香等，当气温降至0℃时会遭受霜冻危害；而肉豆蔻、大叶丁香、胖大海等，在3 ～ 5℃时即出现寒害，甚至死亡。益智在开花期对温度很敏感，适宜温度24 ～ 26℃，22℃以下时开花少，低于10℃时不开花。因此，在种植植物类中药材时要考虑其生态适宜条件，只要有一个主导性的生态因子超过耐性限度，或在某一生育阶段不能满足药用植物正常发育、形成产量的需要，植物就难以生存和发育。

1.光照对药用植物生长发育的影响 光照是药用植物光合作用的必要条件。药用植物在长期对光的适应过程中形成了不同的生物学特性。根据对光照强度的要求不同，药用植物可分为：喜阳光的类型，如甘草、黄芪、白术、杜仲、薏苡、芍药、山茱萸、党参、红花、薄荷、檀香、补骨脂、木瓜、栀子、草决明等；喜阴的类型，如三七、人参、西洋参、半夏、细辛、黄连、砂仁、白豆蔻等；耐阴的类型，如郁金、姜黄、桔梗、黄精、肉桂等；有的品种则幼株喜阴，成株喜阳，如佛手、厚朴、巴戟天、五味子等。根据对日照长短的要求不同，药用植物可初步分为三大类：长日照类型，如牛蒡、紫菀、凤仙花、天仙子、木槿等；短日照类型，如菊花、苍耳、牵牛、紫苏等；而千里光、栀子等则不受日照长短的影响，为日中性植物。光质、光照强度、光周期会影响药用植物的分布和产量，光的特性会影响次生代谢产物在药用植物体内的积累，在阳光充足的地方，薄荷叶的腺毛密度大，挥发油含量高，而阳光不足时，薄荷含薄荷脑较多，薄荷酮较少；穿心莲原产热带雨林区，其总内酯含量与温度、日照条件有关，全日照条件下，蕾期时叶总内酯较遮阴条件下高10%～20%；小豆蔻在栽培中需荫蔽才能生长良好，含油量也高。

药用植物的开花具有季节性，同一植物在同一地区种植时，尽管在不同时间播种，但开花期都相差不大；同一种类植物在不同纬度地区异地种植，必须经过一定时间的适宜光周期后才能开花，不然就一直处于营养生长状态。因此，在引种药用植物时，要关注种植地区的气候与原产地的异同。

2.温度对药用植物生长发育的影响 按药用植物对温度的要求与耐低温的程度，可分为喜热、喜温、喜凉与高寒等类型。喜热型药材主产于南亚热带、热带，如槟榔、砂仁、益智、广藿香、白豆蔻、苏木、沉香、降香、肉桂、诃子、儿茶等；喜温型药材主产于北亚热带、中亚热带与暖温带，0℃积温多为4 000℃以上，如杜仲、厚朴、牡丹皮、辛夷、吴茱萸、川芎、附子、白芍、白术、苍术、麦冬、菊花、浙贝、延胡索、金银花、泽泻、牛膝、地黄、白芷、玄参等；喜凉型药材主产于中温带，如人参、知母、当归、枸杞子、黄芪、党参、细辛、赤芍、龙胆、甘草、郁李仁、远志、黄芩、黄连、防风、秦艽等；高寒型药材产于西北与青藏高原的高原寒带，如大黄、羌活、冬虫夏草、山莨菪、藏茵陈、胡黄连、甘松等。一般而言，环境温度满足药用植物生长发育的要求时，该药用植物可迅速生长、发育，形成产量。

温度的改变能影响药用植物有效成分的积累。例如，苍术挥发油含量随温度增加而增加；颠茄、秋水仙、欧薄荷等植物有效成分含量与年平均温度成正相关，寒冷气候下栽培的欧乌头的根无毒，而在温暖地区的欧乌头有毒。

3.风对药用植物生长发育的影响 风对植物生长有直接影响。微风、小风可以促进空气中二氧化碳流动，降低温度、湿度，有利于叶片光合作用和蒸腾作用，减少病害，还可以促进花粉传播，提高坐果率。大风、暴风对植物有害，如干热风加重旱灾，影响授粉，造成落花落果，枝干劈裂等。

4.土壤对药用植物生长发育的影响 土壤是直接影响中药材生长发育及产量品质的关键因子，是中药材生态环境系统中的限制因子，并具有供给和协调其生长发育所需的水、肥、气、热，及品质条件和无害化物质的能力，影响着道地药材的产量和品质。

（1）土壤质地：土壤质地常常是决定土壤的蓄水、导水、保水、保温、通气、耕性等性能的主要因素之一。大部分药用植物适宜在结构良好、疏松肥沃、排水良好、呈中性的土壤和沙质土壤中生长。但不同种类土壤的性状和肥力要求各有差异，人参、西洋参、黄连、贝母适宜在土质疏松的土壤中生长；黄芪在土层深厚的黄土层中栽培产量高、质量好；党参、地黄等适宜在肥沃的沙质土壤中栽培；泽泻等水生药材适合生长在黏质湿润的土壤中；薄荷生长在沙质土壤中，挥发油含量高。

（2）土壤酸碱度：土壤pH可影响土壤溶液中各种离子的浓度，以及各种元素对植物的有效性，进一步对植物产生影响。因此，各类药用植物都有其适宜的酸碱度范围，在pH大于9.0或小于2.5的情况下，药用植物生长受阻。一般中性土壤适于大多数药用植物生长，酸性土壤适于肉桂、人参、西洋参、丁香、胖大海、黄连等生长；碱性土壤适于甘草、枸杞子等生长，而水飞蓟、金银花、麻黄等能在盐碱较强的土地中生长。

（3）土壤水分：土壤水分含量的多少对药用植物根系生长发育有重要影响。根据植物的需水程度可分为水生、旱生、湿生和中生4种类型。水生的如莲、芡实、泽泻、黑三棱等生活在池塘、水田中；湿生的如紫苑、黄连、金莲花等，适宜生长在高山林下的潮湿环境中；旱生的有麻黄、甘草、肉苁蓉、芦荟、锁阳等，甘草喜欢生长在甘肃和新疆的干旱草原上，肉苁蓉、锁阳生长于含水量极小、蒸发量很大的沙漠中。大多数药用植物，为中生植物，对土壤水分要求介于旱生和湿生之间。

另外，土壤水分对药用植物活性成分的积累也有显著影响。在金银花花期，保持土壤含水量在16%左右不仅有利于提高金银花的外观品质，还有利于提高药材质量。

（4）土壤肥力：如何使土壤肥力适应药材高产的要求，是药材栽培中的重要问题。不同肥力条件的土壤，种植的同一药材的药效成分含量差异很大，适当的肥料配比可以增加药材的产量与质量，如氨态氮肥的施用能促进颠茄生物碱的合成；增施钾肥可使莱阳沙参根产量提高，而盲目多施氮肥则造成其产量下降。在菊花药材种植上，适当增施硫酸钾肥可促进菊花花芽分化，提高花朵产量和花中绿原酸与总黄酮类活性成分含量。种植白芷时，采用平衡施用氮肥，将磷、钾肥一半作底肥，一半作追肥等施肥措施时，白芷早期抽薹率低，产量显著提高。

（5）土壤盐分：土壤盐分也是影响中药材产量和质量的重要因素之一。宁夏枸杞子是茄科中唯一的盐生植物，也被认为是盐渍化土壤改良的先锋植物。过高或过低的土壤盐分浓度下，枸杞果实积累的多糖含量均低于含中等盐分土壤中枸杞果实的多糖含量。

（6）土壤中的微量元素：土壤中的微量元素不仅影响药用植物的生长发育，而且还是药用植物药效成分的构成因子，对化学成分的形成和积累有显著的影响，从而最终影响药材药效成分的含量及药效。如施用钼、锰微肥能提高当归中挥发油、多糖、70%醇溶物和阿魏酸含量，提高当归药材质量。

（7）土壤微生物：在土壤形成和肥力发展过程中，土壤微生物起着重要作用。植物所需要的无机养分的供应，还需要依靠微生物将土壤中的有机物质进行矿化，转换成无机养分来补充。如菌根真菌及根瘤菌对很多药用植物生长发育的影响就非常明显。

（8）环境胁迫：在自然环境中，植物不能像动物一样为了生存繁育离开或逃离不良生境，植物如何有效地运用自身的防御机制去抵制不良生态环境呢？人工引种或栽培的药用植物，是如何适应栽培环境的呢？研究发现，逆境条件下，药用植物能通过调整形态结构、生理生化特性、渗透能力、激素水平等诸多方式抵御胁迫，通过体内抗性基因的表达，合成并积累一系列具有抗病作用的低分子量化合物，来抵抗病原菌的侵害，这类物质通称为植保素。不同药用植物所含的植保素（又称次生代谢产物）不同，常见的包括生物碱、黄酮、萜类、蒽醌、香豆素、皂苷、木质素、糖苷、甾类、多炔类、有机酸等。这些不同的次生代谢产物分别形成了中药不同的药性，作用于人体表现出不同的治疗效果。

研究发现，多种物理、化学胁迫会引起植物体内次生代谢产物积累的增多。如万寿菊在水分胁迫条件下（干旱），所含酚类物质的含量明显高于其在水分充足时的含量，而二氧化碳浓度增高使迷迭香体内单萜含量增加。干旱胁迫对槲皮素含量的提高有一定的促进作用，遮阴处理对提高银杏幼树叶片中药用成分含量有显著的促进作用。因此，适当的环境胁迫对药材化学物质的积累有一定的促进作用，提高植物对各种逆境抗性的途径一般可以通过抗性育种、抗逆境锻炼、化学调控及改进农业栽培措施等方式来实现。

三、采收时间

药用植物在不同的生长发育阶段，植株中化学成分的积累水平是有差异的，在药用部位含有效成分最多时采收，药材的质量才是最好的。民间俗语说得好："当季是药，过季是草"，因此，中药材的采收有很严格的季节性，掌握采收的适宜时间是保证药材质量的重要一环。如金银花、辛夷等花类药材通常在花蕾期药效成分最高；薄荷在生长初期不含薄荷脑，开花末期薄荷脑含量急剧增加；人参皂苷随人参栽培时间增长而增加；三尖杉中三尖杉酯碱随树龄增长而增加；垂盆草在当年秋季采收治肝炎有效，翌年春天采者治肝炎无效。

此外，药用植物次生代谢产物（包括有药效作用的化学物质）的合成和积累通常在不同的部位。一般来说，秋冬季节，根和根茎类的中药材在植物地上部分枯萎时，初春发芽前或刚露芽时采收为宜。为什么呢？这个时候植物的生长缓慢，根和根茎中贮藏的营养物质最丰富，次生代谢物质的含量也较高。例如，天麻以冬季采收的冬麻质重最佳，石菖蒲的挥发油在秋冬时节的含量比春夏季节要高；冬季收获的丹参根中的丹参酮ⅡA、丹参酮Ⅰ及次甲丹参醌的含量比其他季节收获高出2～3倍。还有一些中药材有其特定的采收期，如麻黄宜于8～9月采集；番泻叶宜生长90天左右采集；牡丹根皮（丹皮）中的丹皮酚含量在5～6月要高于4月；芍药根中的芍药苷在7～8月含量最低，9～10月含量最高；知母药材中的芒果苷在3月植物萌芽初期含量很低，到4月的含量达最高值，开花后又下降，10月以后又升高；甘草的最佳采收期是开花前期。

因此，采收中药材时，采收时间过早或过晚，药材不成熟或有效成分含量太少，质量不合格，临床使用疗效不够。对理论依据确凿的品种，应严格收购期限，把好药材收购质量关。

四、产地加工技术

中药材采收后都需要经过产地初加工，以便于保存、运输、再加工。加工前的植物器官组织会发生细胞缩水、破裂、变性、酶解、后熟、干燥等变化，产地初加工是影响中药材质量的最后工序。

药材采收后，要去除杂质或非药用部位和清洗，做好净制。对有毒性的药材如乌头、附子、半夏、天南星等，还有含盐分多的药材肉苁蓉、昆布、海藻要用流水漂洗以减轻药材的毒性和不良气味。有些含黏液质、淀粉或糖分多的，如马齿苋、百部、天冬、天麻、郁金、延胡索等，需要蒸、煮或烫处理才有利于药材干燥，而黄精、玉竹等要经加热蒸熟后才能发挥临床疗效，桑螵蛸、五倍子等要经加热处理后杀死虫卵才有利于储存和临床用药，黄芩、白芥子经过蒸、煮、烫处理后，酶类失去活性以保证有效成分的含量，白芍、明党参、北沙参等经加热处理后便于刮皮。

质地坚硬或粗大的根茎类中药材、含水量高的中药材，如商陆、葛根、玄参、苦参、片姜黄、鸡血藤、土茯苓、乌药、香橼、佛手等要趁鲜切片，利于干燥，避免后期炮制加工时有效成分流失。

薄荷、金银花、红花、郁金等含挥发油的药材，要在50 ～ 60℃干燥，果实类药材70 ～ 90℃迅速干燥，富含淀粉的药材如山药需要缓慢升温，防止淀粉粒糊化，保持药材粉性。鲜药材加热或烘至半干后，密闭堆放，促其内部水分蒸散，使其快速变软、变色，提高香味或减少刺激性，利于后续干燥处理，称为发汗，如厚朴、杜仲、玄参、续断、秦艽、丹参、地黄等。发汗可以使其内部水分分布均匀，利于干燥，还可使药材变软，增加其油润度、色泽度、香味，并减少刺激性。如厚朴发汗后“紫色多润”、杜仲“内皮暗紫色”、玄参“色黑微有光泽”、川续断“断面呈墨绿色”、秦艽“色棕黄”、丹参“断面紫色”及地黄“断面棕黑色或乌黑色”等。

2020年版《中国药典》中保存了10种难干燥的根茎类药材，如山药、牛膝、葛根、天麻、天花粉、天门冬、白术、白芍、白及、党参可用硫黄熏蒸工艺进行加工。但因药材经过硫黄熏蒸后，会残留二氧化硫，二氧化硫是一种强还原剂，可与含有酮基、羟基成分的中药材产生化学反应，改变药物性味，降低药物疗效。因此，规定了硫含量不超过400mg/kg（以二氧化硫计），《中国药典》通则规定了除矿物药外其余品种中药材内的硫含量不超过150 mg/kg。

五、贮藏条件

中药材在贮藏过程中，影响其质量的因素主要有温度、湿度、环境含氧量、化学环境、光照、药材含水量、包装材料、贮藏前的加工方式等方面。降低温度、湿度、环境含氧量、光照、含水量，改变仓库的化学环境，改善包装材料，结合中药材具体性质多方位地控制中药材贮藏的条件，才可以更好地保证中药材的质量。

适宜的贮藏温度是中药材贮藏过程中的关键因素，较高的贮藏温度容易引起药材的物理和化学变化，会助长微生物的繁殖和害虫的发育。而贮藏温度过低，可使一些新鲜的药材出现较快的变色现象，在骤降到0℃及0℃以下时，药材内的部分水分会凝结成冰，导致细胞壁及内容物受到不同程度的机械损伤，导致变色。贮藏温度的骤升、骤降，极易使药材自身产生较快的挥发、升华等物理变化，褪色、泛油等化学变化，以及色泽改变等现象。当环境湿度增加时，容易导致中药材潮化变质，如冬虫夏草潮化后，虫体变为空壳呈现土黄色至灰黑色；菊花潮化会改变颜色，失去香味；枸杞子吸潮之后极易变黑。因此，《中国药典》规定了每种中药材的含水量。

对一些含有色素的药材，如红花、金银花、黄柏等，光照时间过长或者强度过大容易发生色泽的变化，成分损失也较多。特别是含芳香成分或者挥发油类的药材如紫苏、薄荷、花椒等，光照后会失去原有的气味，疗效下降；人参、西洋参、冬虫夏草、当归、瓜蒌、党参、龙眼肉等含多糖、淀粉等的药材在潮湿、高温环境下易受虫蛀。

在贮藏过程中，温度对药材有效成分的影响很大，温度越高，有效成分减少越多。目前，低温贮藏是最容易为人们接受的方式，一般建议低温为4 ~ 8℃，对于一些虫类中药材建议采用−4℃及更低的温度。夏天控制仓库温度在15 ~ 25℃或更低，是保障库存中药材质量安全的必要条件。同时，环境的湿度越大，有效成分降低越多。在贮藏前进行适度的干燥，控制药材的水分含量是防止药材变质、霉变、虫蛀的有效措施。对于易氧化变质的中药材，应采用密封贮藏、气调养护、真空包装等方法降低环境的含氧量。对于受光线作用容易引起变化的中药材，应放在密闭的容器、有色玻璃瓶或陶瓷容器中。现在，中药材的包装贮藏，主要采用聚乙烯塑料袋、木箱、纤维编织袋、纸箱、麻袋等不同的包装材料，哪些材料适合长期贮藏，要根据具体中药材性质而定，一般认为聚乙烯塑料袋对保护药材质量稳定性效果最好。

第二节　中药材的质量标准

无论是在传统还是现代中医药理论中，中药都占据着举足轻重的地位，正所谓“药材好，药才好”，只有保证了中药材的质量，才可以发挥中药治愈疾病的作用。而中药之所以能治疗疾病，是因为它含有能发挥临床药效的物质成分，即有效化学成分。因此，有效化学成分的组成及含量是评价中药材质量优劣的重要依据。

必须参照可操作性强、具有法律依据的评价指标及标准，以鉴定中药材的真伪与优劣。目前我国中药材质量控制主要依据三级标准，其中一级为《中国药典》标准；二级为局颁标准/部颁标准；三级为地方标准。

一、《中国药典》标准

中药材必须符合《中国药典》中对中药材的质量标准规定。《中国药典》是国家监督和管理药品质量的法定技术标准，是我国最高的全国性药品标准。由国家药典委员会编写，并经国家食品药品监督管理局批准颁布实施，具有权威性、法律效力和强制执行力，是药品生产、供应、使用、检验、管理部门共同遵循的法律依据。

2020年7月《中国药典》已经正式发布，并已于2020年12月正式实施。该版《药典》由一部、二部、三部和四部构成。一部为中药，主要记载中药材和饮片、植物油脂和提取物、成方制剂等，共收载中药2 711种，其中新增117种、修订452种。每种药材项下包括中文名、汉语拼音名、拉丁名、基源（来源）、性状、鉴别、检查、浸出物、含量测定、炮制、性状与归经、功能与主治、用法与用量、贮藏等内容。该版《中国药典》包含药材标准制定的内容，更注重质量可控性和药品安全性，注重基础性、系统性和规范性研究，特别是在中药材及中药饮片质量标准的制定方面要求有所提高。

该版《中国药典》编制秉承科学性、先进性、实用性和规范性的原则，不断强化《中国药典》在国家药品标准中的核心地位，标准体系更加完善、标准制定更加规范、标准内容更加严谨、与国际标准更加协调，药品标准整体水平得到进一步提升，全面反映出我国医药发展和检测技术应用的现状，在提高我国药品质量，保障公众用药安全，促进医药产业健康发展，提升《中国药典》国际影响力等方面必将发挥重要作用。

二、局颁标准/部颁标准

局颁标准指国家食品药品监督管理总局（CFDA）颁发的药品标准。由于中药品种繁多，存在诸多同名异物和同物异名的现象，除《中国药典》收载的品种外，其余来源清楚、疗效确切、广泛经营使用的中药材品种，本着“一名一物”的原则，由国家药典委员会组织编写、收入局颁标准，国家食品药品监督管理总局批准执行，作为药典的补充标准。如1991年12月由卫生部颁布实施的《中华人民共和国卫生部药品标准》（中药材第一册），便是作为中药材生产、经营、使用及监督管理部门检验质量的法律依据，共收载有101种常用中药材。

三、地方标准

此标准收载《中国药典》及局颁标准中未收载的地区性经营、使用的药品，或虽有收载但规格有所不同的本地区生产的药品，具有地区约束性。

由于中药材品种繁多，规格不一，各地区用药习惯、炮制方法不统一，全部纳入规范化、标准化管理有一定困难，故我国多个省份仍存在省级地方标准。如现行的《山东省中药材标准》是由山东省食品药品监督管理局组织起草、修订并于2012年出版发行，共收载山东省习用中药材140个品种。

上述三级标准，应以《中国药典》为准，局颁标准/部颁标准作为补充，地方标准只能在相应制定地区使用。

第三节　中药材生产的质量管理

社会的快速发展及人们对健康的渴求，推动了中医药事业的快速发展，这给中药材的发展创造了巨大空间。而随着社会工业化的发展和生态环境的恶化，野生中药资源不断减少，直接推动了中药材种植业的发展，大多数中药材都已经发展为人工种植。但目前我国中药材生产技术依然处于传统、混乱的状态，中药材种植和加工技术的优良与稳定与否，直接影响中药材的质量和发展规模，对现代化、国际化的中药产业发展十分重要。

因此，为规范中药材生产，保证中药材质量，促进中药标准化、现代化，使中药材生产和质量管理有可以依据的基本准则，国家食品药品监督管理局于2002年3月颁布了《中药材生产质量管理规范（试行)》，其对中药材生产企业进行中药材生产的全过程质量管理，保护生态环境及实现资源可持续利用方面具有重要指导意义。自2003年国家食品药品监督管理局开始对中药材实施中药材生产质量管理规范（good agriculture practice for Chinese crude drugs，GAP）认证以来，中药材在规模化和规范化种植方面取得了突破性进展，至2016年1月，国家食品药品监督管理总局共颁布GAP基地66批，共认证通过GAP基地168个，全国通过GAP检查合格的中药材有81种，其中动物来源1种、植物来源80种，涉及153家企业，共认证196次（其中陕西天士力的丹参、云南特安呐的三七、南阳张仲景的山茱萸、雅安三九的麦冬、红河千山生物工程的灯盏花5种中药材因达到了2次5年的有效期，进行了3次认证；另外还有19种中药材因达到5年的有效期，进行了2次认证）。开展GAP生产中药材的种类占《中国药典》收载中药材（614种）的13.03%，约占常用大宗栽培中药材种类（按200种计算）的40.00%。已认证的153家企业的81个品种中，人参有11个认证基地，丹参、金银花各有8个认证基地，三七、板蓝根、黄芪各有6个认证基地，红花、麦冬各有5个认证基地，山茱萸、附子各有4个认证基地，美洲大蠊、铁皮石斛、当归、党参、茯苓、黄连、黄芩、玄参8种药材各有3个认证基地，西洋参、灯盏花、玄参、川芎、地黄、银杏叶、甘草、化橘红、桔梗、龙胆、牡丹皮、平贝母、太子参、天麻、莪术、郁金、五味子、鱼腥草18种中药材各有2个认证基地；薏苡仁、罂粟壳、头花蓼、山药、穿心莲、荆芥、苦地丁、山银花（灰毡毛忍冬）、白芍、白芷、半夏、北柴胡、苍术、滇重楼、冬凌草、短葶山麦冬、枸杞子、管花肉苁蓉、广藿香、何首乌、红芪、厚朴、虎杖、黄精、鸡血藤、绞股蓝、菊花、决明子、苦参、款冬花、螺旋藻、青蒿、山银花、石斛、天花粉、西红花、夏枯草、延胡索（元胡）、野菊花、益母草、淫羊藿（巫山淫羊藿）、云木香、泽泻、栀子、肿节风45种中药材各有1个认证基地（注：以上相同公司相同药材品种的部分基地认证过2次或3次，统计时算作1个基地）。GAP管理具体包括以下内容。

一、产地生态环境管理

应按中药材产地适宜性优化原则，因地制宜，合理布局。

中药材产地的环境应符合国家相应标准。

药用动物养殖企业应满足动物种群对生态因子的需求及与生活、繁殖等相适应的条件。

二、种质和繁殖材料管理

对养殖、栽培或野生采集的药用动植物，应准确鉴定其物种，包括亚种、变种或品种，记录其中文名及学名。

种子、菌种和繁殖材料在生产、储运过程中应实行检验和检疫制度以保证质量和防止病虫害及杂草的传播；防止伪劣种子、菌种和繁殖材料的交易与传播。

应按动物习性进行药用动物的引种及驯化。捕捉和运输时应避免动物机体和精神损伤。引种动物必须严格检疫，并进行一定时间的隔离、观察。

加强中药材良种选育、配种工作，建立良种繁育基地，保护药用动植物种质资源。

三、栽培与养殖管理

1. 药用植物栽培管理 根据药用植物生长发育要求，确定栽培适宜区域，并制定相应的种植规程。

根据药用植物的营养特点及土壤的供肥能力，确定施肥种类、时间和数量，施用肥料的种类以有机肥为主，根据不同药用植物物种生长发育的需要有限度地使用化学肥料。

允许施用经充分腐熟达到无害化卫生标准的农家肥。禁止施用城市生活垃圾、工业垃圾及医院垃圾和粪便。

根据药用植物不同生长发育时期的需水规律及气候条件、土壤水分状况，适时、合理灌溉和排水，保持土壤的良好通气条件。

根据药用植物生长发育特性和不同的药用部位，加强田间管理，及时采取打顶、摘蕾、整枝修剪、覆盖遮阴等栽培措施，调控植株生长发育，提高药材产量，保持质量稳定。

药用植物病虫害的防治应采取综合防治策略。如必须施用农药时，应按照《中华人民共和国农药管理条例》的规定，采用最小有效剂量并选用高效、低毒、低残留农药，以降低农药残留和重金属污染，保护生态环境。

2. 药用动物养殖管理 根据药用动物生存环境、食性、行为特点及对环境的适应能力等，确定相应的养殖方式和方法，制定相应的养殖规程和管理制度。

根据药用动物的季节活动、昼夜活动规律及不同生长周期和生理特点，科学配制饲料，定时定量投喂。适时适量地补充精料、维生素、矿物质及其他必要的添加剂，不得添加激素、类激素等添加剂。饲料及添加剂应无污染。

药用动物养殖应视季节、气温、通气等情况，确定给水的时间及次数。草食动物应尽可能通过多食青绿多汁的饲料补充水分。

根据药用动物栖息、行为等特性，建造具有一定空间的固定场所及必要的安全设施。

养殖环境应保持清洁卫生，建立消毒制度，并选用适当的消毒剂对动物的生活场所、设备等进行定期消毒。加强对进入养殖场所人员的管理。

药用动物的疫病防治，应以预防为主，定期接种疫苗。

合理划分养殖区，对群饲药用动物要保持适当密度。发现患病动物，应及时隔离。患传染病动物应处死，火化或深埋。

根据养殖计划和育种需要，确定动物群的组成与结构，适时周转。

禁止将中毒、感染疫病的药用动物加工成中药材。

四、采收与初加工管理

野生或半野生药用动植物的采集应坚持“最大持续产量”原则，应有计划地进行野生抚育、轮采与封育，以利生物的繁衍与资源的更新。

根据产品质量及植物单位面积产量或动物养殖数量，并参考传统采收经验等因素确定适宜的采收时间（包括采收期、采收年限）和方法。

采收机械、器具应保持清洁、无污染，存放在无虫鼠害和禽畜的干燥场所。

采收及初加工过程中应尽可能排除非药用部分及异物，特别是杂草及有毒物质，剔除破损、腐烂变质的部分。

药用部分采收后，经过拣选、清洗、切制或修整等适宜的加工，需干燥的应采用适宜的方法和技术迅速干燥，并控制温度和湿度，使中药材不受污染，有效成分不被破坏。

鲜用药材可采用冷藏、沙藏、罐贮、生物保鲜等适宜的保鲜方法，尽可能不使用保鲜剂和防腐剂。如必须使用时，应符合国家对食品添加剂的有关规定。

加工场地应清洁、通风，具有遮阳、防雨和防鼠、虫及禽畜的设施。

地道药材应按传统方法进行加工。如有改动，应提供充分试验数据，不得影响药材质量。

五、包装、运输与贮藏管理

野生或半野生药用动植物的采集应坚持“最大持续产量”原则，应有计划地进行野生抚育、轮采与封育，以利生物的繁衍与资源的更新。

包装前应检查并清除劣质品及异物。包装应按标准操作规程操作，并有批包装记录，其内容应包括品名、规格、产地、批号、重量、包装工号、包装日期等。

所使用的包装材料应清洁、干燥、无污染、无破损，并符合药材质量要求。

在每件药材包装上，应注明品名、规格、产地、批号、包装日期、生产单位，并附有质量合格的标志。

易破碎的药材应使用坚固的箱盒包装；毒性、麻醉性、贵细药材应使用特殊包装，并应贴上相应的标记。

药材批量运输时，不应与其他有毒、有害、易串味物质混装。运载容器应具有较好的通气性，以保持干燥，并应有防潮措施。

药材仓库应通风、干燥、避光，必要时安装空调及除湿设备，并具有防鼠、虫、禽畜的措施。地面应整洁、无缝隙、易清洁。

药材应存放在货架上，与墙壁保持足够距离，防止虫蛀、霉变、腐烂、泛油等现象发生，并定期检查。

在应用传统贮藏方法的同时，应注意选用现代贮藏保管新技术、新设备。

六、文件管理

生产企业应有生产管理、质量管理等标准操作规程。

每种中药材的生产全过程均应详细记录，必要时可附照片或图像。记录应包括：

（1）种子、菌种和繁殖材料的来源。

（2）生产技术与过程：

①药用植物播种的时间、数量及面积；育苗、移栽以及肥料的种类、施用时间、施用量、施用方法；农药中包括杀虫剂、杀菌剂及除草剂的种类、施用量、施用时间和方法等。

②药用动物养殖日志、周转计划、选配种记录、产仔或产卵记录、病例病志、死亡报告书、死亡登记表、检免疫统计表、饲料配合表、饲料消耗记录、谱系登记表、后裔

鉴定表等。

③药用部分的采收时间、采收量、鲜重和加工方法、干燥方法、干燥减重、运输、贮藏等。

④气象资料及小气候的记录等。

⑤药材的质量评价：药材性状及各项检测的记录。

所有原始记录、生产计划及执行情况、合同及协议书等均应存档，至少保存5年。档案资料应有专人保管。

GAP推行10余年来取得了很大的成果。2016年2月3日，国务院决定取消中药材生产质量管理规范（GAP）认证。为加强中药材生产质量管理，2018年7月，国家市场监督管理总局就《中药材生产质量管理规范（征求意见稿）》公开征求意见。

2019年10月《中共中央 国务院关于促进中医药传承创新发展的意见》明确提出了修订中药材生产质量管理规范的要求，国家药品监督管理局亦发布了《关于促进中药传承创新发展的实施意见》，将加强中药质量源头管理，修订中药材生产质量管理规范（GAP），制定中药材生产质量管理规范实施指南，届时中药材生产质量管理将迈入一个新的阶段。

第四节　中药材质量追溯体系管理

《中华人民共和国中医药法》（2017年）明确指出，国家鼓励发展中药材现代流通体系，提高中药材包装、仓储等技术水平，建立中药材流通追溯体系。2019年，《中共中央 国务院关于促进中医药传承创新发展的意见》指出，未来5年内实现中药材及饮片的溯源，今后，国家对中药材及中药饮片质量追溯的相关政策将更加严格。

质量追溯体系管理系统是指以“互联网+”的手段，将中药材产业链中的各环节联系起来，从种植、收购、加工、检验、包装、销售等全过程通过大数据录入信息平台，经逻辑加密算法，生成产品的唯一质量安全追溯二维码标签，并将标签贴在产品包装上，实现一个包装标签对应一个批次的产品，成为保证产品质量安全的“身份证”。消费者通过网络查询二维码追溯标签上的追溯码，或通过移动终端扫描追溯标签上的二维码，就能清楚地了解中药材的种子种苗、种源和产地、田间管理信息、加工企业、物流渠道、终端销售企业、药材质量等情况。将生产和经营方式科学融合成一体，使中药材种植生产来源可溯，去向可查，过程可控，责任可究，实现中药材的优质优价。

当前，越来越多的中药企业已认识到了质量追溯系统的价值，为捍卫基地的中药品牌而努力提升质量，开始着手企业内部的中药生产追溯体系建设。而中药材种植企业会因有科技含量的中药材基地化、规范化、生态化种植而获得更多国家政策扶持，种植基地与大专院校、科研单位的专家学者合作将会引领种植品种的品牌发展，追溯体系建设不仅促进中医药一产、二产、三产的融合发展，增加农民收入，实现区域脱贫增收，同时有利于推动我国小农经济集约化，提高中药材产区经济发展。

第五节　中药材的质量控制

中药材质量控制是指采用必要的方法与措施监控中药材质量，使之符合标准要求。通常包括鉴定和评价中药材真伪及质量优劣，质量控制的常用手段包括基源鉴定、性状鉴定、显微鉴定和理化鉴定等，其中基源鉴定、性状鉴定和显微鉴定主要针对中药材的外在特征进行评价，理化鉴定则主要针对中药材所含药效成分进行评价。中药材质量控制的具体指标主要有以下4个。

一、基原鉴定

基原鉴定，是利用植（动）物分类学的基础知识与方法，对中药材的基原进行鉴定，确定物种，给出原植（动）物的正确学名，是中药材质量控制的基本环节，也是后续中药材生产、资源开发及新药研究工作的基础。相关内容详见本书第七章。

二、外观性状和杂质

外观性状和杂质含量是评价中药材真伪及质量优劣的最基本、最简单的指标，2020年版《中国药典》对每一味收载的中药所具有的外观和杂质含量都有明确规定。

外观性状和杂质含量评价主要通过性状鉴定来实现。性状鉴定是指通过人体的感官看、摸、闻、尝及水试、火试的直接观察方法观察中药材的形状、大小、色泽、表面、质地、气、味等外部特征进行中药材鉴定的方法，是中医药工作者长期经验积累的总结。如天麻的红棕色顶芽称为“鹦哥嘴”，防风的根茎部分称为“蚯蚓头”；茜草以红者为佳，黄连以黄者为佳；山药由于富含淀粉，其粉性较强；杜仲折断时，其断面有胶丝相连；薄荷、肉桂等都具有其特殊香气；山楂以味酸者佳，黄连以味苦者佳，甘草则以味甜为好。

杂质属于非药用部分，通常与中药材外观形状具有明显差别，亦可以通过性状鉴定的方法予以区分。

三、有效化学成分

评价中药材质量的优劣，最根本、最可靠的指标便是其所含的有效化学成分的组成和含量。目前，《中国药典》主要是以中药材含有的某一种或某一类活性成分含量的高低作为评价中药材质量的内在标准。以2020年版《中国药典》为例，其规定丹参中所含丹参酮类的总量不得少于0.25%，丹酚酸B的含量不得低于3.0%；金银花中所含绿原酸含量不得低于1.5%，酚酸类的总量不得低于3.8%，木犀草苷含量不得低于0.05%；三七中所含人参皂苷Rg_1、人参皂苷Rb_1及三七皂苷R_1的总量不得低于5.0%。

通过研究中药材的有效化学成分群的组成和含量，更能准确地反应中药材的药材品质。因此，2020年版《中国药典》对天麻、霍山石斛、羌活、沉香、金银花、蟾酥的特征图谱进行了收载，以天麻为例，其特征图谱应呈现6个特征峰，包括天麻素、对羟基苯甲醇、巴利森苷E、巴利森苷B、巴利森苷C和巴利森苷。

四、外源性有害物质

中药材外源性有害物质是指在中药材种植、加工、贮藏等过程中进入中药材的一些不是其本身合成的有害物质，主要包括重金属、农药残留及细菌、真菌毒素等。主要是由种植环境的污染、不合理的农药及化肥施用以及在加工、贮藏过程中一些错误操作造成的。相比较2015版《中国药典》，2020年版《中国药典》对重金属、农药残留、二氧化硫及黄曲霉素的检测要求更全面、更严格。其中需要重金属及有害元素检测的中药材品种共28个，包括人参、三七、金银花、甘草、冬虫夏草、当归、白芍、黄精、黄芪、阿胶、丹参等；需要检测的农药残留指标有33项，其中需要进行有机氯农药残留量检测的中药材品种包括人参、甘草、西红花、红参、黄芪；需要进行二氧化硫残留量检测的中药材品种则包括山药、天冬、天花粉、天麻、牛膝、白术、白芍、白及、党参和粉葛；需要进行黄曲霉毒素检测的中药材品种共22个，包括延胡索、陈皮、决明子、麦芽、远志、薏苡仁、大枣、地龙、全蝎、酸枣仁、柏子仁、莲子等。

2020年版《中国药典》的实施，在保障中药材质量的同时也对中药材种植从业者及中药材企业都提出了更高的要求。因此，在中药材生产过程中，应大力提倡和鼓励中药材的生态化种植和规范化管理，杜绝禁用农药的使用，提倡有机肥、生物农药及生物菌剂的使用，鼓励在生态环境优良的区域发展中药材种植等。

第七章 中药材种质资源的多样性及其品种的选择

第一节　中药材种质资源的多样性

中药材种质资源，通俗来讲，就是中药材用以栽培的载体，与农作物如玉米种子或马铃薯种薯一样，常见的中药材种质资源是种子或种苗。因中药材的种类繁多，不同药材的种质资源类型各有特点。收集与保存丰富的中药材种质资源，主要用于选育中药材新品种，同时可保护中药资源的多样性。

一、种质资源的定义

（一）种质资源

种质资源是指携带生物遗传信息的载体，具有实际或潜在利用价值。种质资源泛指一切可遗传的资源，是遗传材料的总称。从资源类别上，种质资源主要分为植物、动物、微生物等类别，其中植物种质资源数量较为丰富，包括农作物、中药材等资源。从资源形式上，种质资源主要包括种子、器官、组织、细胞、染色体、基因和DNA片段信息等，材料类型主要有野生近缘植物、育成品种、地方品种、品系、遗传材料等。

（二）中药材种质资源

中药材种质资源是指具有实用或潜在实用价值的任何含有遗传功能的材料，不仅是中药材新品种选育及道地药材遗传改良的材料来源，也是提高中药材质量和生产技术水平的物质基础，是中医药产业的源头，是提高中药产业国际地位、增强国际竞争力的重要战略资源。

二、中药材种质资源的分类

中药材种类繁多，不同中药材的种质资源类型不一样，其表现形态主要包括活体材料（种子、种苗等繁殖材料）、离体材料（悬浮细胞、原生质体、愈伤组织、分生组织、芽、花粉、胚、器官等）、药材、植物标本、DNA及片段信息、基因及基因组信息等（图7-1），其中种子、种苗等活体繁殖材料是中药材种质资源的主要表现形态。中药材种质资源材料类型主要包括野生资源、常规栽培品种、驯化种、选育品种、地方品种、品系、特异繁殖材料等。

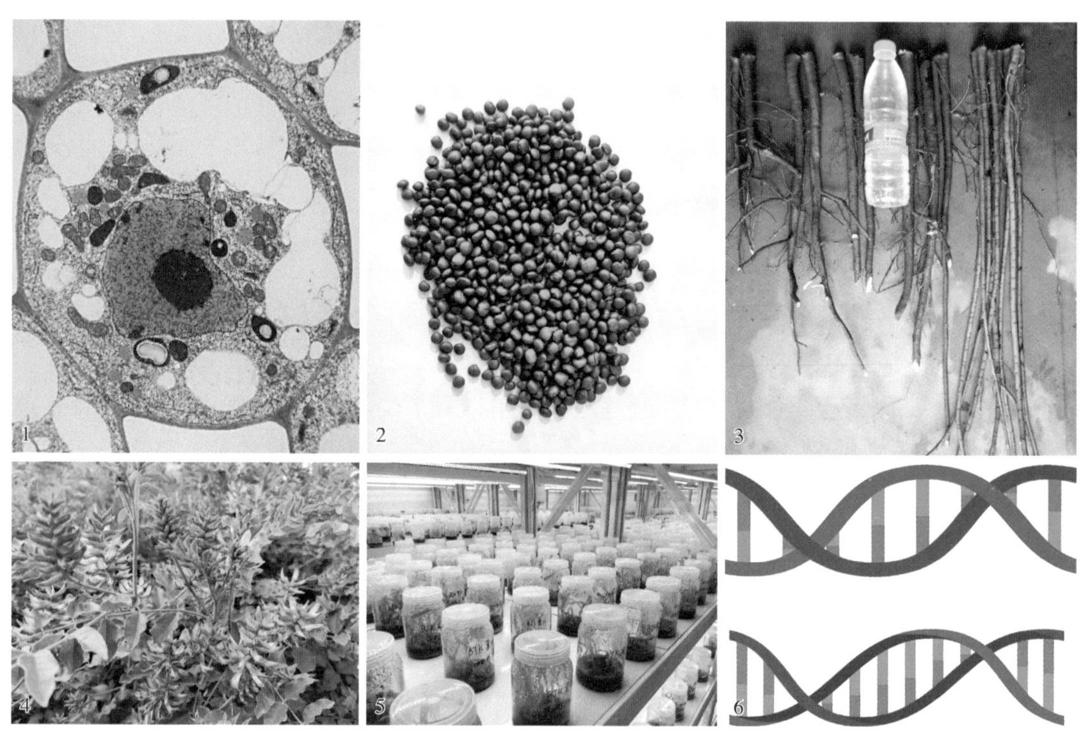

图7-1　中药材种质资源
1.细胞　2.甘草种子　3.甘草种苗　4.甘草植株　5.组培苗　6.DNA

三、中药材种质资源的评价和利用

（一）中药材种质资源的鉴定

中药材种质资源的鉴定是资源评价和利用的前提，其鉴定方法与药用植物、中药材及饮片等的鉴别方法相同，包括传统的性状鉴别、显微鉴别、薄层鉴别、理化鉴别，以及现代分子生物学技术，如蛋白质电泳以及各种分子标记技术。

1.基原鉴定技术　中药材种子种苗是中药材种质资源的主要类型，是中药材生产的源头。优质的种子种苗是实现中药材规范化生产的基础和首要条件。因此运用中药材种子种苗真实性鉴定方法保证中药材种子种苗基原准确，对把控好中药材生产的源头至关重要。目前中药材种子种苗真实性鉴定的方法主要有性状鉴定、显微鉴定、理化分析鉴定和分子鉴定等。

（1）性状鉴定：性状鉴定中包括传统性状鉴定以及微性状鉴定。在传统性状鉴定中主要观察中药材种子形状、大小、颜色、表面纹理；在微性状鉴定中主要观察表面纹理的形状。

①传统性状鉴定：不同物种由于遗传基础不同，种子形态和内部结构上常呈现稳定的差异，通过对这种稳定的差异进行观察统计，如种子的形状、大小、颜色、种皮表面纹饰，可区分和界定不同物种。陈瑛主编的《实用中药种子技术手册》、郭巧生主编的《中国药用植物种子原色图鉴》均较为直观地提供了种子、果实的基本特征，对后续深入研究提供依据。应用传统性状特征进行鉴定，需建立种子标本实物库和信息库，可以为种子鉴别提供详细的实物和数据信息。

②微性状鉴定：微性状鉴定是通过观察中药材种子表面的细微特征，根据表面反映出的不同信息特征鉴别中药材种子，是性状鉴定法向微观领域的延伸，借助放大镜、扫描仪及低倍显微仪器等来分析观察，具有简单、快速、廉价的优点。如微性状观察表明西红花与其伪品在柱头颜色、表面黏附物以及花粉粒上具有较大区别。对金银花与山银花的微性状进行观察（苞片、叶下表面被毛、花冠表面放大观以及花萼放大观等），得到不同基原药材均有不同程度的差异，结合性状、显微等鉴别结果可以更好地区别金银花与山银花。

（2）显微鉴定：指通过显微镜观察中药材种子的显微结构。种皮的表面形态、结构、组成，种子的外胚乳、内胚乳或子叶细胞的形状，细胞壁增厚情况，以及所含脂肪油、糊粉粒或淀粉粒等，均是显微鉴别的重要特征。如白术和苍术的种子外观上非常相似，在生产、流通和销售中极易混杂，可通过外观性状鉴别和显微鉴别将白术与苍术瘦果进行区分。川党参与素花党参种子横切面上的种皮细胞和种胚细胞含有的晶体类型不同，可通过其种子的外观性状及显微特征进行鉴别。《中国中药材种子原色图典》一书以图文并茂形式全面展现了常用中药材种子的形态特征、微观特征等内容，填补了我国中药材种子显微研究的空白。

（3）理化分析鉴定：中药材种子理化分析鉴定法主要包括光谱法、色谱法等。一般将种子进行处理提取后，采取薄层扫描（TLCS）、高效液相色谱法（HPLC）、气相色谱法（GC）等色谱法以及紫外光谱法（UV）、红外光谱法（IR）、质谱法（MS）、核磁共振波谱法（NMR）等方法进行分析，得到能够标识其化学特征的色谱图和光谱图。其中近红外光谱技术在中药材、中药饮片、农作物种子鉴定领域得到了越来越广泛的关注，同时在中药材种子真实性鉴定方面也得到了应用。近红外光谱（near infrared spectroscopy，NIRS）技术是由Karl Norris 在20世纪50年代发展起来并首先应用于农产品的一种快速检测技术，具有分析速度快，可同时分析多种成分，不对样品造成损伤等优点。如可采用近红外光谱快速准确地鉴别铁皮石斛的真伪。

（4）分子鉴定：分子鉴定一般指依据大分子（蛋白和核酸）特征的鉴定。分为蛋白质标记技术和DNA分子标记技术。目前，已有多种相关技术引入中药材种子种苗的真实性鉴定中，具有速度快、灵敏度高、特异性强、准确可靠等优点，且不受生物体生长发育阶段、供试部位、试验条件等因素的影响。

2.基原鉴定技术的应用 由于正品与伪品从外观性状上很难准确鉴别，因此中药材种子种苗基原鉴定技术主要针对外观性状相似的混伪品、同一药材不同基原植物以及同属的近似种进行鉴别研究。

中药材种质资源鉴定技术在很多中药材种子种苗中均进行了研究和应用（表7-1），可为中药材种子种苗的鉴定提供技术参考。

表7-1　中药材种质资源鉴定技术及对应物种信息

序号	鉴定技术	物种举例
1	性状鉴定	紫苏子、牛蒡子、水红花子、车前子、西红花
2	显微鉴定	播娘蒿与独行菜、青葙子与鸡冠花子、石竹与瞿麦、钝叶决明与决明、白术与苍术种子、川党参与素花党参种子
3	理化分析鉴定	红外光谱技术：铁皮石斛、虎掌南星和天南星药材，人参和西洋参、芥子、莱菔子、黑豆、牵牛子等种子
4	分子鉴定	蛋白质标记技术：刺五加和短梗五加、厚朴、大黄、铁棒锤和伏毛铁棒锤； 限制性内切酶片段长度多态性技术：川贝母、梅花鹿及马鹿、胡氏苘麻与苘麻种子、白茅根； 简单重复序列标记技术：云南苦荞、人参和西洋参； DNA条形码技术：羌活与宽叶羌活、泽泻和东方泽泻、重楼、柴胡属、黄芩； 单核苷酸多态性技术：人参、西洋参、藏菖蒲及其近缘种、泽泻

（1）不同种易混伪品：中药材种子种苗，特别是一些种子的正品与混伪品需要借助高清相机或显微镜等，如紫苏子、牛蒡子、水红花子等果实种子类药材，运用性状及微性状鉴别的方式，可以实现对正品与伪品的准确鉴别（图7-2至图7-4）。

图7-2　紫苏与小鱼仙草的性状与微性状特征

1.紫苏　2.小鱼仙草

紫苏特征：坚果呈阔倒卵形或类球形，直径约1.5毫米；表面灰棕色或灰褐色，有微隆起的暗紫色网纹；背面圆形弓曲，腹面较平，中部稍隆起；顶部圆钝，果柄痕位于基部，圆形，灰白色，边缘具棱，中间具一小突起。

紫苏伪品小鱼仙草特征：坚果近圆形，直径约2毫米。表面棕色，具不规则大型网纹，网纹在下半部呈长方形放射状规则排列，网纹内密生小突起，突起颜色较深；果柄痕位于基部，较平整。

图7-3　牛蒡子与水飞蓟的性状与微性状特征

1.牛蒡子　2.水飞蓟

牛蒡子特征：瘦果呈倒长卵形，略扁，微弯曲，长约6毫米，宽约2.5毫米；表面灰褐色至淡黄褐色，粗糙，布满不规则排列的条状突起，被紫黑色近波状横条斑；扁面具中脊和数条纵棱，有的纵棱不明显；边缘具锐棱；顶端平截，周边隆起，形成椭圆形衣领状环；基部渐窄，平截。

牛蒡子伪品水飞蓟特征：瘦果呈长椭圆形，长6 ~ 7毫米，宽2.6 ~ 3毫米。表面褐色，有线状长椭圆形的深褐色斑块；顶端具黄白色衣领环，全缘，内部具灰黑色腺毛。

图7-4　水红花子与垂序商陆的性状与微性状特征

1.水红花子　2.垂序商陆

水红花子特征：瘦果扁圆形，直径2 ~ 3.5毫米，厚1 ~ 1.5毫米。表面红棕色至棕黑色，密生浅洼点，有光泽；两面微凹，中部略有纵向隆起；顶端有突起的柱基；基部有浅棕色略突起的果梗痕，有的膜质花被残留。

水红花子伪品垂序商陆特征：种子呈肾形或近圆形，略扁，长约25毫米，宽约2毫米。表面黑色，有光泽；背部弓曲，腹部较平直，偏下侧有一凹缺；种脐位于基部凹缺内，黄白色。

（2）同一药材不同基原植物种子鉴别：部分中药材有好几个植物基原，同一药材不同基原间的种子很难用肉眼进行准确区分，需要借助显微镜及解剖结构等特征进行准确鉴别，如葶苈子药材的基原植物播娘蒿或独行菜、党参药材的基原植物素花党参与川党参（图7-5至图7-6）。

图7-5　独行菜和播娘蒿的种子性状特征

1.独行菜　2.播娘蒿

播娘蒿的种子性状特征：呈长圆形略扁，长约1毫米，宽约0.5毫米；表面黄棕色，具凹槽，表面有颗粒状小凸起；顶部钝圆，基部微凹或近平截；种脐位于基部，白色，周围棕褐色。

独行菜的种子性状特征：种子呈倒卵形，偏斜，略扁，长约1.4毫米，宽约0.8毫米。表面棕黄色至红褐色，近中央可见凹槽，密布网格纹理；种脐位于基部凹缺内，白色，周围色较深。

川党参种子和素花党参种子在外观上极其相似，很难区分。种子皆为卵状椭圆形，细小，川党参种子长1.1 ~ 1.6毫米，直径为0.5 ~ 0.8毫米，而素花党参种子长1.2 ~ 1.8毫米，直径为0.5 ~ 0.9毫米，两者在种子大小上无显著差异。从种子表面看，两者皆表面光滑，呈棕褐色，有光泽，具纵向细条纹。顶端钝圆，种脐都位于基部，黑色，圆形凹窝状。从解剖图看，胚乳半透明，具油性。胚细小，直生，子叶两枚。两者仅在表面纹饰上有差异。川党参种子表面具排列较整齐的条形网状纹饰，网眼呈长条形；而素花党参种子表面具类似指纹状的细长纹理。

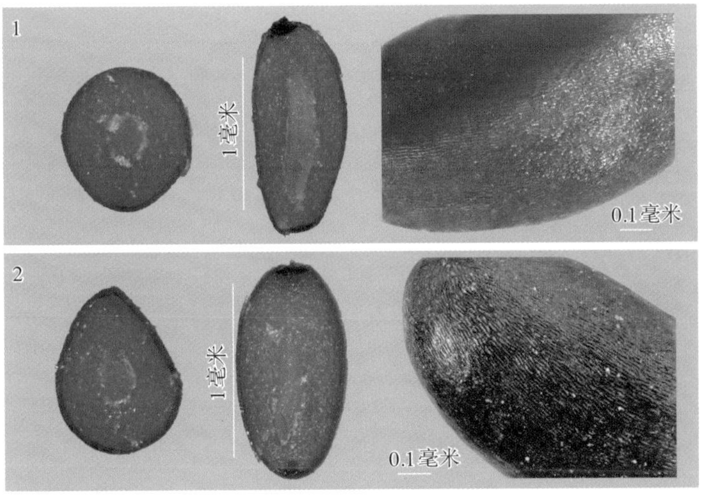

图7-6　川党参与素花党参的种子形态特征及解剖结构

1.川党参　2.素花党参

（3）同属近似种植物种子鉴别：很多中药材种子中混有其同属不同种非药用植物种子的伪品，其在外观形态等方面非常相近，因此肉眼很难进行准确鉴别。如青葙子与鸡冠花子、瞿麦与石竹、钝叶决明与决明、白术与苍术（图7-7至图7-10）。

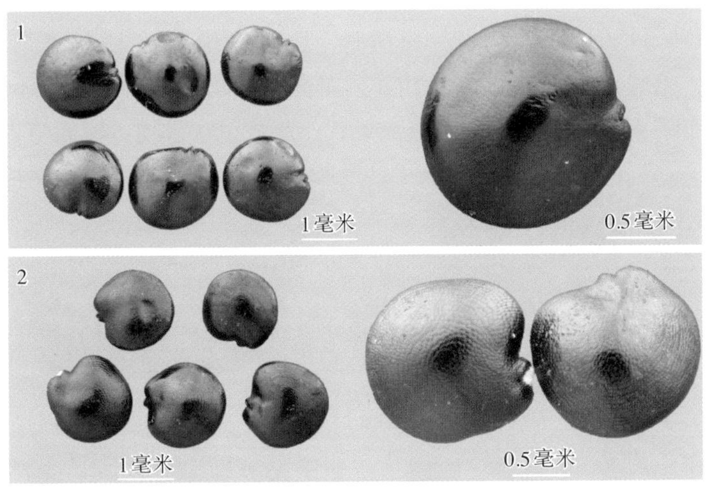

图7-7　青葙子与鸡冠花子显微镜下种子形态特征

1.青葙子　2.鸡冠花子

青葙子特征：种子呈扁圆形，少数呈圆肾形，直径1～1.5毫米。表面黑色或红黑色，光亮，具有紧密嵌合的类矩圆形鳞片，呈同心环状排列；种脐明显，位于一边的缺刻内，稍突出。

青葙子伪品鸡冠花子特征：种子呈圆肾形，双凸透镜状，直径约1毫米。表面黑色，极光亮，具有紧密嵌合的类矩圆形鳞片，略呈同心状排列；种脐明显，位于一边的缺刻内，稍突出；种脐两侧有延伸的凸起。

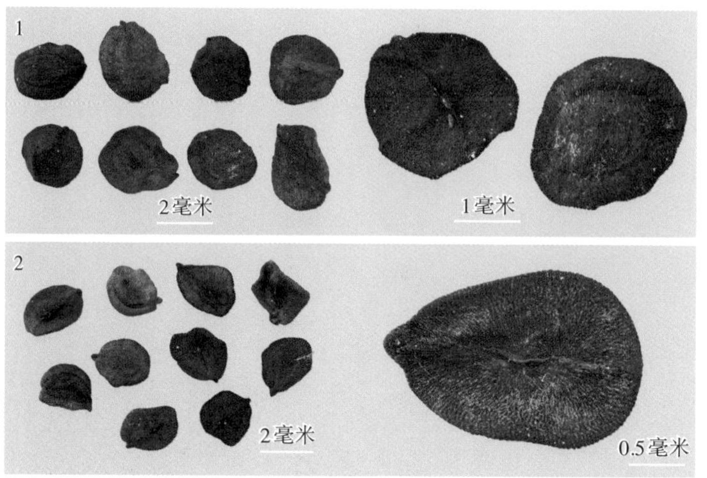

图7-8　石竹与瞿麦显微镜下种子形态特征
1.石竹　2.瞿麦

石竹特征：种子呈阔椭圆形至圆形，片状，常扭曲，长约2.2毫米，宽约2毫米。表面灰黑色至黑色，密生条状凸起；背面稍拱，有一长椭圆形环，中央区域条状凸起纵行排列，周边区域条状凸起放射状排列；腹面稍内凹，条状凸起近放射状排列；腹面中央具突起种脐，有的不明显；通过种脐有1条棱状延伸至边缘，在边缘形成短尾状外突。

瞿麦特征：种子呈倒卵形，片状，常扭曲，长约2.2毫米，宽约2毫米。表面灰黑色至黑色，略有光泽，密生条状凸起，断续相连；背面中央具长椭圆形环，环内条状凸起近平行排列，周边条状凸起近放射状排列；腹面条状凸起放射状排列；腹面中央具点状种脐。

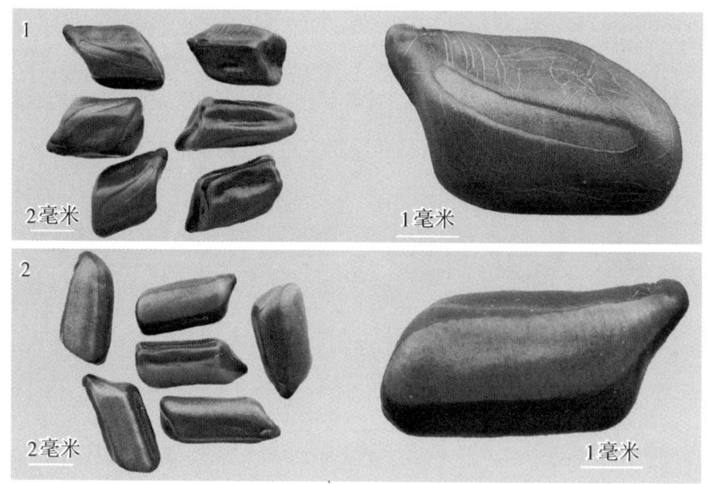

图7-9　钝叶决明与决明显微镜下种子形态特征
1.钝叶决明　2.决明

钝叶决明特征：种子呈短圆柱形，两端平行倾斜，长3 ~ 5毫米，宽约2.5毫米。表面绿棕色或暗棕色，平滑有光泽。一端较平坦，另一端斜尖，背、腹面各有1条突起的棱线，棱线两侧各有1条斜向对称而色较浅的线形凹纹。

决明特征：种子呈短圆柱形，长约5毫米，宽约2毫米。表面棱线两侧各有1片宽广的浅黄棕色带。

白术和苍术瘦果形态相似，均全身密被长直柔毛，从下向上顺向生长；顶端具羽状冠毛，基部为刚毛质，基部连合成环，有时脱落，留有环痕；果脐为圆形或不规则圆形；胚直生，无胚乳，子叶肉质。但两者在果实的形态、颜色、大小、冠毛长短和颜色上略有差异。具体差异特征：从体式显微镜下看，白术种子呈扁椭圆形，黄白色，略大，长6.8 ~ 10.1毫米，宽2.0 ~ 4.5毫米，冠毛污白色，长约15毫米，表面柔毛为黄白色；苍术种子呈倒卵圆形，灰白色至灰黄色，略小，长4.0 ~ 7.5毫米，宽0.8 ~ 3.0毫米，冠毛黄白色或褐色，长约8毫米，表面柔毛为白色。

图7-10　白术与苍术瘦果的外观形态图
1.白术　2.苍术

（二）中药材种质资源的评价

当前中药材种质资源评价体系研究仍处于初级阶段。评价指标主要包括表型性状指标（包含农艺性状、抗性性状等）、内在指标（包括药材性状、遗传特性等）及外部环境因素等部分，详细信息见表7-2。

表7-2　中药材种质资源评价体系指标

指标类型	指标分类	指标因素	测定方法
表型性状	外观性状	株高、株幅、叶长、叶宽、叶型、叶序、分枝数、茎叶颜色、茎秆形状、根长、根直径、根型、根颜色、花序、花色、果实颜色、果实形状大小、种子颜色、种子形状、种子大小等农艺性状	目测/测量
	抗性性状	抗逆（抗旱、抗涝、抗寒、耐盐、耐瘠等）、抗病、抗虫等	目测/测量
	物候期	萌芽期、花期、成熟期、采收期等	目测
	生活周期	一年生、两年生、多年生	目测
药材性状	成分含量	指标性成分含量	HPLC等
	经济性状	药材产量、种子产量、千粒重、发芽率等	数据统计
遗传特性	遗传差异	基因差异、表观遗传差异等	分子标记及基因组、转录组分析
环境因素	生态气候因子	温度、湿度、光照、降水量、风速等	数据统计
	地理因素	地理位置、地形、地势、居群生境、植被等	数据统计
	土壤因素	土壤类型、微量元素含量、pH等	数据统计

通过对中药材种质资源的表型性状、药材性状、遗传特性及环境因素等数据进行汇总，同时进行数据标准化与结构化，建立系统的数据分析模型与评价模式，综合分析各指标数据的差异性与相关性，建立系统科学的中药材种质资源评价体系。

（三）中药材种质资源的利用

中药材种质资源的利用主要表现在中药材新品种选育与种质创新、中药材道地性研究以及系统发育关系研究等方面。

1. 中药材新品种选育　育种材料的选择是对原始繁殖材料所具有的目标性状特征个体或群体的选择，是对其表型性状、药材性状、遗传差异以及生长环境等各方面进行综合评价。育种工作是通过定向选择、基因重组、基因突变等实现植物某个或多个性状的改变，可见种质资源在育种工作中至关重要。

中药材种质资源是中药材新品种选育的原始材料，蕴含着丰富的基因资源。从近些年药用植物育种成果来看，种质资源开发与利用对中药材新品种选育起着关键性作用。如浙贝2号是通过观察筛选生育期长、抗干腐病、抗灰霉病较强，越夏种子贝母烂贝率低的植株得到的优良新品种；中梗1号是我国首个桔梗杂交系列新品种，是将在栽培群体中发现的雄性不育自交纯化，并与具有侧根少、抗立枯病特性的桔梗单株进行杂交得到的具有优良特性的新品种；采用新疆无刺、红花、含油率较低（11%～27%）的红花品种与国外引入的有刺、黄花、含油率较高（35%～45%）的红花品种杂交，得到含油率不同且稳定的红花新品种新红花1号、新红花2号、新红花3号。这些优良品种的选育，皆取决于丰富的种质资源。因此，加快中药材种质资源收集与评价利用工作，是保障育种工作顺利开展，育种成果丰富多彩的先决条件。

2. 种质资源多样性研究　中药材种质资源遗传多样性研究为种质鉴定提供重要参考，为新品种选育提供丰富的遗传材料分类。基于现代分子生物学技术（如随机扩增多态性DNA标记等）的种质资源遗传多样性研究越来越受到重视。中药材种质资源的收集与保存，为研究中药材种质资源遗传多样性的研究提供了良好的基础条件。同时，种质资源遗传多样性的研究对于分析药用植物亲缘关系，寻找可替代的中药材物种等均具有重要的理论意义。

3. 中药材道地性研究　中药材种质资源的收集与保存，是中药材道地性研究的物质基础。中药材种质资源的评价分析为阐明中药材道地性的形成机制提供数据依据。通过深入挖掘中药材种质资源的生物学内在机制，并结合药效学、药理学等的临床疗效实践基础，对中药材道地性的理论成因进行科学而合理的阐释。

第二节　中药材品种的选择

中药材种类多样，资源丰富，分布范围较广，有其独特的适宜栽培分布区域。中药材品种的选择与药材的质量及经济收益息息相关。根据当地野生中药材的种类及资源分布情况，并结合市场的需求及价格等因素，选择合适的中药材品种进行种植与栽培，可以大大提高中药材种植的经济收益。

一、中药材种类及分布情况概述

一定要根据本区域气候特点、生产技术现状、产业优势等选择适宜的中药材品种。特别是优先选择区域道地药材品种。下面分区汇总典型道地药材品种。

关药：通常是指东北地区所出产的道地药材。如人参、鹿茸、防风、细辛、五味子、刺五加、黄柏、知母、龙胆等。

北药：通常是指河北、山东、山西等省份和内蒙古自治区中部和东部等地区所产出的道地药材。如北沙参、山楂、党参、金银花、板蓝根、连翘、酸枣仁、远志、黄芩、赤芍、知母、枸杞子等。

怀药：泛指河南省内所产的道地药材。如怀地黄、怀山药、怀牛膝、怀菊花等。

浙药：包括浙江及沿海大陆架生产的药材，如白术、杭白芍、玄参、延胡索、杭菊花、杭麦冬、浙贝母，以及山茱萸、温厚朴、天台乌药等。

江南药：包括湖南、湖北、江苏、安徽、福建、江西等淮河以南各省份所产的药材。如安徽的亳菊、歙县贡菊、铜陵牡丹皮与霍山石斛、宣城木瓜；江苏的苏薄荷、茅苍术、太子参等；福建的建泽泻、莲子、建厚朴、闽西乌梅、建曲；江西的清江枳壳、宜春香薷、丰城鸡血藤；湖北的大别山茯苓、襄阳山麦冬、板桥党参、鄂西味连和紫油厚朴、长阳资丘木瓜和独活、京山半夏；湖南的平江白术、沅江枳壳、湘乡木瓜、邵东湘玉竹、零陵薄荷、零陵香、湘红莲、汝升麻等。

川药：是指四川所产的道地药材。如阿坝藏族自治州的冬虫夏草、江油的附子、绵阳的麦冬、灌县的川芎、石柱的黄连、遂宁的白芷等。

云药：包括滇南和滇北所出产的道地药材。如三七、云黄连、云当归、云龙胆、天麻等。

贵药：主要是指贵州及周边区域出产的道地药材。如天麻、杜仲、何首乌、灵芝、金银花、五倍子、珠子参、牛黄、艾纳香、野党参、石斛、厚朴、半夏、吴茱萸、黄柏、龙胆草、天冬、黄精、桔梗、朱砂等。

广药：指广东、广西南部及海南、台湾台北等地出产的道地药材。如槟榔、砂仁、巴戟天、益智仁是我国著名的“四大南药”。桂南一带出产的道地药材有鸡血腾、山豆根、肉桂、石斛、广金钱草、桂莪术等；珠江流域出产的道地药材有广藿香、高良姜、广防已、化橘红等；海南主产槟榔等。广东新会的广陈皮、德庆的何首乌，广西靖西的三七、防城的肉桂都是著名的道地药材。

西药：指“丝绸之路”的起点西安以西的广大地区，包括陕西、甘肃、宁夏、青海、新疆及内蒙古西部所产的道地药材。如“秦药”（秦归、秦艽等）、名贵的西牛黄等都产于这里。甘肃主产当归、大黄、党参；宁夏主产枸杞子、甘草；青海出产川贝母、冬虫夏草、肉苁蓉；新疆盛产甘草、紫草、阿魏、麻黄、伊贝母、红花、肉苁蓉等；内蒙古西部的甘草、麻黄、肉苁蓉、锁阳等为本地区大宗道地药材。

藏药：是指青藏高原所产的道地药材。如冬虫夏草、麝香、鹿茸、熊胆、牛黄、胡黄连、大黄、天麻、秦艽、羌活、雪上一支蒿、甘松、雪莲花、炉贝母等。

二、《中国药典》多基原药材品种情况

根据《中国药典》记载，一部收载的药材中约25%为多基原药材。《中药配方颗粒管理办法（征求意见稿）》有以下要求：对栽培、养殖或野生采集的药用动植物，应准确鉴定其物种，包括亚种、变种或品种，不同种的中药材不可相互混用，提倡使用道地药材。多基原药材分为具有相似成分与疗效的近缘物种（如厚朴与凹叶厚朴、决明与小决明）、非近缘物种但成分与疗效相似（如褶纹冠蚌、三角帆蚌和马氏珍珠贝）等。相关专家统计出2020年版《中国药典》中所列149种多基原药材信息（表7-3）。

表7-3 《中国药典》中多基原药材信息

序号	药材名	来 源
1	丁公藤	旋花科植物丁公藤或光叶丁公藤的干燥藤茎
2	九里香	芸香科植物九里香和千里香的干燥叶和带叶嫩枝
3	三颗针	小檗科植物拟豪猪刺、小黄连刺、细叶小檗或匙叶小檗等同属植物的干燥根
4	土鳖虫	鳖蠊科昆虫地鳖或冀地鳖的雌虫干燥体
5	大黄	蓼科植物掌叶大黄、唐古特大黄或药用大黄的干燥根和根茎
6	山银花	忍冬科植物灰毡毛忍冬、红腺忍冬、华南忍冬或黄褐毛忍冬的干燥花蕾或带初开的花
7	山楂	蔷薇科植物山里红或山楂的干燥成熟果实
8	山楂叶	蔷薇科植物山里红或山楂的干燥叶
9	山慈菇	兰科植物杜鹃兰、独蒜兰或云南独蒜兰的干燥假鳞茎
10	川木香	菊科植物川木香或灰毛川木香的干燥根
11	川木通	毛茛科植物小木通或绣球藤的干燥藤茎
12	川贝母	百合科植物川贝母、暗紫贝母、甘肃贝母、梭砂贝母、太白贝母、瓦布贝母的干燥鳞茎
13	小通草	旌节花科植物喜马山旌节花、中国旌节花或山茱萸科植物青荚叶的干燥茎髓
14	马勃	灰包科真菌脱皮马勃、大马勃或紫色马勃的干燥子实体
15	天花粉	葫芦科植物栝楼或双边栝楼的干燥根
16	天竺黄	禾本科植物青皮竹或华思劳竹等秆内的分泌液干燥后的块状物
17	天南星	天南星科植物天南星、异叶天南星或东北天南星的干燥块茎
18	木通	木通科植物木通、三叶木通或白木通的干燥藤茎
19	五倍子	漆树科植物盐肤木、青麸杨或红麸杨叶上的虫瘿
20	车前子	车前科植物车前或平车前的干燥成熟种子
21	车前草	车前科植物车前或平车前的干燥全草
22	瓦楞子	蚶科动物毛蚶、泥蚶或魁蚶的贝壳

（续）

序号	药材名	来　源
23	升麻	毛茛科植物大三叶升麻、兴安升麻或升麻的干燥根茎
24	化橘红	芸香科植物化州柚或柚的未成熟或近成熟的干燥外层果皮
25	功劳木	小檗科植物阔叶十大功劳或细叶十大功劳的干燥茎
26	甘草	豆科植物甘草、胀果甘草或光果甘草的干燥根和根茎
27	石韦	水龙骨科植物庐山石韦、石韦或有柄石韦的干燥叶
28	石决明	鲍科动物杂色鲍、皱纹盘鲍、羊鲍、澳洲鲍、耳鲍或白鲍的贝壳
29	石斛	兰科植物金钗石斛、霍山石斛、鼓槌石斛或流苏石斛的栽培品及其同属植物近似种的新鲜或干燥茎
30	龙胆	龙胆科植物条叶龙胆、龙胆、三花龙胆或坚龙胆的干燥根和根茎
31	白芷	伞形科植物白芷或杭白芷的干燥根
32	白前	萝藦科植物柳叶白前或芫花叶白前的干燥根茎和根
33	白薇	萝藦科植物白薇或蔓生白薇的干燥根和根茎
34	瓜蒌	葫芦科植物栝楼或双边栝楼的干燥成熟果实
35	瓜蒌子	葫芦科植物栝楼或双边栝楼的干燥成熟种子
36	瓜蒌皮	葫芦科植物栝楼或双边栝楼的干燥成熟果皮
37	老鹳草	牻牛儿苗科植物牻牛儿苗、老鹳草或野老鹳草的干燥地上部分
38	地龙	钜蚓科动物参环毛蚓、通俗环毛蚓、威廉环毛蚓或栉盲环毛蚓的干燥体
39	地骨皮	茄科植物枸杞或宁夏枸杞的干燥根皮
40	地榆	蔷薇科植物地榆或长叶地榆的干燥根
41	地锦草	大戟科植物地锦或斑地锦的干燥全草
42	百合	百合科植物卷丹、百合或细叶百合的干燥肉质鳞叶
43	百部	百部科植物直立百部、蔓生百部或对叶百部的干燥块根
44	肉苁蓉	列当科植物肉苁蓉或管花肉苁蓉的干燥带鳞叶的肉质茎
45	竹茹	禾本科植物青秆竹、大头典竹或淡竹的茎秆的干燥中间层
46	伊贝母	百合科植物新疆贝母或伊犁贝母的干燥鳞茎
47	决明子	豆科植物钝叶决明或决明（小决明）的干燥成熟种子
48	赤小豆	豆科植物赤小豆或赤豆的干燥成熟种子
49	赤芍	毛茛科植物芍药或川赤芍的干燥根
50	花椒	芸香科植物青椒或花椒的干燥成熟果皮
51	芥子	十字花科植物白芥或芥的干燥成熟种子
52	苍术	菊科植物茅苍术或北苍术的干燥根茎
53	芦荟	百合科植物库拉索芦荟、好望角芦荟或其他同属近缘植物叶的汁液浓缩干燥物
54	豆蔻	姜科植物白豆蔻或爪哇白豆蔻的干燥成熟果实
55	吴茱萸	芸香科植物吴茱萸、石虎或疏毛吴茱萸的干燥近成熟果实

（续）

序号	药材名	来 源
56	牡蛎	牡蛎科动物长牡蛎、大连湾牡蛎或近江牡蛎的贝壳
57	辛夷	木兰科植物望春花、玉兰或武当玉兰的干燥花蕾
58	羌活	伞形科植物羌活或宽叶羌活的干燥根茎和根
59	没药	橄榄科植物地丁树或哈地丁树的干燥树脂
60	诃子	使君子科植物诃子或绒毛诃子的干燥成熟果实
61	灵芝	多孔菌科真菌赤芝或紫芝的干燥子实体
62	阿魏	伞形科植物新疆阿魏或阜康阿魏的树脂
63	陈皮	芸香科植物橘及其栽培变种的干燥成熟果皮
64	青风藤	防己科植物青藤和毛青藤的干燥藤茎
65	青皮	芸香科植物橘及其栽培变种的干燥幼果或未成熟果实的果皮
66	青黛	爵床科植物马蓝、蓼科植物蓼蓝或十字花科植物菘蓝的叶或茎叶加工制得的干燥粉末、团块或颗粒
67	苦杏仁	蔷薇科植物山杏、西伯利亚杏、东北杏或杏的干燥成熟种子
68	苦楝皮	楝科植物川楝或楝的干燥根皮和树皮
69	松花粉	松科植物马尾松、油松或同属树种植物的干燥花粉
70	郁李仁	蔷薇科植物欧李、郁李或长柄扁桃的干燥成熟种子
71	郁金	姜科植物温郁金、姜黄、广西莪术或蓬莪术的干燥块根
72	昆布	海带科植物海带或翅藻科植物昆布的干燥叶状体
73	金果榄	防己科植物青牛胆或金果榄的干燥块根
74	金沸草	菊科植物条叶旋覆花或旋覆花的干燥地上部分
75	金礞石	变质岩类蛭石片岩或水黑云母片岩
76	乳香	橄榄科植物乳香树及同属植物树皮渗出的树脂
77	卷柏	卷柏科植物卷柏或垫状卷柏的干燥全草
78	油松节	松科植物油松或马尾松的干燥瘤状节或分枝节
79	细辛	马兜铃科植物北细辛、汉城细辛或华细辛的干燥根和根茎
80	珍珠	珍珠贝科动物马氏珍珠贝、蚌科动物三角帆蚌或褶纹冠蚌等双壳类动物受刺激形成的珍珠
81	珍珠母	蚌科动物三角帆蚌、褶纹冠蚌或珍珠贝科动物马氏珍珠贝的贝壳
82	茵陈	菊科植物滨蒿或茵陈蒿的干燥地上部分
83	南沙参	桔梗科植物轮叶沙参或沙参的干燥根
84	枳壳	芸香科植物酸橙及其栽培变种的干燥未成熟果实
85	枳实	芸香科植物酸橙及其栽培变种或甜橙的干燥幼果
86	威灵仙	毛茛科植物威灵仙、棉团铁线莲或东北铁线莲的干燥根和根茎
87	厚朴	木兰科植物厚朴或凹叶厚朴的干燥干皮、根皮及枝皮
88	厚朴花	木兰科植物厚朴或凹叶厚朴的干燥花蕾

（续）

序号	药材名	来 源
89	砂仁	姜科植物阳春砂、绿壳砂或海南砂的干燥成熟果实
90	牵牛子	旋花科植物裂叶牵牛或圆叶牵牛的干燥成熟种子
91	钩藤	茜草科植物钩藤、大叶钩藤、毛钩藤、华钩藤或无柄果钩藤的干燥带钩茎枝
92	香橼	芸香科植物枸橼或香圆的干燥成熟果实
93	香薷	唇形科植物石香薷或江香薷的干燥地上部分
94	重楼	百合科植物云南重楼或七叶一枝花的干燥根茎
95	禹州漏芦	菊科植物蓝刺头或华东蓝刺头的干燥根
96	秦艽	龙胆科植物秦艽、麻花秦艽、粗茎秦艽或小秦艽的干燥根
97	秦皮	木犀科植物苦枥白蜡树、白蜡树、尖叶白蜡树或宿柱白蜡树的干燥枝皮或干皮
98	珠子参	五加科植物珠子参或羽叶三七的干燥根茎
99	莪术	姜科植物蓬莪术、广西莪术或温郁金的干燥根茎
100	桃仁	蔷薇科植物桃或山桃的干燥成熟种子
101	柴胡	伞形科植物柴胡或狭叶柴胡的干燥根
102	党参	桔梗科植物党参、素花党参或川党参的干燥根
103	狼毒	大戟科植物月腺大戟或狼毒大戟的干燥根
104	凌霄花	紫葳科植物凌霄或美洲凌霄的干燥花
105	娑罗子	七叶树科植物七叶树、浙江七叶树或天师栗的干燥成熟种子
106	海马	海龙科动物线纹海马、刺海马、大海马、三斑海马或小海马（海蛆）的干燥体
107	海龙	海龙科动物刁海龙、拟海龙或尖海龙的干燥体
108	海螵蛸	乌贼科动物无针乌贼或金乌贼的干燥内壳
109	海藻	马尾藻科植物海蒿子或羊栖菜的干燥藻体
110	预知子	木通科植物木通、三叶木通或白木通的干燥近成熟果实
111	桑螵蛸	螳螂科昆虫大刀螂、小刀螂或巨斧螳螂的干燥卵鞘
112	黄芪	豆科植物蒙古黄芪或膜荚黄芪的干燥根
113	黄连	毛茛科植物黄连、三角叶黄连或云连的干燥根茎
114	黄精	百合科植物滇黄精、黄精或多花黄精的干燥根茎
115	菟丝子	旋花科植物南方菟丝子或菟丝子的干燥成熟种子
116	菊苣	菊科植物毛菊苣或菊苣的干燥地上部分或根（维吾尔族习用药材）
117	蛇蜕	游蛇科动物黑眉锦蛇、锦蛇或乌梢蛇等蜕下的干燥表皮膜
118	麻黄	麻黄科植物草麻黄、中麻黄或木贼麻黄的干燥草质茎
119	麻黄根	麻黄科植物草麻黄或中麻黄的干燥根和根茎
120	鹿角	鹿科动物马鹿或梅花鹿已骨化的角或锯茸后翌年春季脱落的角基
121	鹿茸	鹿科动物梅花鹿或马鹿的雄鹿未骨化密生茸毛的幼角
122	鹿衔草	鹿蹄草科植物鹿蹄草或普通鹿蹄草的干燥全草

（续）

序号	药材名	来 源
123	商陆	商陆科植物商陆或垂序商陆的干燥根
124	旋覆花	菊科植物旋覆花或欧亚旋覆花的干燥头状花序
125	断血流	唇形科植物灯笼草或风轮菜的干燥地上部分
126	淫羊藿	小檗科植物淫羊藿、箭叶淫羊藿、柔毛淫羊藿或朝鲜淫羊藿的干燥叶
127	绵萆薢	薯蓣科植物绵萆薢或福州薯蓣的干燥根茎
128	斑蝥	芫青科昆虫南方大斑蝥或黄黑小斑蝥的干燥体
129	葶苈子	十字花科植物播娘蒿或独行菜的干燥成熟种子
130	紫草	紫草科植物新疆紫草或内蒙紫草的干燥根
131	蛤壳	帘蛤科动物文蛤或青蛤的贝壳
132	番泻叶	豆科植物狭叶番泻或尖叶番泻的干燥小叶
133	蓝布正	蔷薇科植物路边青或柔毛路边青的干燥全草
134	蒲公英	菊科植物蒲公英、碱地蒲公英或同属数种植物的干燥全草
135	蒲黄	香蒲科植物水烛香蒲、东方香蒲或同属植物的干燥花粉
136	蜂房	胡蜂科动物虫果马蜂、日本长脚胡蜂或异腹胡蜂的巢
137	蜂蜡	蜜蜂科昆虫中华蜜蜂或意大利蜂分泌的蜡
138	蜂蜜	蜜蜂科动物中华蜜蜂或意大利蜂所酿的蜜
139	蔓荆子	马鞭草科植物单叶蔓荆或蔓荆的干燥成熟果实
140	豨莶草	菊科植物豨莶、腺梗豨莶或毛梗豨莶的干燥地上部分
141	辣椒	茄科植物辣椒及其栽培变种的干燥成熟果实
142	蕤仁	蔷薇科植物蕤核或齿叶扁核木的干燥成熟果核
143	薤白	百合科植物小根蒜或薤的干燥鳞茎
144	橘红	芸香科植物橘及其栽培变种的干燥外层果皮
145	橘核	芸香科植物橘及其栽培变种的干燥成熟种子
146	藁本	伞形科植物藁本或辽藁本的干燥根茎和根
147	瞿麦	石竹科植物瞿麦或石竹的干燥地上部分
148	蟾酥	蟾蜍科动物中华大蟾蜍或黑眶蟾蜍的干燥分泌物
149	麝香	鹿科动物林麝、马麝或原麝成熟雄体香囊中的干燥分泌物

三、中药材基原混乱问题实例分析

中药材基原混乱问题较为普遍。根据中国食品药品检定研究院对中药材及饮片检查所公示的结果，并结合企业生产经营实践活动，针对遇到的问题较为突出的、大宗常用药材进行实例分析。

（一）甘草

甘草是常用的大宗药材之一，在医药、食品以及化工等领域均具有广泛的应用，国际、国内市场需求量都很大。近年来，野生甘草的数量越来越少，导致甘草市场供不应求。在此条件下，人工甘草种植迅速发展。但在甘草种子市场上，种质混杂、品种混乱现象十分突出，严重影响了药材的质量和药农的收益。市场上销售的甘草以乌拉尔甘草（*Glycyrrhiza uralensis* Fisch.）为主，但光果甘草（*Glycyrrhiza glabra* L.）、胀果甘草（*Glycyrrhiza inflate* Bat.）、刺果甘草（*Glycyrrhiza pallidiflora* Maxim.）经常被混杂在里面进行销售，给种植和生产带来许多不便。在实际中，可根据荚果和种子的外观性状进行辨别（表7-4）。

表7-4　4种甘草种子的区分方法

名称	荚果	种子形态
甘草（乌拉尔甘草）	长矩形，长3 ~ 4.5厘米，皱折，镰刀状，密被有柄腺毛，脱落后呈刺状	宽椭圆形或圆形，暗棕绿色，略有光泽，直径2.5 ~ 4.5毫米
光果甘草	长圆柱形，长2.0 ~ 3.5厘米，光滑无毛	淡棕绿色，无光泽，直径1.6 ~ 3.0毫米
胀果甘草	长椭圆形，长0.8 ~ 2.2厘米，明显膨胀，略被腺瘤	种子阔椭圆形或肾状近圆形，黄绿色，直径2.0 ~ 3.6毫米
刺果甘草	卵形，褐色，长1 ~ 1.5厘米，密生尖刺	种子椭圆状肾形，表面绿褐色，表面光滑，长3 ~ 4毫米，宽2.5 ~ 3毫米

（二）黄芩

黄芩来源于唇形科植物黄芩（*Scutellaria baicalensis* Georgi）的干燥根，别名山茶根、土金茶根，具有清热燥湿、泻火解毒、止血、安胎的功效。随着近几年黄芩药材需求量的增加，黄芩种子的价格迅速提高，致使黄芩种子掺假现象严重，市场销售中，主要存在陈种子炒熟染色、小米染色、矿石粉碎染色及掺杂草种子等现象，给农业生产造成严重的经济损失。针对以上问题，可根据热水浸种、放大镜观察等方法进行黄芩种子的鉴别，具体方法见表7-5。

表7-5　黄芩伪品种子的区分方法

名称	方　法
熟制陈种子染色、熟制银柴胡种子染色、小米染色、粉碎矿石染色	将黄芩的伪品种子放入透明杯中，倒入少许热水，浸泡约1分钟后，观察水的颜色，如果为黑色为假种子
熟制杂草种子	在放大镜下，黄芩种子表面具瘤状突起，突起表面有不规则的网状纹理的次级突起，而假种子表面光滑

（三）黄芪

黄芪为豆科植物蒙古黄芪［*Astragalus membranaceus*（Fisch.）Bge. var. *mongholicus*

(Bge.) Hsiao］或膜荚黄芪［*Astragalus membranaceus*（Fisch.）Bge.］的干燥根，是中医临床常用的中药之一。其资源广泛分布于甘肃、山西、陕西、内蒙古、宁夏、黑龙江等地。其中蒙古黄芪为主流药材品种，其质量好，栽培规模大。但黄芪栽培主产区的种子种苗来源混杂、混乱现象较为严重，由于缺乏规范的种子市场，药农每年播种前使用自采种子，或从当地其他农户处购买，或到药材市场上购买种子，对药材的质量和产量均造成一定的影响。下面将从黄芪种子的性状方面对黄芪种子的混杂现象进行区分，具体方法见表7-6。

表7-6　黄芪种子的区分方法

名称	区分方法
蒙古黄芪	荚果，半卵圆形，无毛，有显著网纹。种子肾形，扁平，长2.4～3.4毫米，宽1.2～1.7毫米，光滑革质
膜荚黄芪	荚果膜质，鼓胀，卵状长圆形，被黑色短绒毛。种子倒卵状肾形，长2.6～3.3毫米，宽2.1～2.6毫米，表面褐色，光滑
紫花苜蓿	荚果螺旋形，稍有毛，黑褐色，不开裂。种子肾形，黄褐色
沙苑子	荚果纺锤形。种子肾形，稍扁，表面褐色，光滑

（四）半夏

半夏为天南星科植物半夏［*Pinellia ternata*（Thunb.）Breit.］的干燥块茎，为常用大宗药材，中医临床常用于湿痰寒痰、咳喘痰多等症。主要分布于长江流域以及东北、华北等地区。近年，由于野生半夏的过度开发利用，资源几近枯竭，但市场需求有增无减，常年供不应求，半夏种子的需求量也逐年增加。在半夏种子市场上，天南星与半夏、掌叶半夏相似，容易混淆，下面通过介绍种子形态进行区分，具体方法见表7-7。

表7-7　半夏种子的区分方法

名称	区分方法
半夏	浆果卵状椭圆形，顶端尖黄绿色。种子椭圆形，两端尖，直径2～2.4毫米，表面灰绿色，不光滑，无光泽
掌叶半夏	浆果卵圆形或近球形，直径2～3毫米。新鲜时绿白色，干后棕褐色。种子近球形，顶端尖，直径2.1～2.7毫米，种皮棕褐色，无光泽
天南星	种子圆形，直径3～3.6毫米，橘黄色，表面有皱纹，成泡囊状，橘黄色间淡红色小斑点

（五）当归

当归为伞形科植物当归［*Angelica sinensis*（Oliv.）Diels］的干燥根，具补血活血、调经止痛的功效。在我国已经有1 700多年的药用历史，主产于甘肃省岷县的当归，俗称

“岷归”，在云南、四川、青海等地均有分布，但野生资源少，商品来源于栽培。目前，在当归种子生产中，不到收种周期结下的当归种子称为“火药籽”，但火药籽抽薹现象严重，如果将火药籽混入常规种子中出售，很难分辨，在当归药材生产中造成极大的损失。在进行常规种子和火药籽区分时，可通过手感、种子色泽进行分辨，具体方法见表7-8。

表7-8　当归常规种子的区分方法

名称	区分方法
常规种	用手抓，或者用手在种子上轻轻抚摸，手感轻、松、柔软、无刺手感。常规种子成熟度不统一，部分种子颗粒小，成熟度差；种子脱粒后，整体看上去是深紫色
火药籽	手感实、硬、有刺手感。种子颗粒饱满，成熟度高，色泽也较常规种子淡

四、中药材新品种的产业化应用情况

（一）已有中药材新品种的推广概况

近10年来，中药材品种选育工作在国家大力扶持下已经积累了一定基础。在选育的中药材数量和质量、选育的技术水平等方面取得了一定的成绩。目前育种技术已经由传统育种到商业化育种到现代商业化育种逐渐转变。如传统育种注重表型选择及产量，而杂交技术的发展增强了产量与性状表现，现代先进生物技术，同时平衡品种抗性和品质提升，从而极大地提高了育种的效率。

据不完全统计，2005—2019年期间，全国共培育了118种药材的538个新品种，涉及23个省（自治区、直辖市），新品种药材种类从20世纪90年代不足5%提高至目前超过50%。以集团选育、系统选育、混合选育、杂交育种、杂种优势育种为代表的传统育种技术对中药材新品种选育的整体贡献率达80%以上，成功选育出人参新开河1号、桔梗1号、桔梗2号、桔梗3号、桔梗9号、中柴2号、枸杞宁杞1号、太子参黔太子参1号、青蒿渝青1号等一批平均增产1 ~ 2倍，有效成分、整齐度、商品率也显著提升的新品种，其中部分品种已完成1 ~ 3次更新换代。但目前大部分已选育品种尚未得到大面积推广。

（二）中药材新品种商业化应用情况

1. 甘草　甘草新品种国甘1号为多年生草本，两年生株高70 ~ 75厘米，茎较粗，直径0.55 ~ 0.60厘米。根茎圆柱状，主根长43 ~ 48厘米，芦下2厘米处直径1.90 ~ 2.10厘米，外皮紧实，红褐色至暗褐色，有纵皱纹、皮孔及稀疏的细根痕，主根条长，粗细均匀（图7-11）。经田间调查褐斑病病叶率为18% ~ 21%，病情指数为4.5 ~ 5.0，抗病性优于对照。在甘肃、内蒙古等地推广2万余亩。

2. 人参　人参新品种新开河1号人参皂苷含量高、中抗黑斑病、参形优美、参根粗长、边条参率高、生长速度快、高产，仅种苗繁育示范基地就有5 000余亩。6年参产量比对照增产17.5%～18.3%。

图7-11 国甘1号

3.丹参 新品种达20个，其中中丹1号在产量上高于大田品种30%以上，品质上显著优于大田种。采用选择育种法选育的丹参新品种丹优2号是产量、含量全优类型，适用于推广应用。鲁丹参1号、鲁丹参2号是常规选育育成的高产优质丹参品种，鲁丹参3号是通过航天搭载诱变和地面定向筛选培育出的新品种，耐寒、抗旱、丰产性能好，鲜根产量每亩最高达3 530千克，增产潜力大，2010—2011年累计推广4 500余亩，增加效益1 350余万元。

丹参新品种冀丹1号、冀丹2号、冀丹3号、丹杂1号、丹杂2号、冀丹1号、丹杂2号药用成分含量高；冀丹2号、冀丹3号、丹杂1号高产优质；冀丹1号、冀丹2号、冀丹3号高抗根腐病，丰产性、抗病性突出；冀丹1号药材质量明显提高，可作为特殊种质材料推广。丹参新品种2010—2017年在山东、陕西、河南、甘肃等省份及河北省的涉县、灵寿、安国、承德等地进行了示范与推广，累计推广丹参新品种达23万亩，近3年新增利润49 500万元。

4.三七 据统计三七新品种目前达11个，2003年培育出的文七一号是第一张、也是唯一由农业主管部门颁发的三七种子牌照，是真正意义上的种子。2015年培育出苗乡三七一号（绿茎）和滇七一号（紫茎）两个三七品种并获得认定。而苗乡抗七1号是首个采用DNA标记辅助育种结合系统选育技术选育的三七抗病新品种，与常规栽培种相比，抗病品种种苗根腐病及锈腐病的发病率分别下降83.6%、71.8%；二年生及三年生三七根腐病的发病率分别下降43.6%、62.9%。

5.麦冬 麦冬新品种有川麦冬1号、川麦冬2号和浙麦冬1号，其中川麦冬1号在四川已经得到了广泛推广，累计推广面积达20余万亩，取得效益3亿元以上。浙麦冬1号打破了浙麦冬在浙江地区无新品种的局面，主要特点为优质、增产。平均亩产达167千克，增产15%以上。

6.贝母 浙贝3号与传统品种相比，其药用指标成分高，同时具有生长整齐稳定、繁殖力提高、抗病虫害能力强、枯苗迟、品质优等特征。平均亩产（鲜）1 200～1 300千克，比浙贝1号增产27%～30%，为农户增产增收奠定了种源基础。目前已经累计推广近万亩，取得效益2 000万元，浙江电视台为此做了专栏报道。

7.元胡 元胡新品种浙胡2号，单产能增加12%～13%，收获季节提早3～6天，为后作水稻种植提供相对充足的时间，是水旱轮作的优选品种，目前在浙江省及陕西省累计推广15万亩以上。

8.葛根 葛根新品种赣葛2号性状稳定，抗逆性强，适应性广，丰产性好，品种优良，淀粉含量达70%～73%，葛根异黄酮含量高达19～21克/千克，较目前生产上主栽品种分别提高25.8%、64.1%，累积推广3.5万亩，累计新增经济效益2 850万元以上。

9.红花 红花新品种豫红花1号叶片矩圆形，叶片及苞叶无刺，盛花为橘红色，终花为红色，花期集中，茎秆硬，籽实饱满，圆锥形，有光泽，千粒重41 ~ 43克，种子含油量为35%~ 36%，花丝药材平均亩产20 ~ 23千克，籽实平均亩产220 ~ 230千克。在河南省累计推广14万亩，收益达6 900万元。

10.金银花 金银花新品种密银花1号群体生长茂盛，株型呈伞状，整齐一致，骨干枝长势平衡，节间短，叶片下垂，花蕾硕大，花期集中，集中簇生便于采摘，综合农艺性状良好，无明显病虫害症状，产量稳定，有效成分含量高，抗逆性强，直立性好，具有抗旱、耐寒、耐瘠薄、耐盐碱等优点，适应性广。2018年干花产量90 ~ 120千克/亩，推广2万亩，收益2 400万元。

11.栝楼 有皖蒌4号、皖蒌7号、皖蒌8号、皖蒌9号、皖蒌17号、皖蒌20号等，皖蒌系列栝楼的新品种选育显著提升了单产水平，主要体现在品种的一致性、抗性、产量提高和品质提升等综合作用，实现了栝楼的良种化和品种不断更新换代，品种对提高单产的贡献率达30%以上。其中皖蒌9号是目前全国籽用栝楼主栽品种，突出特点为籽大、质优、商品性极佳。推广80万亩，产值达210 000万元。

12.薏苡 薏苡全国总面积约100万亩，其中贵州60多万亩。应用范围大的品种是黔薏苡1号，生育期约160天。株型直立，平均株高210厘米，抗倒伏性强，叶鞘为绿色。茎节12 ~ 13节，平均分蘖3.4个。穗型紧凑，果实集中于中上部，开花时柱头紫红色、花粉黄色。单株粒数140 ~ 150粒，穗粒数105 ~ 110粒。籽粒灰白色，卵圆形，甲壳质，百粒重10.1 ~ 10.3克。自2016年以来应用面积36万亩。该品种是从兴仁小白壳农家品种经多代单株选择，采用系谱法选育而成，较原品种单产水平提高5%~ 10%，主要体现在其抗倒伏和优良的结果特性等综合作用，实现了薏苡种植规范。

第八章 中药材栽培的土肥水管理

土壤是中药材生产的基础。土壤为中药材的品质和产量形成提供合适的水、肥、气、热及支撑固定作用。因此，做好中药材栽培过程中的土肥水管理工作非常重要。生产优质中药材的土壤必须具有良好的物理、化学及生物学性状和完善的土壤及水分管理制度，才能满足其生长发育和品质形成的需要。

第一节　中药材栽培的土壤管理

一、中药材栽培与土壤

土壤的性质可以大致分为物理性质、化学性质及生物性质三个方面，三类性质相互联系、相互影响，共同制约着土壤的水、肥、气、热等肥力因子状况，并综合地对作物产生影响。土壤质量即土壤的好坏程度。土壤质量是土壤肥力质量、土壤环境质量和土壤健康质量的综合体现，它在很大程度上决定了中药材的质量。土壤因养分缺乏或过剩、连作、次生盐渍化、酸化、沙化等会影响中药材的生长发育，成为中药材品质形成的主要障碍因子。土壤耕作不当、化肥和农药滥施及重金属过量沉积也会直接影响中药材的质量。

（一）土壤特性与中药材栽培

土壤特性是指土壤所具有的内在特性，包括物理、化学、生物等许多特性。土壤特性在一定程度上决定着土壤的肥力水平，进而影响中药材的生长发育和品质形成。

1. 土壤物理特性与中药材栽培　土壤的物理特性包括土壤母质、土层厚度、土壤颜色、土壤质地、土壤结构、土壤空隙、土壤容重及土壤的通气性、透水性、黏性、导热性、盐分含量等。良好的土壤物理特性表现为土层深厚、上松下实、耕作层疏松深厚、质地适中、有较多的团聚体。通气性及透水性不佳会造成药材烂根或缺氧死亡；土壤沙性过强则易导致植株倒伏；而盐分含量又决定了药材能否得到足够的水分，过高的盐含量会造成植株缺水影响生长。不同类型的药材对土壤物理性质的要求不同，具体的土壤栽培条件由不同药材特性决定。一般阴生类药材需要土壤具有良好的通气和透水性，对土壤水分含量要求较高；喜光类药材则对土壤的黏性和地温有所要求；根茎类药材一般要求土壤土质疏松，容易耕作，且具有良好的透水性。

2.土壤化学特性与中药材栽培 土壤有机质、酸碱度、养分状况等化学特性影响着中药材的生长。土壤有机质是土壤肥力的物质基础，其含量高低是评价土壤肥力的重要标志。有机质中含有氮、磷、钾、碳、硫等多种营养元素，随着有机质的分解而不断释放出来，供中药材生长利用。土壤有机质不单是作物养分的重要来源，同时还改善土壤理化性质，并能促进团粒结构的形成，使土壤结构性能良好，土壤不板结，有利于耕作，协调土壤水和空气。有机质多的土壤，保水保肥能力较强；反之土壤结构性能差，易板结，不利于耕作，保水保肥能力差。

土壤酸碱度影响土壤有机质的分解和矿质元素的利用，通过影响中药材的根系发育，从而间接影响中药材的生长发育。一般来说，适宜中药材生长的土壤不宜过酸也不宜过碱。如三七的最适pH为5.5 ～ 6.5，而板蓝根的最适pH为6.5 ～ 7.5。

植物生长发育所必需的元素有17种：碳、氢、氧、氮、磷、钾、钙、镁、硫、硼、铁、锰、铜、锌、钼、氯和镍。碳、氢和氧主要来自大气和水，其余元素则主要来自土壤。碳、氢、氧、氮、磷、钾称为大量养分元素，钙、镁、硫称为中量养分元素。硼、锰、铜、锌、铁、钼、氯、镍称为微量养分元素。在中等产量、一般施肥水平的条件下，植物吸收的养分中有30%～ 60%的氮、50%～ 70%的磷、40%～ 69%的钾来自土壤。土壤养分平衡是药用植物正常生长发育的重要条件之一。氮素对药材的生长非常重要，若氮素缺乏，就会导致植株生长缓慢、矮小、叶色变黄等不良影响；适量的磷元素可以提高药材的抗旱、抗涝能力；适量的钾元素能促进叶绿素的合成，提高光合作用效率，增强植株的抗逆性，进而改善药材品质等。

微量元素对植物体生长发育的作用有很强的专一性，一旦缺乏，植物便不能正常生长。微量元素缺乏在我国比较常见，一方面是由于土壤中微量元素的有效性受许多因素的限制而普遍较低，另一方面是由于产量的不断提高、药材的输出而导致更大的亏缺。我国北方有大面积土壤缺锰、锌、铁；东部大面积土壤缺硼；南、北均有相当部分的土壤缺钼；盐渍化土壤和南方酸性土壤分别有硼、铁过剩引起的毒害问题。在中药材生产中，土壤中各种有效养分的量并不完全符合药用植物的要求，往往需要通过合理施肥来维持土壤养分平衡。

3.土壤生物特性与中药材栽培 土壤中存在各种微生物、原生动物、小型动物以及微生物与植物的共生体。土壤生物活性约80%应归因于土壤微生物，它在土壤有机质的分解、腐殖质的形成、养分的转化中均发挥着重要的作用。如细菌、真菌、放线菌等，它们影响着土壤中脲酶、过氧化氢酶、蔗糖酶等酶的活性和土壤的透气性，进而影响了中药材对营养成分的吸收。如起固氮作用的根瘤菌、起分解作用的钾细菌和磷细菌，以及起抗病作用的放线菌都可以促进中药材的生长，提高产量、质量。当然也有部分不利于药材生长的生物存在，不利的生物会导致植株的病变甚至死亡，如蛴螬、小地老虎、金针虫、单胞菌等。

（二）土壤质量与中药材栽培的关系

土壤质量即土壤的好坏程度，是土壤特性的综合反映。土壤质量主要包括土壤肥力质量、土壤环境质量和土壤健康质量三方面。由于种植制度的变化，不合理的使用化肥、农药，工业污染等原因，我国一些地区的土壤质量退化问题日益突出。土壤质量低下的严重后果之一就是造成了中药材生产能力低且不稳，生产成本高，经济效益低，缺乏市场竞争力，最直接的后果是影响中药材的质量安全和人民的身体健康。因此，提高土壤质量是中药材优质高产的保障。

（三）中药材对种植土壤的要求

不同种类的中药材对土壤的要求不同，但普遍要求土壤质量要好。一般良好的土壤质量特征为上虚下实，即耕作层疏松，深度一般在30厘米左右，质地较轻，心土层较紧实，质地较黏，土壤大小孔隙比例为1 ：（2 ～ 4），土壤容重1.10 ～ 1.25克/厘米^3，同期孔度一般在10%以上，既有利于通气、透水、增温、促进养分分解，又有利于保水、保肥，上、下土层密切配合，使整个土体具有适宜的土体结构。

重金属是具有潜在危害的重要土壤污染物之一。有关中药材生产中土壤重金属含量的限制在《中药材生产质量管理规范》中有明确规定：中药材产地的土壤环境应符合国家土壤环境质量标准（GB 15618）。

（四）提高我国中药材产区土壤质量的措施

目前改善土壤质量的主要措施有：

1.增施有机肥，提高土壤肥力　我国耕地有机质含量普遍偏低，必须不断添加有机物质才能使土壤有机质，特别是活性有机质部分保持在适当水平，这样既能保持土壤良好的性能，又能不断供给药用植物所需要的养分。常用的措施有秸秆覆盖、种植绿肥和增施农家肥等。要因地制宜地选用合适的有机肥源，既要考虑中药材产地的生态平衡，又要注重经济效益。

2.科学施肥，提高肥料利用率　测土配方施肥和追肥深施技术是科学施肥的重要内容。测土配方施肥主要是对药用植物所需的各类元素进行合理调控与配比，通过实行测土、配方、配肥、供肥、技术指导等施肥措施，不仅会提升肥料的作用效果，还可以减少肥料的浪费，降低种植成本，增加利润。同时该项技术能够改善土壤结构，确保生态环境的稳定。在追肥施用上全面推广化肥深施技术，杜绝浅施、表施现象，减少肥料损失，提高肥料利用率。

3.合理耕作改土　深耕改土可提高活土层厚度，从而改善土壤物理性质，扩大根系吸收范围，提高养分供应量。可在黏性较高的土壤中掺沙来改良土壤通透性；对于沙性土壤则可掺入河泥；而对于盐碱地可以进行适量灌溉和种植绿肥作物。

4.轮作倒茬，用地、养地结合　可根据中药材产地实际情况，推行轮作倒茬与休耕培肥。倡导药绿轮作、药豆轮作、药油轮作、药饲轮作，实行用地与养地相结合。其中绿肥品种以肥饲兼用、肥菜结合的经济绿肥（如蚕豆、豌豆、苜蓿）为主，或以培肥地力的紫云英、苕子为主。对绿肥种子缺乏的地区，冬季可种植肥田为主的油菜（不收油菜籽），压青耕翻入田。

5.减少化肥、农药等农用化学品的使用 由于大多数的药农在使用农药与化肥时，只一味追求中药材的产量，普遍存在滥施化肥、滥用农药等现象，导致中药材品质下降。同时过量施用化肥、农药会影响中药材产地生态环境。

二、土壤耕作技术

（一）土壤类型与利用

根据土壤的形成过程，通常把土壤分为自然土壤和农业土壤（或耕作土壤）。经过人类开垦、耕种以后，原有性质发生了变化的土壤称为农业土壤。这里我们主要介绍几种农业土壤。

1.南方红黄壤 红黄壤分布于我国热带、亚热带地区。其特点是质地黏重而耕性差，酸性强，容易发生磷的固定，降低磷肥的效用。黏性大的土壤，不利于根部生长，根部入药品种不种为好，以种植全草、花类、叶片、果实入药的品种为好，如蒲公英、红花、金银花、藿香、巨麦、地丁等。

2.黄土性土壤 这是黄土高原和华北地区的主要土壤类型。主要特点是土层深厚、疏松，质地细匀，透水性强，微碱性，但土壤结构性差，有机质含量低，养分贫瘠，易发生水土流失。适合栽种像射干、苦参这种适应能力强，对环境要求不高的药材。

3.干旱区土壤 干旱区土壤的主要问题是缺水和土壤盐碱化，盐碱土是我国的主要耕地土壤。该土壤不宜栽种像芍药、防风、牛膝这类对土壤酸碱度较敏感的药材，可以栽种像甘草、北沙参等耐盐碱的药材。

4.东北森林草原土壤 黑土和黑钙土是东北地区的主要土壤类型。它的特点是土层深厚，有机质含量高，颜色油黑，疏松而富有团粒结构，极为肥沃。绝大部分的中药都适合在这种土壤里种植，如人参、黄芪、桔梗、远志等。

5.水稻土 是人类通过一系列农田建设、土壤熟化措施和长期栽培水稻所形成的一种土壤。这类土壤适合种植鱼腥草、荷叶等。

（二）土壤生产力培育

土壤生产力是指在特定的耕作管理制度下，土壤生产特定的某种（或一系列）植物的能力。提升土壤生产力的途径如下。

1.加强农田基本建设 农田基本建设在丘陵地区主要是搞好水土保持的各项工程措施，实现坡地梯田化、水利化和绿化等；在平川地区主要是平整土地、合理灌排、渠系配套，实现大地园田化。

2.注意灌排，保证作物丰产 在进行农田基本建设的同时，要因地制宜发展灌排工程的建设和配套，做到能灌能排，抗旱防涝，这是保证作物适时适量得到水肥的基本条件。大多数药材都怕涝洼积水，所以一定要保持良好的排水性。

3.精耕细作，熟化土壤 通过耕作疏松土壤，加深耕层，深埋肥料和残茬，消灭杂草，定向培肥土壤，为作物发育创造良好的土壤条件。深耕整地，施足底肥是高产的关键所在。

4.增施肥料，培养地力 施肥，特别是以有机肥料为主，有机、无机肥料相结合的施肥，是人工培肥土壤的最有力措施，也是解决作物需肥与土壤供肥矛盾的重要措施。肥沃的土壤有利于药材的生长，药材品质也会更好。

5.合理轮作、套种，用、养结合 合理轮作、套种是充分用地与积极养地相结合的重要方法。如山药连作病虫害严重，可以与禾本科、豆科或蔬菜轮作来防治；柴胡玉米间作套种模式，可实现双丰收，极好地利用土地。

6.化学改良土壤，消除酸碱危害 中药材种类和品种不同，要求土壤的酸碱度也不同。如黄芪、白术和三七最适宜的土壤pH分别为6.5 ～ 8、5.5 ～ 6和6 ～ 7。

（三）土壤耕作方法

土壤耕作方法也称土壤耕作制度，土壤耕作方法分为精细耕作法、少耕法、免耕法、保水耕作法和联合耕作法。

1.精细耕作法 指作物在生产过程中由机械耕翻、耙压和中耕等组成的土壤耕作体系。虽然该方法有利于改善土壤的透气性，利于消灭杂草，但也容易加速土壤有机质含量降低，使土层变浅。珊瑚菜（北沙参）是深根作物，需要深翻土壤40厘米左右，这就要再施足够的农家肥，保证土壤的肥力。

2.少耕法 它的实质在于只深松土壤，不进行翻耕，这样土壤就不易被雨水冲走，也可抵抗风蚀。保持土壤间适当的孔隙度，减缓土壤内有机质的分解速度，促使土壤团粒结构的形成，有良好的蓄水保肥性能。像王不留行这种对土层深浅要求不严的药材，种植前只深松土壤就可。

3.免耕法 是指免除土壤耕作，利用免耕播种机在作物残茬地直接进行播种，目的是为了抵御沙尘暴和防止水土流失。每隔数年，进行1次土壤的耕翻作业，可减少草荒和病虫害的侵害。大面积种植薏苡仁可以用播种机进行机械化播种。

4.保水耕作法 是对土壤表层进行疏松、浅耕，防止或减少土壤水分蒸发的一类保护性耕作方法。此方法可用于药材育苗，如紫苏的条播，只需开浅沟，播后覆盖薄土并稍压实。

5.联合耕作法 是指作业机在同一种工作状态下或通过更换某种工作部件一次完成深松、施肥、灭茬、覆盖、起垄、播种、施药等作业的耕作方法。可以提高作业机械的工作效率，并减少机组进地次数，目前受到广大农业种植户的普遍欢迎，适用于大部分药材的种植。

三、土壤障碍和恢复

（一）土壤障碍对中药材栽培的影响

随着国内中药材栽培面积的逐年扩大，受设施生产的产业化、专业化、规模化等因素影响，中药材栽培产区不断出现土壤连作障碍、次生盐渍化、酸化、沙化、养分失衡等土壤障碍问题，致使中药材生产遭受产量、品质下降等问题。土壤障碍严重制约了中药材栽培的绿色、可持续发展。因此，了解中药材栽培土壤障碍的问题，并探索其相关的土壤改良、修复治理技术成了当今中药材栽培领域的重要内容。

（二）土壤连作障碍及治理

连作障碍在中药材栽培中普遍存在，是我们必须面临的严峻问题。在长期连续种植中药材后，其根系分泌的有毒物质在土壤中大量积累，会对中药材的光合作用、呼吸作用及活性氧代谢产生不同程度的影响。根系分泌物还会影响土壤微生物群落，消耗大量有益细菌，增加致病菌。随着时间的推移，绝大多数根茎类药用植物如太子参、地黄、当归、人参、三七、黄芪等面临的连作障碍问题变得更加突出。

缓解连作障碍的方式有很多种，如轮作和间套作、选用抗病品种、土壤消毒和生物防治等，其中轮作是一种有利于土壤健康的可持续方法，被认为是克服连作障碍经济、有效的途径。如水旱轮作使土壤理化性状、矿质元素、肥料有效性等在不同土壤环境中变化，能够有效地促进作物的生长和保持土壤肥力，减少土壤中的有害物质，改善土壤连作障碍，实现作物的优质高产。

（三）土壤次生盐渍化障碍及治理

土壤次生盐渍化与设施栽培环境封闭，土壤蒸发、作物蒸腾量大，栽培管理上高集约化、高复种指数、高施肥量密切相关。一些在设施条件下栽培的浅根性中药材，对土壤表层营养元素吸收具有选择性，长时间栽种药材不仅会使根际周围的矿质元素匮乏或比例失衡，也会使有害离子大量积聚，导致土壤次生盐渍化，进而影响药材的产量和品质。因此，改良和利用盐渍土壤至关重要。

目前，盐渍土壤的治理主要包括以下几种方式：①水利治理，常用的方法有引水洗盐、引洪淤灌和咸水灌溉等；②工程治理，利用埋设地下暗管、开挖明渠等工程措施，达到隔盐、抑盐、脱盐的目的；③生物治理，栽种抗盐性强的树木或牧草；④农业治理，最为行之有效的是采用轮作、施用腐殖酸类肥料、选育抗盐耐盐作物品种等。

（四）土壤酸化及治理

土壤酸化不仅使土壤进一步贫瘠化，造成土壤肥力的下降，为病原真菌滋长提供条件，更会引起某些重金属元素的淋出而毒害植物根系，对中药材生长和产量等产生一系列不良影响。在酸性土壤改良中，施用石灰是治理土壤酸化简单而实用的方法。施用石灰不仅能中和土壤酸性，而且能改善土壤微生物环境，促使土壤胶体凝聚，有利于土壤良好结构的形成。石灰的施用量应依土壤和中药材生长状况而定。还可通过调整施肥结构和品种，增施有机肥，使土壤pH保持相对稳定，防止土壤酸化。

（五）土壤沙化及治理

不同中药材对土壤沙化承受能力不同，甚至对于部分中药材来说，沙化的土壤仍然有利于其生长。这类中药材往往具有耐瘠薄、耐盐碱、耐低温、耐干旱、固风沙等生物学特性。如甘草、红花、罗布麻、苦豆根、大黄、锁阳、瑞香狼毒、伊贝母、新疆紫草和黄芩等。但对于部分喜阴、不耐旱的中药材，土壤沙化会加快水分及肥料的流失，影响植株光合作用，进而影响中药材品质。对此类药材，可采用套种模式。如蛇床子套种玉米的立体种植模式，既不影响玉米正常生长，又能实现蛇床子高产高效的目的。

四、土壤污染与防治

土壤污染主要是指人类在活动过程中所产生的污染物通过各种途径进入到土壤而对土壤造成严重的污染。受到污染的土壤的理化性质会发生改变，致使土壤质量出现明显下降，从而降低土壤生产力，使中药材的产量和品质降低。土壤污染的防治对中药材种植与生产意义重大。

（一）化肥污染与治理

化肥施用不当也会对土壤产生污染，不科学的施用化肥导致肥料利用率低、浪费严重，同时造成严重的土壤污染，导致土壤重金属与有毒元素的增加、土壤的营养失调、土壤结构遭到破坏、土壤酸化以及土壤微生物活性降低。因此，科学合理搭配有机与无机肥、施用化肥增效剂、改进施肥方法，如将表面撒施改为开沟深施或集中施用，改一次施肥为少量多次，能在提高肥料利用率的同时，减少对土壤的污染。

（二）农药污染与治理

农药能通过各种途径来污染土壤。农药在施用过程中很大一部分都会散落到土壤中并被土壤所吸附，叶片上的农药经雨水淋洗也将落入土中，留在农作物上的农药随着农作物的腐烂也可进入土壤中。高毒、高残留的农药会毒害土壤中的微生物、原生动物以及其他生物等，农药污染对土壤动物的新陈代谢以及卵的数量和孵化能力均有影响。科学合理施用农药、安全用药，开发选择性强、效益高、成本低、对人畜无害、不污染环境、能自然降解的超高效、易降解的生物农药对中药材种植意义重大。

（三）重金属污染与治理

重金属污染是土壤污染的主要类型，也是影响中药材品质的重要因素之一，该类型的污染机理为重金属超标后长期存在于土壤中，通过植物的吸收进入到人体内，威胁人类身体健康。

中药材种植应尽可能选择没有重金属污染的土壤。微生物对重金属有很强的亲和性，尤其是细菌产生的特殊酶能够还原重金属，且能富集有毒的重金属到细胞内，增加有机肥的使用量可以产生大量的微生物。可采用种植非食用植物或抗污染且能富集重金属的植物的方法去除土壤中的重金属，收获植物时连根拔起，以达到去除重金属的目的。在生产中，通常使用植物修复法，采用套种或轮作的方法，有针对性地种植超富集植物，以减少土壤重金属的含量。该方法成本低，可操作性强，不会带来二次污染，具有显著的生态、经济和社会效益，具有广阔的应用前景。

（四）地膜污染与治理

一些中药材在种植过程中会用到地膜，农用地膜的残留会影响土壤物理性状，降低土壤肥力、影响肥效，影响中药材生长并使其产量下降。此外，地膜生产过程中添加的增塑剂对植物性中药材影响很大，会导致其生长缓慢，严重时会导致其枯死。适期揭膜、回收残膜、开发生产农膜专用料和耐老化助剂以及无污染可降解的生物地膜能缓解地膜对中药材种植地土壤环境的危害。

第二节　中药材栽培的肥料管理

一、肥料种类

根据中药材栽培用肥来源可将肥料分为有机肥料和无机肥料两大类。

1.有机肥料　指来源于植物、动物和人类粪尿，施于土壤以提供药材生长所需养分和改善土壤理化性状、药材性状为主要功效的有机物料。

根据药农生产实践经验，可将药材栽培常用的有机肥进行如下分类：

（1）堆沤肥：利用作物秸秆、杂草、落叶、养殖/厨余垃圾及其他有机废物为主要原料，再配以一定量的粪尿、养殖/生活污水和少量泥土堆制，经微生物发酵分解而形成的一类有机肥料。

（2）厩肥：也叫圈肥，是利用家畜圈内的粪尿和所垫入的杂草、落叶、泥土、草炭等物质，经过沤制而成的肥料。

（3）沼气肥：在密封的沼气池中，有机物在厌氧条件下经微生物发酵制取沼气后的副产物，主要由沼液、沼渣两部分组成。

（4）秸秆肥：以麦秸、稻草、玉米秸、豆秸、油菜秸等直接还田的肥料。

（5）泥肥：以未经污染的河泥、塘泥、沟泥、港泥、湖泥等经厌氧微生物分解而成的肥料。

（6）饼肥：以各种含油分较多的种子经压榨去油后的残渣制成的肥料，如菜籽饼、棉籽饼、豆饼、花生饼和芝麻饼等。

（7）绿肥：常用的绿肥植物主要有紫穗槐、毛苕子、三叶草、草木犀、田菁、沙打旺、绿豆等，利用翻压、沟压等方式积制而成。

（8）人畜粪尿：是人畜粪便和尿的混合物，富含有机质和各种营养素，常用的积存方法是和泥土、杂草等制成堆肥。

（9）草木灰：是作物秸秆和柴草等植物体燃烧后的残渣，其中含的钾大部分是水溶性的，能被植物直接吸收利用。

2.无机肥料 即化学肥料，是以化学方法为主生产的，或天然含有养分的无机物料，施于土壤以提供植物养分为其主要功效的物料，具有易溶于水、肥效快和肥效高的特点，多作追肥使用，但长期施用易使土壤板结。根据植物生长对养分需求量的多少可以将无机肥料分为以下三类：

（1）大量营养元素肥料：氮、磷、钾被称为大量元素，属于矿质元素，又被称为植物营养三元素或肥料三元素。氮肥是具有氮（N）标明量的肥料，分为三类：第一类为铵态氮肥，如氨水、碳酸氢铵、硫酸铵；第二类为硝态氮肥，如硝酸钠、硝酸钙、硝酸铵；第三类为酰胺态氮肥，如尿素。磷肥是具有磷（P）标明量的肥料，分为三类：第一类为水溶性磷肥，如过磷酸钙、重过磷酸钙；第二类为弱酸溶性磷肥，如钙镁磷肥、沉淀磷肥；第三类为难溶性磷肥，如磷矿粉、骨粉。钾肥是具有钾（K）标明量的肥料，包括硫酸钾和氯化钾两种。

（2）中量营养元素肥料：钙、镁、硫属于中量营养元素，这些元素在土壤中贮存较多，一般情况下可满足作物的需求，但随着氮、磷、钾浓度高而不含中量元素化肥的施用，以及有机肥用量的减少，一些土壤表现出缺乏中量元素，因此要有针对性的施用和补充中量元素肥料。

钙肥是具有钙（Ca）标明量的肥料，可分为三类：第一类为石灰类，如生石灰、熟石灰、碳酸石灰；第二类为石膏类，如生石膏、熟石膏、磷石膏；第三类为其他含钙类肥料，如硝酸钙、氯化钙、磷酸钙、磷矿粉、沉淀磷酸钙、钙镁磷肥、钢渣磷肥等。镁肥是具有镁（Mg）标明量的肥料，按其溶解性大致可分为三类：第一类为水溶性固体镁肥，如硫镁矾、泻盐、无水硫酸镁、硫酸钾镁、钾盐镁矾等；第二类为微溶性固体镁肥，如菱镁矿、方镁石、水镁石、白云石、磷酸铵镁、蛇纹石等；第三类为液态镁肥，如不同浓度的水溶液泻盐和硝酸镁。硫肥是具有硫（S）标明量的肥料，主要的硫肥种类有硫黄（即元素硫）和液态二氧化硫，其他种类有石膏、硫铵、硫酸钾、过硫酸钙、硫化铵和硫黄包膜尿素等。

（3）微量营养元素肥料：铁、锌、铜、硼、钼、氯、镍是植物生长所必需的微量元素。铁肥主要有硫酸亚铁、硫酸亚铁铵，常用的铁肥是硫酸亚铁。锌肥主要有硫酸锌、氯化锌和氧化锌，常用的是硫酸锌。铜肥主要有硫酸铜和含铜矿渣，常用的是硫酸铜。硼肥主要有硼砂、硼酸、硼泥、硼镁肥、含硼过磷酸钙。钼肥主要有钼酸铵、钼酸钠和钼渣。

二、养分的作用与吸收特性

营养元素在中药材的生长发育中必不可少。中药材从环境中吸收的营养元素，一部分作为自身的结构物质，一部分参与酶促反应、能量代谢和各种生理调节作用。药材生长发育所必需的营养元素称必需营养元素，它是完成植物生活周期所不可缺少的，若中药材缺少必需元素中的任何一种，植株就可能生长不正常，甚至不能完成其生命周期。同时，这些营养元素又不能过多施用，否则会影响中药材植株的生长发育。

1. 主要矿质元素的作用

（1）氮：蛋白质和核酸的主要构成元素，是中药材进行光合作用的叶绿素的组成部分，是中药材植株许多酶的组成部分。

（2）磷：核酸的主要组成部分，也是酶的主要成分之一，能提高细胞的黏度，促进根系发育，加强对土壤中水分的利用，提高植株的抗旱性。

（3）钾：中药材吸收钾的量比较大，有些药材甚至超过氮。钾能促进光合作用，提高叶绿素含量，增强药材的抗旱、抗寒和抗病性能，促进碳水化合物的代谢和运转，有利于蛋白质的合成。

（4）镁：叶绿素的构成元素，也是药材植株体内多种酶的活化剂，中药材得到充足的镁供应后，酶的活性会增强，植株体内新陈代谢旺盛，碳水化合物、蛋白质、脂肪的合成得以加强，药材植株才能根深叶茂。

（5）硫：中药材植株所必需的营养元素，而且是需要量比较多的营养元素，禾谷类对硫的需要量比磷要多一些，而十字花科需硫量比磷少一些。

（6）铁：有利于叶绿素的形成，能促进氮素的代谢，增强中药材植株抗病力和增产。

（7）钼：促进氮素代谢，促进生物固氮，增强光合作用，促进碳水化合物的转移。

2. 有机肥的作用

（1）有机肥料含中药材生长所需养分，是中药材养分的补给源，作物所必需的17种营养元素，有机肥中都有。其中尤以磷、钾元素和微量元素为多。有机肥料富含有机碳，在土壤中分解产生二氧化碳，可作为中药材光合作用的原料，有利于中药材产量提高。

（2）土壤有机质是土壤肥力的重要指标，由土壤中未分解的、半分解的有机物残体和腐殖质组成，是形成良好土壤环境的物质基础。有机肥料在微生物作用下，分解转化成简单的化合物，同时经过生物化学的作用，合成大分子高聚有机化合物，即腐殖质。腐殖质具有增加土壤胶结能力和团聚力的作用，能促进团粒结构形成，加上有机肥料的比重一般比土壤小，施入土壤的有机肥料能降低土壤的容重，改善土壤通气状况，减少土壤栽插阻力，使耕性变好。

（3）有机肥料具有良好的保水性，土壤矿物颗粒的吸水量最高为50%～60%，腐殖质的吸水量为400%～600%，施用有机肥料，可增加土壤持水量，一般可提高10倍左右。有机肥能使中药材根部不至于水分过多或过少。保水能力强，又增加保热能力，调温性好。

（4）有机肥料是微生物取得能量和养分的主要来源，施用有机肥料，有利于土壤微生物活动，促进中药材生长发育。微生物在活动中或死亡后所排出的物质，不只是氮、磷、钾等无机养分，还有谷氨酰胺、脯氨酸等多种氨基酸，多种维生素以及细胞分裂素、植物生长素、赤霉素等植物激素。

（5）有机肥在分解过程中产生的腐殖酸与土壤中各种阳离子生成腐殖酸盐，而腐殖酸与腐殖酸盐形成一种缓冲溶液，能调节根际pH，对酸碱有缓冲作用，从而为中药材的正常生长发育创造了良好的环境条件。有机肥料能提高土壤阳离子交换量，提高根际环境的缓冲能力，增加对有害离子的吸附，土壤中有毒物质对中药材的毒害可大大减轻或消失。

（6）生产化肥要消耗大量能量，增施有机肥替代部分化肥，能减少能源消耗。如果大量有机肥弃之不用，其臭气散发可污染空气，淋入湖塘可使水体富营养化，造成面源污染。反之施入农田，则可减轻环境污染，还可提高土壤肥力。

3.养分吸收特性

（1）吸收养分的选择性：一般情况下，根及根茎类药用植物需钾多些，果实、种子类药用植物需磷多些，叶或全草类药用植物需氮多些。在药材生产过程中，需根据不同药用植物的需肥特点，来补充相应种类与数量的肥料，才能达到高产优质的目的。

（2）吸收养分的阶段性：药用植物在其整个生长发育周期中需经过不同的生长发育阶段，而每个生长发育阶段均有不同的营养特点，表现出对养分的种类、数量和吸收比例的阶段性。虽然有阶段性，但总的趋势是：幼苗期吸收量较少，强度也小；在生长旺盛时，尤其在营养生长和生殖生长共存时，吸收养分的数量、强度都明显增加；而接近成熟时吸收量也逐渐减少。

（3）养分的奢侈吸收：当土壤中某种营养成分的含量大大超过了作物实际需要时，作物可大量吸收该种养分，其吸收量能超出它最佳生长所需的养分量，这就是奢侈吸收。有些元素的奢侈吸收会造成对植株的毒害，因此在施肥中应避免一次施肥量过大。而有些微量元素的施用，如锌、铜、钼、硼等也不可年年施用，因其在土壤中的积累会对药用植物产生毒害。

三、中药材产量和品质与肥料的关系

药材的种类繁多，每一种药材不同的品种之间又有一定的差异，这些因素使得中药材施肥变得十分复杂。施肥对药材品质的影响不一致，施肥有时候会提高栽培药材产量和质量，而施肥不当则会降低栽培药材的产量和质量。

1.施用大量元素对中药材产量的影响　大量元素适当的肥料配比可以增加药材的产量，不适当的肥料配比则会减少药材产量。如在西洋参的种植中，施用草木灰、过磷酸钙、复合肥、硫黄粉等肥料时，只有硫黄粉对西洋参的产量、抗病虫害等影响较大。增施钾肥可以使莱阳沙参根产量提高，而盲目多施氮肥则造成产量下降。磷、钾肥一半作底肥，一半作追肥，白芷的早期抽薹率低、产量高。有机和无机肥配合施用，郁金块根的产量有明显提高。不同的药材对氮、磷、钾的需求量不一致。如浙贝对氮肥需要量最大，对钾肥需要量次之，对磷肥需要量最少。丹参对氮元素营养最敏感，其次是磷元素，最后是钾元素。

不同药用植物对不同形态氮的利用不同。以硝态氮或硝态氮加少量铵态氮为氮源培植毛花洋地黄均能使植株生长旺盛，叶片增多，产量提高。但是当单用铵态氮为氮源时，毛花洋地黄的根受其毒害而发黑，最后死亡。而西洋参恰恰相反，用硝态氮为氮源时，外观与缺氮处理十分相似；以铵态氮为氮源的西洋参植株叶片浓绿，生长茁壮。

2.施用大量元素对中药材有效成分的影响　氮、磷、钾的合理施用不但能提高药材的产量，而且能显著提高药材的药效成分。但当施肥量过高时药材的产量和质量都会急剧下降。近年来由于野生药用植物资源的加速衰竭，人们对药用植物的研究不但注重对药效成分含量的提高，而且高产优质将成为今后药用植物栽培的重点。氮、磷、钾缺乏时，嘉兰植株叶片硝酸还原酶以及秋水仙碱含量都很低，且影响顺序为：氮＞钾＞磷。在颠茄属、曼陀罗属中，植物生长的土壤氮素含量高，植物体内的生物碱含量相对较高。氮、磷肥的缺乏将造成人参皂苷含量不同程度的降低。氮、磷均能增加贝母生物碱含量，而钾肥却降低其含量。氮、磷、钾肥合理配合施用，在提高黄芩产量的同时，不会导致根部黄芩苷含量的降低。

3.施用微量元素对中药材产量及药效成分的影响　众所周知，道地药材的品质明显优于非道地药材的原因除受药材生长的地理环境和气候影响外，不同土壤的物理、化学性质以及所含的各种元素和pH对药材的生长发育及有效成分都有很大影响。其中土壤中的微量元素对药用植物的作用很大，它不仅影响植物的根系营养及生理代谢活动，促进植物的生长发育，而且还是药用植物药效成分的构成因子，从而影响植物化学成分的形成和积累，最终影响药效成分的含量及药效。

微量元素对不同药用植物的影响不同，如铜、锌、钼、钴等微量元素对人参愈伤组织生长和皂苷合成均有促进作用；铁元素对元胡药材有效成分含量的提高有一定作用，与锰、铜、锌元素相比，铁元素影响效果最大；栽培当归施用钼、锰、锌、硼微肥均有一定的增产效果，而以施钼作用最大；适量的硒能促进苦荞黄酮类化合物合成。微量元素含量高的龙胆，其药效成分龙胆苦苷的含量也高。附子品质与土壤中的锌含量具有极其密切的关系。硫酸锌-硫酸锰混合微肥施于白豆蔻上能提高挥发油的含量，外观明显变好。硫酸锌-硫酸锰能提高阳春砂仁的产量和质量，其挥发油、氨基酸含量也显著提高。施用硼和钼能促进圆叶千金藤发育，使其生物活性物质增加，块茎中所含有效成分轮环藤宁增加。施用钼、锰微肥能提高当归中挥发油、多糖、70%醇溶物和阿魏酸含量，提高药材质量。

4.施用有机肥对中药材产量与药效成分的影响　虎杖施用油菜秸和鸡粪既能增加产量，又能提高品质。施用牛粪是提高人工栽培丹参产量的主要途径。多年生的根茎类药用植物，如大黄、党参、玄参、牡丹等，施用充分腐熟的农家肥，并增施磷、钾肥，可以满足药材整个生育周期对养分的需要。但人粪尿用在人参和西洋参上容易导致须根发育受抑制，在黄芪上全部施有机肥不如施专用复合肥好。有机肥与无机肥的配比，既能使益母草增产又能提高有效成分含量。

四、中药材施肥原则与技术

（一）中药材栽培的施肥原则

中药材生长发育需要多种营养元素，氮、磷、钾元素需要量最大。中药材生长前期，应多施氮肥，但使用量要少，浓度要低；生长中期，氮肥的浓度和用量要适当增加；生长后期，多用磷、钾肥，促进果实早熟、种子饱满。不同种类中药材的需肥规律也不同。全草类药材施肥掌握的原则是“前期哄得起，中期稳得住，后期不早衰”。收获根茎类的药用植物，切忌后期施氮肥。以花和果为药用器官的中草药植物，要注重配施磷、钾肥；以根和鳞茎为药用器官的中草药植物，要特别注意钾肥的施用。对于各种中草药植物的施肥来说，化学氮肥的使用都要特别谨慎，过量施氮会导致药性降低或者徒长与烂根。氮、磷、钾的合理施用不但能提高药材的产量，而且能显著提高药材的药效成分，但当施肥量过高时药材的产量和质量急剧下降。合理施肥对促进药用植物生长发育，提高产量和品质起着重要作用。施肥应遵循如下原则：

1.总体施肥原则 根据《中药材生产质量管理范例》，施肥不应造成环境污染，并兼顾高产、高效益。

2.不同土壤质地的施肥原则 施肥的时间、种类、数量和方法与土壤质地有很大关系。沙土、黏重土、酸性土壤和碱性土壤对施肥的时机、肥料的种类和数量要求不同。

沙土通气好，有机质易分解，但是保水保肥力差，肥料容易流失；同时，沙土的黏粒少，所以对沙土施肥应以有机肥为主，而且不必十分腐熟，施肥时间不宜过早，施矿质肥应按“次多量少”的原则进行。

黏重土与沙土相反，该土壤一般黏性较大，通透性差，保水保肥能力强，易积水，潜在养分含量高，有机质分解慢、易积累、肥劲长，宜耕期短，植株生根难。遵循多用热性肥料，提倡早施、多量少次，氮肥少施，施磷肥和钾肥尽量靠近根系，施后松土原则。

酸性土壤是指土壤pH小于5.5的土壤，遵循有机肥配合化肥一块施用，避免施用生理酸性肥料，避免施用单一肥料，施用石灰和草木灰的原则。

碱性土壤指土壤pH大于7的土壤，即土壤溶液中的氢氧离子浓度大于氢离子浓度，实用上则指pH在7.3以上的土壤。一般包括石灰质土、盐土和碱土三类。碱性土壤可施石膏或硫黄并结合排水，磷肥改用磷酸二铵或过磷酸钙，施用一些腐殖酸肥料进行调节。

3.不同收获部位中药材的施肥原则

（1）根、根茎类：根和根茎类中药材多为1～2年生，部分为3～4年生，很多都是喜肥植株，需肥量大。应注意重施底肥，早施苗肥，促进幼苗生长，为后期获得高产量奠定基础。根茎类药材除需满足氮素营养供应外，增施磷、钾肥有显著增产和提高品质作用，应注意增施磷肥作底肥。

（2）果实、种子类：果实、种子类药材植株对磷比较敏感。磷对促进植物开花、结果、提高果实和种子的产量和品质效果显著。因此施用磷肥对于以种子为药用部位的药材极为重要。在前期，早施苗肥能促进植株营养生长；进入生殖生长期后，注意氮肥的适量施用，增加磷、钾肥用量；到了生长后期，植株开花前后，由于田间植株荫蔽度较大，可采用磷酸二氢钾根外施肥，补充磷、钾养分。

（3）花类：花类药材植株与果实、种子类植株相似，对磷比较敏感，应在苗期建立合理的营养个体基础上，后期适当控制氮素营养，增施磷、钾肥，促进花芽分化发育。

（4）全草类：全草类药材因为收获的部位多以茎、叶为主，所以需要氮肥较多，此类药材以施用氮肥为主。多数品种在生长季节有多次收获。应注意以速效氮肥为主，早施、勤施苗肥，分次采收后适时补施追肥，促进新的营养体形成。

4.不同肥料性质的施肥原则

（1）有机肥肥效长而平缓，多用作基肥，施用量大。

（2）速效氮肥肥效快，多用作追肥，施用量要适中，采用撒施、条施、穴施、浇灌等均可，且施用后要覆土。

（3）磷肥移动性差且容易被固定，所以一般要集中施用，并要靠近根层。磷矿粉只适于酸性土壤。

（4）微量元素肥料以叶面喷施为主，有时蘸根或浸种。

（5）一般是各种肥料配合施用。氮、磷、钾肥配合施用：有机肥与化学肥料配合施用，可以相互取长补短，随着有机肥的不断施用，土壤的基础肥力可以不断提高，化肥的用量也可以逐渐减少。

（6）基肥、种肥和追肥配合施用。持续地为植物整个生长发育期提供养分，并及时满足药材植株营养临界期和强度营养期对养分的迫切需求。

对于肥料的性质要注意以下方面：①肥效迟速；②后效性；③有机肥料腐熟程度；④养分含量；⑤肥料在混合时的相互作用等。

5.有机肥的施用原则

（1）根据有机肥料特性进行施肥：各类有机肥除直接还田的作物秸秆和绿肥外，一般需充分腐熟后方可施入土壤。堆沤肥、沼肥及厩肥都经过一定程度的腐解，一般作基肥使用，适用于各类土壤和各种作物。秸秆类肥料必须同时配施腐熟的畜禽粪肥或鲜嫩的豆科绿肥，促进秸秆腐熟。

（2）根据中药材品种及其生长规律进行培肥：不同种类的中药材对各种养分的需要量和比例是不同的。如根类药材需要更多的钾；豆科中药材通过固氮获取氮素，但需磷、钾、钙、钼等元素较多；以生物碱类有效成分为主的中药材则需适当施用氮肥。就同一中药材而言，不同生育时期对养分的吸收也不一样。因此在施肥上不能一律对待，必须根据作物对养分数量和比例的要求分别对待。在计算有机肥施用量时，可以中药材需氮量为基础进行计算，氮量足够，磷、钾就一般不会缺乏，而对于喜磷、钾的中药材，则可分别以骨粉、钙镁磷肥、草木灰等富磷、钾肥补充。施用有机肥同样要考虑中药材各阶段的营养特点，结合具体情况，采用固态有机肥作基肥，速效有机肥作种肥和追肥相结合的施肥方法，才能充分满足作物对养分的需求。另外，大多数中药材为多年生植物，除将有机肥作基肥施用外，还需在每年秋、冬季追施有机肥。

（3）根据土壤性质合理施肥：土壤特性对于中药材营养与施肥的关系非常密切，土壤的水分、温度、通气性、酸碱反应、供肥保肥能力以及微生物状况等都直接影响中药材对营养物质的吸收。北方进行有机种植时最好每年都要施入一定量的作物秸秆和绿肥，以激活和更新土壤库存的有机质。南方气温高，雨水多，土壤养分淋失较大，其氮、磷、钾均比较缺乏，有机质含量较低，进行有机耕作时要加大有机肥的投入。另外，有机耕作土壤培肥还需考虑土壤的保肥性能、土壤的酸碱反应。沙性土保肥性差，多施固态有机肥有利于提高保肥能力，施用液体有机肥时，应注意少量多次。在酸性强的土壤中，如南方的酸性红壤、黄壤地区，可以施石灰来中和土壤的酸度，改良酸性土，但施用时需注意不要和腐熟的有机肥混在一起，以免引起氨的挥发损失。而对碱性土壤，可用石膏来消除其碱性。

（二）中药材栽培的肥料施用技术

肥料的施用与施肥对象、施肥时间、施肥部位以及肥料自身的性质密切相关，根据施肥时间确定了基肥、种肥、追肥三种施肥方式，在这三种方式下又明确各种肥料的详细施用技术。

1.基肥 通常叫底肥，在植物播种或移植前施用，主要的作用是供给植物整个生长期所需养分，也可改良土壤、培肥地力。

（1）基肥的种类：基肥包括有机肥和无机肥两种，有机肥如农家肥、厩肥、绿肥和饼肥等，无机肥如氮、磷、钾肥和微肥。

（2）基肥的施用方法：①要考虑基肥的施用种类。有机肥最适合作底肥，无机肥对作物苗期和生长前期的生长发育不是很重要。②要考虑基肥的施用量。根据土壤肥力高低，适度补充土壤所缺养分。③要考虑基肥的肥料品种。④要考虑基肥的施用深度。通常来说，底肥应施到整个耕层之内，以15～20厘米的深度为宜。基肥可以在犁地时进行条施，或者与耕土混施，也可分层施用。

2.种肥 是指在药材播种或移栽时，将肥料施于种子/苗附近或与种子混播供给作物生长初期所需的养分。

种肥的施用方法有多种，如拌种、浸种、沟/条施、穴施或蘸根。

（1）拌种：是用少量的清水，将肥料溶解或稀释，喷洒在种子表面，边喷边拌，使肥料溶液均匀地沾在种子表面，阴干后播种的一种方法。

（2）浸种：是把肥料溶解或稀释成一定浓度的溶液，按液种1∶10的比例，把种子放入溶液中浸泡12～24小时，使肥料溶液随水渗入种皮，阴干后随即播种。

（3）沟施：在药材行间开沟，然后顺沟倒入农家粪肥，覆土掩埋。

（4）穴施：在距植株10厘米处挖穴浇肥，浇后覆土。

沟施与穴施的好处是不仅可以降低药材污染的机会，还可以避免因泼浇造成的肥分挥发损失，提高利用率。

（5）蘸根：是指在移栽前，把肥料稀释成一定浓度（一般是0.01%～0.1%）的溶液，把作物的根部往肥液中蘸一下即插栽。蘸根成活率高、操作方便、效果良好。开沟或挖穴后将肥料施入耕层3～5厘米的沟、穴中，再在肥带附近播种，种肥距保持在3厘米以上。

种肥的肥料要求是养分释放要快，不能过酸、过碱，肥料本身对药材种子发芽无毒害作用。常用作中药材种肥的肥料有腐熟的有机肥、腐殖酸、氨基酸固体肥和液体肥、微生物肥料、速效性化肥。碳酸氢铵、氯化铵、尿素原则上不宜作种肥。

3.追肥　是指在作物生长过程中施用的肥料。一般来说，药材生产除了在种植之前在基质中施用底肥外，由于在药材生长的某个时期会出现对养分的大量需求，因此也要针对这种需求进行追肥，常用的肥料品种是氮、钾肥。

中药材追肥的方式一般有冲施、埋施、撒施、滴灌、叶面喷施等。不同的追肥方法效果差异非常大。比如冲施、埋施，就是把颗粒肥料先放到栽培土壤中，然后再浇水，这样很容易造成烧苗或者肥料浪费的现象。采用此类追肥方法时，一般不与农药一起混合施用，因为其中的化学元素可能会发生反应。当土壤湿度太高时，不应采用水溶肥直接施入的追肥方式，此时可采用叶面喷施。在药材幼苗期追施农家肥，浓度要稀，用量要少，以避免烧坏幼苗。

4.叶面肥　中药材叶面施肥简单、方便、成本低、见效快、效益高，可结合喷药进行，在药材缺元素明显和药材生长后期根系衰老的情况下使用，更能显示其优势。除可用传统的磷酸二氢钾、尿素、硫酸钾、硝酸钾等外，也可使用大量元素水溶肥料进行根外追肥，还可在大量元素中添加微量元素或多种氨基酸成分。对增加中药材的产量和品质有着积极的作用。

（1）根及根茎类：丹参、黄芪、山药、地黄和半夏等，叶面施肥以磷、钾肥为主，可用0.4%磷酸二氢钾溶液或2%过磷酸钙浸出液、4%草木灰浸出液喷施，喷施时间一般在生长中后期。

（2）果实种子类：如枸杞、牛蒡子等，叶面施肥以氮、磷、钾混合液或多元复合肥为主。用1%尿素加2%过磷酸钙浸出液加1%硫酸钾混合液，或用0.2%～0.3%磷酸二氢钾溶液喷施，在生长中后期喷施1～2次，对于提高产量和品质效果好。

（3）全草类、花类：穿心莲、金银花、红花等，叶面施肥常用尿素，浓度为1%～2%，每亩喷施量50～60千克，整个生长期喷1～3次。

另外还要注意的是，施肥时间要适宜。叶面施肥一般在晴天的上午，雨天不能喷。喷后3分钟内遇雨，天晴后应补喷。肥料浓度要适宜，施肥浓度过大时，不仅会增加成本，还会发生肥害，造成损失。使用微肥时，更应特别注意正反叶面均匀喷施。因为气孔分布在叶片的正反两面，而有的作物背面的气孔数比正面还多。喷施过磷酸钙等含磷肥料，要浸泡24分钟后取其上清液使用。叶面施肥应与底肥相结合，有利于满足作物全生育期各种营养元素的需要，效果更好。

5. 有机肥

（1）全层施用：在翻地时，将有机肥料撒到地表，随着翻地将肥料全面施入土壤表层，然后耕入土中。这种施肥方法简单、省力，肥料使用均匀。该施肥方法适宜于种植密度较大的作物，使用量大、养分含量低的粗有机肥料。

（2）集中施用：养分含量高的商品有机肥料一般采取在定植穴内施用或挖沟施用的方法，将其集中施在根系伸展部位，可充分发挥其肥效。采用条施和穴施，可在一定程度上减少肥料施用量，但相对来讲施肥用工投入增加。

（3）有机肥料基质：温室、塑料大棚等保护栽培中，在基质中配上有机肥料，作为供应作物生长的营养物质，在作物的整个生长期中，隔一定时期往基质中加一次固态肥料，即可保持养分的持续供应。

（4）施肥时期：育苗对养分需要量小，但养分不足不能形成壮苗，不利于移栽，也不利于以后作物生长。充分腐熟的有机肥料，养分释放均匀，养分全面，是育苗的理想肥料。春播气温低时，微生物活动弱，有机肥料养分释放慢，可以把有机肥大部分施用量作为基肥施用；夏秋播种地温高时，微生物活动强，如果基肥用量太多，肥料被微生物过度分解，肥效发挥快，有时可能造成作物徒长。所以，对高温栽培作物，最好减少基肥施用量，增加追肥施用量。

（5）施肥数量：有机肥肥效较缓、养分含量较低，因而施用量较大，但有机肥的施用也并非是用量越多越好，必须适度。施肥量过大会引起肥料的浪费、环境污染以及土壤的次生盐渍化。有机肥调高有机质含量的同时应适当增施化肥，尤其要加入一定数量的氮肥，因为随着有机物质的增加，土壤中微生物将从外界环境中吸收无机氮，进而造成有机肥施入量越大植物越缺氮的现象，这种现象特别容易在施入秸秆堆肥时发生。

第三节　中药材栽培的水分管理

水分是药用植物生长发育不可缺少的因素。在中药材生产过程中，应根据药用植物不同生育阶段的生长特点及其对水分的需求规律，通过合理水分管理促控生长，协调群体与个体、地上与地下、营养生长与生殖生长之间的关系，实现药用植物产量质量与水分利用效率的同步提高。

一、中药材的需水规律

不同药用植物对水分的需求不同。根据药用植物对水分的适应能力和适应方式分为旱生（如麻黄、甘草、肉苁蓉、百合等）、中生（如当归、黄芪、党参、芍药、桔梗、白芷、丹参、菊花、牛蒡、白术、地黄、贝母等）、湿生（如毛茛、薄荷、薏苡、灯心草、天南星、七叶一枝花等）和水生（泽泻、三棱、荆三棱、蒲黄、鱼腥草、芡实、石菖蒲、水菖蒲、莲、菱、水红花子等）等不同类型。旱生药用植物需水量少于中生药用植物，中生药用植物的需水量少于湿生药用植物。

药用植物一生中的不同生长发育阶段对水分的需求和敏感程度有所不同。播种到出苗阶段，总需水量很少，只要土壤水分能够满足药用植物发芽出苗的要求，种子就可以萌发出苗，土壤中过多的水分对发芽出苗不利，但干旱缺水也常常引起出苗困难或缺苗断垄。苗期阶段作物生长相对缓慢，处于以根系生长为主的营养生长阶段，植株幼小，蒸腾面积相对较小，所以水分消耗量较少，需水量也少。苗期适度的水分胁迫还会促进根系下扎生长。随着植株迅速生长，进入药用植物营养生长与生殖生长并进阶段，营养器官生长迅速，叶面积快速增大，生殖器官开始分化发育，代谢非常旺盛，消耗水量最多，此时缺水将对药用植物的生长发育和产量形成产生严重的抑制作用。许多药用植物在此阶段的某一时期处于水分临界期，对水分反应最敏感。

一般药用植物一生中对水分的需要量大体上是生育期的前期和后期较少，中期因生长旺盛，需水较多。如西洋参在萌发期需要土壤水分含量为40%，叶生长期为35%，开花和结果期为45%。在东北壤土产区土壤含水量以出苗期40%，展叶期45%，开花期50%，绿果期55%，红果期50%，过后参根生长期40%～45%为宜。第四年收获的西洋参，从绿果期开始，到收获为止，土壤含水量以55%为最好。

作物全生育期内需水量最大，但对缺水不敏感的时期称为作物的最大需水期。作物最大需水期并不一定就是作物的需水临界期，例如，在暗棕色森林土中栽培人参，土壤水分要保持在40%的绝对含水量，在展叶到开花期间，土壤需水量最大，此时如果发生干旱缺水应及时浇水。

中药材中大多数有效成分为植物的次生代谢产物，而水分多少直接影响着次生代谢物的积累。在成药期适度水分胁迫可能会诱导次生代谢产物的增加。例如，土壤相对含水量为60%～80%时，有利于西洋参总皂苷的积累，而土壤干旱（相对含水量为40%）或过湿（相对含水量为100%）的情况下，都会明显降低总皂苷的含量，土壤相对含水量为80%时有利于氨基酸的形成和积累。伊贝母中的主要有效化学成分是生物碱，过高的土壤含水量则不利于生物碱的积累。薄荷从苗期至成长期都需要一定的水分，但到开花期则要求较干的气候，若阴雨连绵可使薄荷油含量下降至正常量的3/4。槲皮素和芦丁是药用植物银杏中所含的2种药用成分，研究表明，干旱胁迫对槲皮素含量的提高有一定的促进作用，但干旱胁迫却抑制了芦丁含量的增加。

影响药用植物需水量的因素很多。除药用植物种类和品种特性外，主要是气象条件。大气干燥、气温高、风速大，蒸腾作用强，药用植物需水量多，反之则需水量少。

二、中药材灌溉技术

我国多数中药材产区处在湿润与半湿润的丘陵或山地，属雨养农业区。一般年降水量虽然能基本符合中药材生产对降水量要求，但由于地域辽阔，自然地理因子复杂，不同季节降水量分配不够均匀，常常出现供水不足情况。因此在有条件的产区，应通过灌溉来补充降水的不足，以确保优质高产。

中药材栽培的科学、合理灌溉一是要了解药用植物的需水规律及不同生长阶段的需水特点。二是在实施节水栽培时，尽量将有限的水资源放在临界期。因为药用植物需水临界期缺水对药材产量的影响非常大，只有在水分临界期通过适量灌溉调节药用植物生长发育、提高产量和改善品质才有效。

适宜中药材栽培中的灌溉方法主要有喷灌、滴灌、流灌等几种，其中以喷灌最常见。现分别介绍如下：

1. 喷灌 就是把灌溉的水通过机械压力，由特制的喷头射向四周空中，模拟自然降雨的方式。喷灌有固定式和移动式两种。固定式投资大，要经专门设计，在田间铺设管道，合理安装固定喷头。移动式使用方便，较灵活，但转移搬动多，效率不及固定式。喷灌的优点是用水量较省，水的利用率较高，在高温季节喷灌可以降低土温和叶温，有利于中药材生长。

2. 滴灌 即滴水灌溉，是在一定的水压作用下，使水通过管道从滴头向中药材根部缓慢滴水，使土壤保持中药材最佳需水量状态，同时还可结合施肥灌溉。滴灌的优点较多，雾点小，均匀，土表不易板结，节水和节约劳力，能适应复杂地形，尤适用于干旱缺水地区。但投资大，对水的清洁度要求高，不然会造成滴头堵塞。

3. 流灌 就是在田间中修筑水渠，利用地形，让水从高处按一定的坡度流向低处，让其自然渗透。流灌的水利用率低，灌溉均匀度也差，一般适用于水资源比较丰富的地区。

4. 浇灌 用喷壶或皮管浇水，仅适于栽培小面积药材使用，但阳畦育苗时使用广泛。

5. 沟灌法 即在垄间行间开沟灌水，灌水沟的距离、宽度应根据植物的行距和土壤质地确定。沟灌适用于条播行距宽的药用植物，如颠茄、紫苏、白芷等。沟灌的优点是侧向浸润土壤，对土壤结构破坏小，表层疏松不板结，水的利用率高。

6. 畦灌法 将灌溉水引入畦沟内，使水流逐渐渗入土中。畦灌法适用于密植及采用平畦栽种的药用植物，如红花、北沙参等。缺点是灌水欠匀，灌后蒸发量大，容易破坏表层土壤的团粒结构形成板层，空气不流通，影响土壤中好气微生物的分解作用。因此，灌后要结合中耕松土。

三、中药材节水栽培技术

通过采用综合栽培措施提高自然降水和土壤水分的利用效率，发挥栽培技术措施对水分不足引起的不利影响的补偿替代作用。与工程节水相比，栽培措施节水具有简单、有效、成本低、易推广的特点，更符合中药材生产实际。适宜中药材的节水栽培技术主要有以下几种。

1. 土壤保墒技术 通过采取一些农艺措施来减少株间蒸发的耗水是提高作物水分利用效率的重要措施之一。土壤保墒技术包括覆盖（秸秆、地膜覆盖等）、耕作（免耕、少耕、深松耕、镇压、耙耱、中耕除草）等。

秸秆覆盖是利用作物秸秆残茬覆盖地面减少土壤表面蒸发，提高水分利用效率的有效手段，具有成本低、就地取材、使用方便、无污染、改良土壤、培肥地力、增加降水入渗且保墒效果好等优点。作物秸秆覆盖减少土壤耕作，不过度扰动耕层土壤，利于蓄水保墒，达到节水、节能、干旱年景不减产的作用。

地膜覆盖是利用聚乙烯塑料薄膜作为覆盖物的一种保护性栽培技术。此项技术能有效减少土壤水分无效蒸发，是一项将我国传统精耕细作农业栽培技术与现代化农业栽培技术紧密结合形成的抗旱、早熟、高产、优质栽培体系。适合于干旱缺水地区和盐碱地地区，同时还具有提高土壤温度、抑制土壤返盐、蓄水保墒等优点。

耕作保墒是我国传统的增加土壤蓄水、减少土壤蒸发的技术。可以有效改善土壤结构，疏松土壤，增大活土层，增强雨水入渗，减少降水径流流失，减少土壤表面蒸发，提高土壤水分利用效率。

2.改良土壤、培肥地力 深松、增施有机肥，既可提高土壤供肥能力，增强根系吸收水分的能力，又可达到以肥调水、提高土壤水分利用率的效果。当土壤有机质由0.76%提高到1.2%以上后，水分利用效率可提高1倍。

3.水肥协同技术 通过以肥调水、以水促肥，充分发挥水肥协同效应和激励机制，提高作物的抗旱能力和水分利用效率。在不增加施肥量的条件下，获得较大的经济效益，节约水肥资源，减少污染，改善生态环境，增产增收。在生产实践中，应将周年作物作为整体考虑，根据周年降水和土壤水分变化规律，作物生长发育和需水特点，进行整体水肥调控，提高周年作物产量和水肥利用效率。

4.选用抗旱中药材类型 根据当地降水分布、干旱发生规律，调整中药材布局，因地制宜地选用不同需水类型的中药材，从而达到水分高效利用。

5.化学制剂保水节水 合理施用保水剂、复合包衣剂、黄腐酸、多功能抑蒸抗旱剂和ABT生根粉等，可在作物生长过程中减少水分的无效蒸发，抑制过度蒸腾，减轻干旱危害，促进根系生长，提高对深层水的利用，增强作物抗旱能力和提高水分生产效率。

四、中药材水肥一体化技术

在中药材栽培实践中，灌溉与施肥必不可少，然而传统的灌溉与施肥方式存在水分及肥料利用率较低，浪费严重，滥用肥料对土壤及环境造成污染，甚至对中药材生长发育造成伤害等问题。为了实现水资源及肥料的高效利用，减低劳动力投入成本，发展并推动现代化中药农业，水肥一体化灌溉系统应运而生。水肥一体化精准灌溉施肥技术是将灌溉与施肥融为一体，进行精准灌溉施肥的农业新技术。该技术借助压力灌溉系统，将可溶性固体肥料或液体肥料配兑而成的肥液与灌溉水一起，均匀、准确地输送到作物根部土壤，有效控制灌溉水量和施肥量，提高水肥利用效率，并可按照作物生长需求，进行全生育期水分和养分定量、定时、定比例供应。水肥一体化具有节水、省肥、省电、省工、高效等优点，甚至可以结合物联网技术，实现手机操控，方便快捷。水肥一体化技术是未来中药产业技术体系中具有良好应用前景的新技术之一。

五、中药材涝渍害防治技术

当土壤排水不畅或地下水位上升时，会造成作物根系活动层中土壤水分饱和，或地上积水，使土层中的水、肥、气、热关系失调，造成生态环境恶化，作物生长受到抑制，严重时会导致死亡。水分过多对作物造成的危害可分为渍害和涝害。土壤水分长时间处于饱和状态对作物形成的危害叫渍害。在降水量多、降雨时间长，排水不良，地下水补给来源大，或灌水量过大、蓄水不当，造成水量下渗、地下水位上升的情况下，常常出现渍害。地面上产生积水，淹没部分或全部作物所造成的伤害被称作涝害。涝害可能在各个地区普遍发生，只要在发生暴雨或者降水连续集中的情况下，都有可能淹没农田，出现暂时或较为持久的涝渍现象。农作物受涝渍影响造成减产或绝收称为涝灾。作物发生涝渍害后应当尽快排除田面积水和土壤中的滞水，同时采取各种栽培措施促进作物生长，减轻涝渍危害。常用的排水方式有：

1.明沟排水　明沟排水是在地表间隔一定距离顺行挖一定深、宽的沟进行排水。在地下水位高的低洼地或盐碱地可采用深沟高畦的方法，使集水沟与灌水沟的位置、方向一致。明沟排水广泛地应用于地面和地下排水。地面浅排水沟通常用来排除地面的灌溉贮水和雨水。这种排水沟排地下水的作用很小，多单纯作为退水沟或排雨水的沟，深层地下排水沟多用于排地下水并当作地面和地下排水系统的集水沟。

2.暗管排水　暗管排水多用于汇集和排出地下水。在特殊情况下，也可用暗管排雨水或过多的地面灌溉贮水。暗管排水是在田间设地下管道，一般由干管、支管和排水管组成。暗管排水的特点是排得快，降得深。与明沟排水比较，具有工程量小，地面建筑物少，土地利用率高，有利于交通和田间机械化作业等优点，并可避免沟坡坍塌，沟深不易保持等问题，但地下管道容易堵塞，维护成本较高。

3.竖井排水　竖井是指由地面向下垂直开挖的井筒，也称立井。竖井排水是指在田间按一定的间距打井，井群抽水时在较大的范围内形成地下水位降落漏斗，从而起到降低地下水位的作用。竖井排水具有较好的排水效果，由于它的地下水位降深大，因而特别适宜防治土壤次生盐碱化，可以加大冲洗或灌溉水的入渗速度和淋洗作用，使表层土壤脱盐，而且不容易再度返盐。同时在旱涝相间出现的地区，抽水以后可在地下水面以上形成一个库容较大的地下水库，雨涝季节能容纳较大的入渗水量，起到减轻涝渍灾害的作用，又为旱季抽水灌溉提供了一定的水源。但竖井排水需要消耗大量能源且运行费用高，同时对地质条件要求也高，排水的成本也同样相对较高。

第九章 中药材病虫草害的综合防治

第一节　中药材病害的主要类型和诊断

一、非侵染性病害

非侵染性病害是由不适宜的生长条件和有害物质引起的，它的发生往往与特殊的土壤、气候和栽培措施有联系。在田间发生时，一般比较普遍、没有发病中心、没有传播蔓延的现象。

（一）田间观察

1.病害在田间的分布状况　这类病害在田间开始出现时一般表现为较大面积同时发生，发病程度可由轻到重，没有由发病中心向周围逐步扩展的过程。

2.病株的表现　除个别因高温引起的日灼或喷洒药剂不当产生的药害等引起局部病变外，通常发病植株均表现为全株性发病，如缺素、涝害等。

3.症状鉴别　非侵染性病害不是由病原生物侵染引起的，发病植株表现出的症状只有病状而没有病征。

（二）环境条件

通常非侵染性病害是由土壤、肥料、气象等条件不适宜或接触化学毒物、气体而引起的。因此，这类病害的发生与地势、地形和土质、土壤酸碱度等情况，及当年气象条件的特殊变化、栽培管理情况，如施肥、排灌和喷施化学农药是否适当，以及因与某些工厂相邻而接触废气、废水、烟尘等都有密切关系（图9-1）。

二、侵染性病害

由生物因子即病原物侵染引起的病害称为侵染性病害。这类病害可以在植株间互相传染，所以也称为传染性病害。植物病原物主要有真菌、细菌、病毒、线虫等。在农业生产中，侵染性病害比较普遍和重要，往往容易流行，因此是研究和病害防治的重点。

图9-1 常见非侵染性病害——秦艽除草剂药害

（一）田间观察与症状鉴别

侵染性病害通常有以下特征：田间有明显的发病中心，病害由发病中心逐渐向外扩散；病部可以不断扩展，病害可在不同植株间或同一植株不同部位间传染；许多病害一旦发生，植株难于恢复健康；传染性病害的各类病原除病毒和部分原核生物外，在病部都产生病征。

1.真菌病害 真菌病害的主要症状是坏死、腐烂和萎蔫，少数为畸形，在病部表面可见粉状物、霉状物、粒状物、锈状物等各种特有的结构。这是真菌病害区别于其他病害的重要标志，也是进行病害田间诊断的主要依据（图9-2）。

图9-2　常见药用植物真菌病害识别症状

1.白术白绢病　2.重楼灰霉病　3.苍术根腐病　4.苍术菌核病

2.细菌病害　细菌病害的主要症状为坏死、腐烂、萎蔫、肿瘤等，褪色或变色的较少。多数细菌病害的症状有如下特点：①受害组织表面水渍状或油渍状；②在潮湿条件下有胶黏、似水珠状的菌脓；③腐烂型病害病部有恶臭味；④喷菌是细菌从病部切口处大量涌出的现象，是细菌病害所特有的现象，也是区分细菌病害与真菌病害、病毒病害最简便的方法（图9-3）。

图9-3　常见药用植物细菌病害识别症状

1.乌头软腐病　2、3.半夏软腐病

细菌一般通过伤口和自然孔口（如水孔和气孔）侵入寄主植物。在田间，细菌主要通过流水（包括雨水、灌溉水等）进行传播。

有时由于受发病条件的限制，真菌病害和细菌病害在田间的症状特点尤其是病征表现不够明显，也较难区别。当遇见这种情况时，一方面可继续观察田间病害发生情况，另一方面可将病株或病部采回实验室，用清水洗净后，置于保温、保湿条件下，促使症状充分表现，再进行鉴定。

3.病毒病害 植物病毒病害的症状主要有变色（花叶、斑驳、斑点、条纹、黄化）、畸形（矮缩、丛枝、卷叶、坏死）等，大多数病毒病害为系统侵染，通常嫩叶先显现症状，然后扩展至其他部分（图9-4）。

图9-4 常见药用植物病毒病害识别症状

1.苍术病毒病 2.地黄病毒病

4.植物病原线虫 植物线虫病害的常见症状为植株矮小、叶片黄化、根部生长不良、局部畸形等，似缺肥症状，一般在植物的受害部位，特别是根结、种瘿内有线虫体，可以直接镜检或分离后镜检确认。值得指出的是，危害植物地上部分的线虫和根内的寄生线虫容易从病组织上分离得到，但根外寄生线虫一般需要从根围土壤中采样、分离，并进行人工接种实验，才能确定其病原（图9-5）。

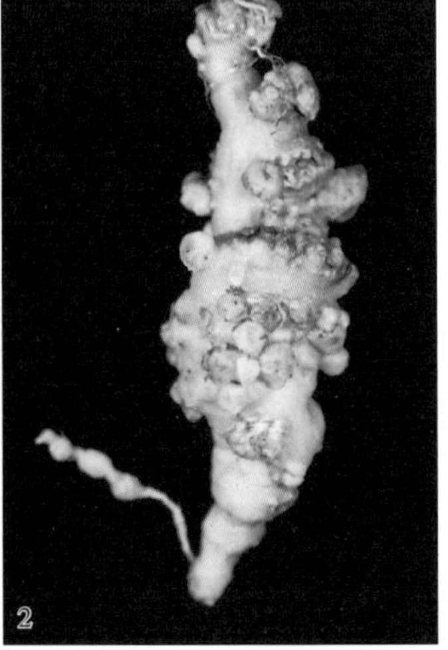

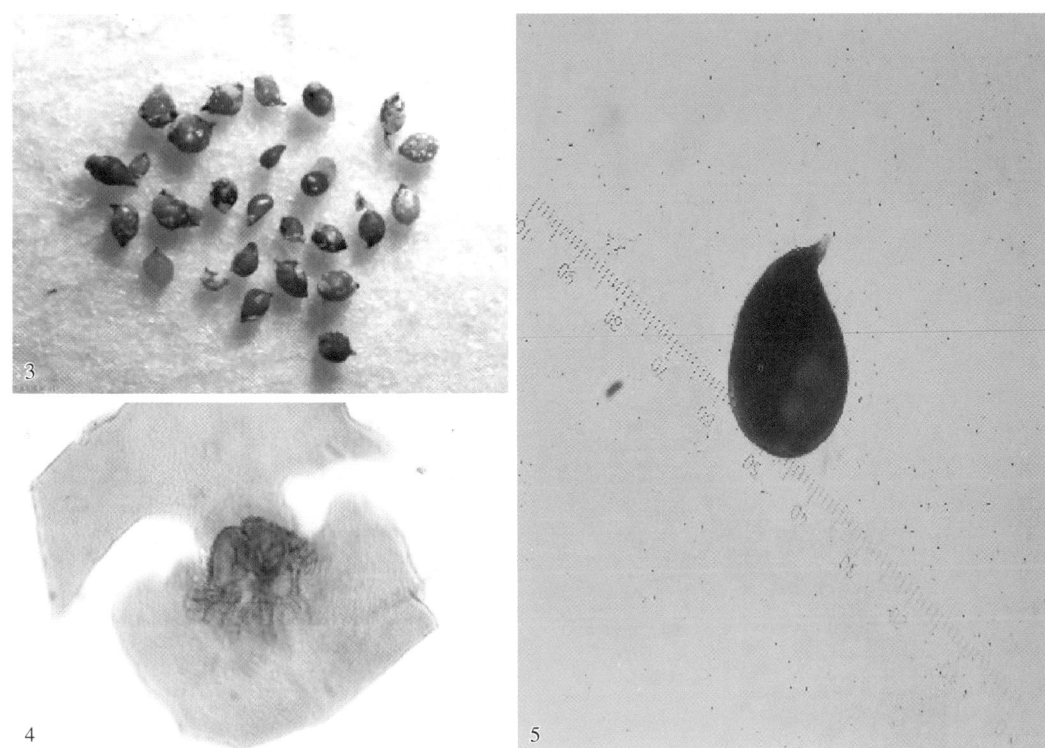

图9-5 常见药用植物线虫病害识别症状
1、2.地黄孢囊线虫病症状 3.地黄孢囊线虫孢囊 4.孢囊线虫雌虫阴门锥花纹 5.孢囊线虫雌虫

第二节 中药材害虫种类和识别

中药材害虫可以分为根部害虫、蛀茎害虫、叶部害虫、花果类害虫及药用真菌害虫。

一、中药材害虫种类

（一）根部害虫

中药材根部害虫（或称为地下害虫）是指活动期或主要危害虫态生活在土中，并且危害药用植物根部的一类害虫。我国已记载的药用植物根部害虫共300余种，隶属8目38科，主要包括蛴螬、蝼蛄、金针虫、地老虎、种蝇、根蚜、根象甲、根叶甲、根天牛、拟地甲、根粉蚧、白蚁、蟋、弹尾虫等。其中前四类发生面积最广、危害程度最大，其他类群在部分地区有时也能造成较大的危害。中药材的根部不仅是植物吸收水分和养分的主要器官，而且近70%的中药材是以根部（根、根茎或根皮）入药的。根部被害虫危害后会造成伤口，为病菌侵入创造条件，导致各种土传病害的发生，造成中药材的损失。

（二）蛀茎害虫

中药材蛀茎害虫主要指在药用植物茎干中蛀食危害的一类害虫。我国中药材蛀茎害虫分布广泛，且寄主植物多样。主要类群有鞘翅目的天牛、吉丁虫、象甲；鳞翅目的木蠹蛾、夜蛾、螟蛾、透翅蛾；双翅目的瘿蚊、潜蝇等。药用植物直接以茎部皮层或树脂入药的种类很多，木本或藤本药用植物受到蛀茎害虫危害后，植株受害部位及以上枝叶长势衰弱、萎蔫干枯。多年连续受害后甚至死亡，造成严重经济损失。

（三）叶部害虫

中药材叶部害虫是指在叶片上活动危害的害虫，叶部害虫从药用植物出苗至收获均能危害。叶部害虫种类很多，并且分布极广，按取食方式可划分为四类，刺吸式害虫、咀嚼式害虫、舐吸式害虫、锉吸式害虫。刺吸式害虫主要为来自半翅目、蜱螨目的害虫，包括蚜虫、蚧类、螨类、叶蝉、木虱、蝽类；咀嚼式害虫主要隶属于鳞翅目、直翅目、鞘翅目、膜翅目；舐吸式害虫指双翅目蝇类害虫；锉吸式害虫主要指缨翅目蓟马科害虫。

（四）花果类害虫

中药材花果类害虫是指取食中药材花、果实和种子的各类害虫。由于该类害虫咬食花器、蛀食果实及种子，造成落花和落果，不仅影响直接以花、果、种子入药的药材质量，药用植物的繁殖也会受到破坏。该类害虫主要为鳞翅目、双翅目、鞘翅目害虫，主要类别有螟蛾、蛀果蛾、实蝇、瘿蚊、叶甲等。

（五）药用真菌害虫

药用真菌品种多，应用广泛。传统药用真菌主要有冬虫夏草、灵芝、天麻、茯苓等，香菇、蜜环菌等药用植物的医疗作用也在逐渐得到开发利用。影响药用真菌的害虫较少，除上述危害根部的蛴螬、蝼蛄等，主要发生危害的是白蚁、菌蚊、菌螨、菌蝇类。此外还有一些专化性害虫，如在茯苓上危害的茯苓虱、茯苓喙扁蝽。

二、不同种类害虫的识别

明确了中药材害虫的分类，那么究竟如何识别中药材害虫种类呢？以下进行详细介绍。

（一）根部害虫

1.危害症状 常见的受根部害虫危害的中药材包括丹参、人参、玄参、贝母、黄连、乌头、麦冬、天南星、白芍、白术、紫菀、元胡、太子参、桔梗、白芷等。根部害虫咬食中药材块根、块茎、嫩叶及生长点等，造成缺苗断垄或使幼苗生长不良。此外，由于地下害虫的活动，会造成表土形成诸多隧道，如蝼蛄危害根茎后常呈麻丝状。地下害虫危害后常造成土苗分离，幼苗失水而死。

2.常见类别形态特征 蝼蛄：体长3～5厘米，体黄褐色至暗褐色，前足为挖掘足，末端具1对尾须。蛴螬：幼虫体长3～4.5厘米，呈C形，头部褐色，胸、腹部乳白色或白色稍带黄绿色荧光；成虫为体长1.7～3厘米的甲虫，身体黑褐色或具金属光泽。金针虫：幼虫体长2～3厘米，体细长，淡黄至金黄色；成虫为体长0.8～1.8厘米的鞘甲，体细长，暗褐色至深褐色。地老虎：幼虫体长3.3～7厘米，体黄褐色至暗褐色，体表粗糙或多褶皱，腹部有毛片；成虫为蛾类，体长1.4～3厘米，暗褐色（图9-6）。

图9-6 常见地下害虫

1.蝼蛄 2.蛴螬

3.分布 根部害虫发生遍及全国各地，不论丘陵、平原、山地、草原和旱地都有不同种类的分布，特别是在北方旱作地区发生严重。根部害虫危害时间长，从药用植物播种至收获，春、夏、秋三季均能危害。

4.习性 蝼蛄类、蛴螬类害虫中多个物种均为昼伏夜出，白天潜伏于土中，夜晚活动取食。蝼蛄的初孵幼虫具有群集性，孵化后3～6天常群集在一起。蛴螬类、地老虎类主要以幼虫危害。冬季于深土中休眠，2月左右气温回升后开始危害幼苗。许多地下害虫生活周期很长，如蛴螬和蝼蛄，1年通常只发生1代，有的甚至3年1代。夏季通常为根部害虫的繁殖危害期，秋季由于成虫和当年若虫同时发生，并为越冬积累能量，因此为暴食危害期，会对秋播作物产生严重危害。

（二）蛀茎害虫

1.危害症状 蛀茎害虫多以幼虫危害植物的茎、枝条及嫩梢等，形成隧道或虫瘿。

（1）天牛类：天牛属鞘翅目叶甲总科天牛科，俗名铁牯牛、蛀木虫或脚虫。其幼虫多钻蛀多年生木本或藤本植物的茎、根并深入至木质部，造成不规则的隧道，中药材一旦遭受天牛危害，常整株枯死。天牛是中药材害虫中较难防治的一类害虫，菊花、白术、金银花、艾纳香等中药材常受天牛的危害，尤其是多年生的植株受害较重。

（2）木蠹蛾类：木蠹蛾属鳞翅目木蠹蛾总科，主要危害虫态为幼虫。幼虫在木本、藤本等药用植物的主干或枝条韧皮部钻蛀危害，少数取食浅层的木质部。造成树势衰弱，枝干遇风易折断，造成中药材产量及品质的下降。在我国，以木蠹蛾亚科的木蠹蛾属、线角木蠹蛾属，豹蠹蛾亚科中的豹蠹蛾属分布最为广泛。其中，在我国北方危害的多为木蠹蛾亚科害虫，南方多为豹蠹蛾亚科害虫。

（3）夜蛾类：蛀茎夜蛾属鳞翅目夜蛾科，以幼虫蛀食寄主植物茎秆造成危害，幼虫钻入茎秆髓部后不断向下蛀食，造成植株失水、干枯、萎蔫。

（4）螟蛾类：蛀茎螟蛾属鳞翅目螟蛾科，幼虫多钻蛀取食，少数卷叶危害。危害药用植物的蛀茎螟蛾主要为亚洲玉米螟。我国除青藏高原未有报道外，其余各地均有分布，其初龄幼虫蛀食嫩叶，形成排孔，三龄后蛀入茎秆中危害。

（5）透翅蛾类：属鳞翅目透翅蛾科，又名粗腿透翅蛾。以幼虫危害寄主的茎蔓，初孵幼虫钻蛀处常有透明分泌物。随着幼虫龄期增大，其蛀食部位逐渐膨大如瘤，严重时茎蔓开裂。危害药用植物的透翅蛾主要为栝楼透翅蛾。

2.常见类别形态特征（图9-7）

（1）天牛：成虫体长1 ～ 5厘米，触角较长，体黑色至黑褐色，常被绒毛或黑色刻点。

（2）木蠹蛾：成虫体长2.1 ～ 3.5厘米，翅面密布青蓝色至蓝黑色斑纹，胸部背面具3对斑点。

（3）夜蛾：以大螟为例，成虫体长1.2 ～ 1.8厘米，前翅近长方形，淡黄褐色，缘毛银白色。

（4）螟蛾：以玉米螟为例，成虫体长1.3 ～ 1.4厘米，体背黄褐色，前翅有暗褐色波状纹。

（5）透翅蛾：顾名思义，成虫翅透

图9-7　常见蛀茎害虫

1.天牛　2.蠹蛾　3.透翅蛾

明。药用植物中栝楼透翅蛾体长1.8 ~ 2.2厘米，头部暗褐色，有白色鳞片，前翅翅角、后翅翅脉及翅缘为黑色。

3.习性 蛀茎害虫的生活周期通常较长，天牛、木蠹蛾等1年常只发生1代，以幼虫在寄主中越冬。由于蛀茎害虫隐蔽性强的特点，大大增加了防治难度。不同蛀茎害虫习性差异较大，天牛成虫通常啃食植物外皮，用产卵器将茎梢刺伤后将卵产于茎髓部，而玉米螟多将卵产于叶背面；天牛昼夜均可危害，木蠹蛾、肉桂木蛾等常夜间活动。蛀茎害虫也具有趋光及趋化性，黑光灯及糖醋液可以作为防治蛀茎害虫的手段之一。

（三）叶部害虫

1.危害症状 刺吸式害虫危害后叶片会出现失绿、变色或形成肿瘿等，并造成叶、花、果实的脱落。并且，此类害虫常分泌蜜露，堆积在叶片上，影响叶片的光合作用，还易引发煤污病，造成叶片提前脱落。

咀嚼式害虫危害后会造成缺刻、孔洞或者只留下网状叶脉及叶柄。

舐吸式害虫常以幼虫潜入叶片内部取食叶肉组织危害，仅留叶表皮。潜叶蝇危害后植物叶面上虫道密布，叶片易枯死、脱落，此外，潜蝇幼虫常从嫩梢、叶柄处侵入并沿髓部向下蛀食，造成枝梢折断。

锉吸式害虫常危害中药材嫩叶、嫩梢及花器，会造成嫩叶、嫩梢、花器上形成密集的白点或长条状斑块，后期斑块会逐渐失绿、黄枯，并最终皱缩、干枯。

2.常见类别形态特征（图9-8）

（1）刺吸式害虫：蚜虫呈纺锤形或卵圆形，体型微小，长1 ~ 2毫米，体黄色、淡绿色至深绿色、黑色；螨类体椭圆形，体型微小，长0.3 ~ 0.4毫米，体色透明、红色至暗红色；介壳虫成虫体卵圆形或长椭圆形，长2.5 ~ 3.5毫米，背部隆起，常背覆白色蜡壳或蜡质粉、絮状物；木虱卵呈长型，具卵柄，若虫5个龄期，成虫体长2 ~ 4毫米，常分泌蜡质和大量蜜露；蝽类通常小盾片发达，多数为三角形，紧接前胸背板后方，不同蝽类体长差异较大。

（2）咀嚼式害虫：以蝗虫为例，成虫体长2.5 ~ 4厘米，体草绿色、绿色或灰褐色至褐色，头锥形。

（3）舐吸式害虫：以豆秆黑潜蝇为例，成虫体长2.4 ~ 2.6毫米，复眼红色，前翅透明，有淡金属光泽，腹部有金绿色光泽。

（4）锉吸式害虫：以蓟马为例，体微小，体长0.5 ~ 2毫米，细长略扁，成虫呈黄色、棕色至黑色，前、后翅边缘具长毛，若虫为淡黄色、黄色至橘红色。

3.习性 叶部害虫从药用植物出苗至收获均能危害。叶部害虫种类很多，并且分布极广。刺吸式害虫如蚜虫、木虱、介壳虫等常聚集危害，繁殖力极强，喜食植株幼嫩部位，一年发生多代，世代重叠严重。咀嚼式害虫以蝗虫为例，趋向植株茂密、温湿度较高的环境，早晚危害严重，靠近沟渠和荒地的药圃中蝗虫发生通常较为严重。舐吸式害虫常以蛹在大豆或其他植物的根茬或秸秆中越冬，常在白天活动，喜温，畏风雨和阳光直射。锉吸式害虫缨翅目蓟马科食性杂，能够危害多种药用植物，其体型微小，且常藏匿于花朵中或卷曲的叶片中危害，十分隐蔽，对黄色及蓝色具有趋性。

图9-8 叶部害虫

1.木虱 2.蝽 3.蝗虫 4.蓟马

（四）花果类害虫

1.危害症状 花果类害虫的危害方式多种多样，有的种类取食花管、花序，致使花蕾脱落，不能正常开花，如菊花瘿蚊；有的种类危害果实，造成果实畸形、腐烂或早落，并由果实表皮蛀入，形成隧道，虫粪排于果内或在果皮蛀孔处堆积，如枸杞实蝇；有的蛀食种荚，将种子吃成缺刻或食尽，如豆荚螟。中药材花果类害虫中很多种类危害方式比较隐蔽，且危害期相对较短，距药材采收期较近，不仅给药剂防治带来一定难度，还意味着对于防治药用植物花果类害虫，需要选用残留期短、毒性低的化学或生物药剂。

2.常见类别形态特征 螟蛾：体长1 ~ 1.5毫米，前翅狭长，身体细长脆弱，触角细长，以豆荚螟为例，体褐色，前翅狭长，灰褐色，有1条白色纵带，后翅黄白色，外缘褐色（图9-9）。蛀果蛾：体长5 ~ 8毫米，以山茱萸蛀果蛾为例，头部黄白色，复眼暗黑色，前翅近翅缘处有1黑褐色大斑，有黑灰色鳞片，腹部黄褐色。实蝇：以橘小实蝇为例，体长6 ~ 8毫米，通体深黑色和黄色相间，胸部有黄色U形斑纹，腹部黄色。瘿蚊：以枸杞红瘿蚊为例，体长1.3 ~ 2.5毫米，红色，具有黑色毛，触角黑色，具长毛，翅面上密布绒毛且翅缘有长毛。

图9-9　豆荚螟

3.习性　食花、果螟蛾类通常以老熟幼虫在树干粗皮裂缝中或土中结茧越冬，5月下旬至6月中旬越冬代成虫羽化，7月上旬至8月中旬老熟幼虫在果内化蛹，7 ~ 9月成虫大量羽化，此时也常是幼虫危害高峰期，对产量造成巨大影响。10月开始幼虫陆续做茧越冬。对于实蝇类，1年常发生2 ~ 3代，第一代幼虫盛发期为6月中下旬至7月上旬，并且以第一代幼虫危害最为严重。瘿蚊类成虫一般飞翔能力弱，具有趋光性，8 ~ 9月瘿蚊发生期正值花类药用植物的现蕾期，对产量的影响最大。鞘翅目害虫如白星花金龟同样均有趋光性，此外还具有趋化性和假死性，6 ~ 8月为发生危害盛期。

（五）药用真菌害虫

1.危害症状

（1）白蚁：通常蛀食危害真菌类药材的生长，严重时将药用真菌蛀食成粪土状，降低中药材品质。

（2）菌蚊：属双翅目蚊类，以真菌为食。主要以幼虫危害，取食真菌的菌丝、子实体、菌盖等，造成严重危害，重者致子实体生长停滞甚至萎缩死亡。

（3）菌螨：俗称菌虱，属蛛形纲蜱螨目，危害真菌的菌丝和子实体，不仅导致真菌营养不良，并且大量菌螨聚集于子实体还会对产品造成污染。

2.常见类别形态特征

（1）白蚁：有翅成虫体长1.2 ~ 1.6厘米，兵蚁5.5 ~ 11毫米，工蚁略小于或与兵蚁体型相似，以黑翅大白蚁工蚁为例，其头部黄色，头后部近圆弧形，胸、腹部灰白色，有斑纹（图9-10）。

图9-10　白　蚁

（2）菌蚊：成虫体长约3毫米，黑

色，触角细长，上有环毛，前翅膜质透明。

（3）菌螨：体型微小，以蓝氏布伦螨为例，体长0.17 ~ 0.25毫米，体黄白色，椭圆形，4对足。

3. 习性

（1）白蚁：营群体生活，蚁巢在地下0.5 ~ 1.5米深处，发育成熟的蚁群一般有60万~ 80万头，白蚁视力退化，主要靠嗅觉觅食，营土栖生活。

（2）菌蚊：成虫通常有较强的趋光性，寿命仅1 ~ 5天，成虫通常白天活动，幼虫喜温暖、潮湿环境，最适温度为15 ~ 25℃，干燥条件下很快干瘪失水，但抗逆性很强，干瘪数月的幼虫浸入水中后仍能存活。

（3）菌螨：1年发生多代，冬季在真菌培养料中越冬，来年3 ~ 5月开始活动。

第三节　中药材病虫害综合防治

中药材生长周期长，病虫害的发生情况复杂，要综合应用农业防治、生物防治、物理防治等措施，实现经济、安全、有效控制病虫危害的目的，获得最佳的经济效益、生态效益和社会效益。

一、农业防治方法

农业防治是通过改进耕作栽培制度，选用抗（耐）病、虫品种，加强栽培管理，运用各种农业调控措施，创造有利于植物生长而不利于病虫害发生的环境条件，从而控制病虫害的发生和发展。农业防治措施包括：合理利用抗（耐）病、虫品种；培育并使用优质无毒种苗；建立合理种植制度，包括林下种植（图9-11）、轮作和间作套种；加强栽

图9-11　林下三七种植生态防控病虫害

培管理；保持田园卫生。如及时清理园内及周边环境中的杂草、石块、残株败叶，剪除带虫枝梢，或人工捉虫，能够大大降低病原和虫口密度。对于介壳虫、蚰蜒等在阴暗潮湿环境危害尤其严重的生物，需保持田间通风透光，开沟排水，土壤不宜过湿。对于蚜虫、木虱等常在幼嫩枝条上危害的害虫，应注意及时修剪徒长枝条，还可根据具体药材品种选择有刺激气味的害虫不喜食的蔬菜间作。

二、物理防治方法

物理防治指利用物理方法清除、抑制、钝化或杀死病原物来控制植物病虫害发生发展的方法。既包括最原始、最简单的徒手捕杀或清除，也包括光、热、电、温度、湿度、放射能、声波等近代物理学新技术的应用。物理防治方法包括汰除、热力处理、辐射处理和厌氧处理。举例来说，可以采用糖醋液诱杀根部害虫，地老虎、金龟子、蝼蛄等对糖醋液均有较强的趋性；用黄色或蓝色的黏板诱杀叶部害虫，蚜虫、木虱、蓟马等均有较强的趋色性（图9-12）。

图9-12　常见物理防治方法

1.悬挂黄板　2.诱虫灯

三、生物防治方法

生物防治指利用活体生物或生物代谢产物制成的药剂来防治有害生物的技术。该方法有效利用了生物间的相生相克作用，以及生物之间在氧气、水分、营养成分和生态空间等各方面的竞争作用。对于中药材害虫的生物防治，主要包括天敌的利用、植物源杀虫剂的利用、病原细菌真菌的利用、昆虫病毒的利用、昆虫病原线虫的利用等。举例来说，捕食性天敌瓢虫、草蛉、食蚜蝇、食虫虻、虎甲等，寄生性天敌如丽蚜小蜂、赤眼蜂等是生物防治效果较好且常见的天敌种类，在害虫密度较大时，释放天敌昆虫可以起到较好的控制效果；而常用的病原微生物如苏云金芽孢杆菌对鳞翅目害虫防治效果好，真菌白僵菌、绿僵菌等对地下害虫、叶部害虫等有很好的防效，棉铃虫核多角体病毒等多种病毒杀虫剂也能起到很好的效果（图9-13）。

图9-13　常见生物防治方法

1～3. 天敌昆虫的田间释放　4. 捕食性天敌小花蝽　5. 寄生性天敌卵卡

四、化学防治方法

化学防治就是利用化学农药防治病虫害的方法。化学防治作用迅速，效果显著，操作方法也比较简单，是人类与病虫害作斗争的重要手段，也是最常用的方法之一。但是，化学药剂使用不当往往会污染环境，破坏生态平衡，产生对人类不利的副作用。在中药材种植中对种苗和土壤处理可适度使用化学农药，但在生产过程中，其他防治方法有效的情况下，应尽量避免采用化学药剂进行防治。

（一）种苗处理

用药剂处理可能携带病原物及害虫的种子、苗木或其他繁殖材料，可以减少初侵染源。种苗处理具有用药量少、对环境影响小等优点，对种苗传播且只有初侵染的病害防治效果尤为明显。

（二）土壤处理

播种或移栽前药剂施于土壤，杀死或抑制土壤中的病原物及越冬虫源，可减少土壤中病原物及害虫数量。土壤处理主要防治土传病害和苗期病害，功效高、持效期长，要注意减少用药量、减轻对环境的影响。

第四节　中药材病虫害绿色防控

病虫害绿色防控以保护农作物、减少化学农药使用为目标，协调使用生态调控、生物防治、物理防治、科学用药等绿色防控技术，以控制农作物病虫危害。实施有害生物绿色防控可达到保护生物多样性，降低病虫草害暴发概率的目的，同时它也是促进标准化生产，提升农产品质量安全水平的必然要求，是保护生态环境的有效途径。

病虫害绿色防控遵循优化技术、保障安全和多元推广的原则，不断集成创新生态调控、生物防治、物理防治、科学用药等关键技术，不断提高实用性和可操作性，促进节本增效和可持续发展，减少农药施用量，降低对农药的依赖，保障农产品质量安全。在推广模式上，建立政府—农合组织—龙头企业—农户的多元推广机制可起到有效防控的作用。绿色防控技术包括：

（1）田间调查和预测预报：根据准确的病情和虫情预测，可以及早做好各项防治准备工作，也可以更合理地运用各种防治技术，提高防控效果，同时减少不必要的防治费用和农药所带来的环境污染。

（2）生态调控技术：主要采用人工调节环境、食物链加环增效等方法，协调药用植物与有害生物间、有益生物间及环境与生物间的相互关系，达到保益灭害、提高效益、保护环境的目的。实施生态治理策略，实质上是在农业防治、物理防治、生物防治等传统防治的基础上，实施全程人为调控、环境检测、规范操作、信息管理的生态调控策略。选择适合中药材生长的海拔、气候、水肥等条件的地块，积极保护基地周围的植被，建立防护林带或缓冲带，还可进行林下栽培、仿野生栽培等。

（3）农田生物多样性的应用：利用农田生物多样性，调控作物—有害生物—天敌的关系，可以对有害生物起到有效的调控作用，其手段包括：利用作物品种多样性、保护农田物种多样性、种植诱集作物和调节作物生境。药用植物栽培过程中，可种植害虫忌避、天敌喜好的植物，或能够培肥土地的矮生作物或杂草，提高园内的生物多样性，为天敌创建栖息之所，发挥自然控害的作用，创造良好的多样性生境。

（4）植物健康栽培技术：通过改进耕作栽培技术，调节有害生物、寄主及环境之间的关系，创造有利于作物生长、不利于有害生物发生的环境条件，将有害生物种群数量控制在经济阈值以下。药用植物健康栽培要使用无病虫种苗，切断病虫害传播途径，采取合理的栽培管理方法，合理轮作倒茬，间作套作，加强栽培管理，保持田园卫生。

（5）抗性品种选育和利用：抗病育种是以选育对某些病虫害具有抵抗能力的优良品

种为主要目标的育种工作，对于农业的可持续发展和农产品安全有重要作用。药用植物选择抗性品种可以从源头上控制中药材病虫害的发生。全国多地种植中药材品种资源丰富，应根据不同区域、不同品种间的抗性表现，选择适合本地种植的抗性品种，也可以在当地研究种子贮藏和育苗技术，形成一体化的良种繁供体系，减少种子调运费用和风险，降低中药材的种植成本。

（6）生物防治技术：生物防治是利用生物及其代谢产物控制病原体，防治植物病虫害。主要有以虫治虫、以螨治螨、以菌治虫、以菌治菌等方式。例如，用捕食螨可以防治红蜘蛛，用绿僵菌可以防治白蚁和蝗虫等。根据生物间简单的相生相克关系，利用有益生物控制有害生物，达到生物防治的目的。生物防治安全性高，能够维持生态稳定，具有可持续防控作用，并且对环境友好，技术整合性好，对其他防控措施不产生干扰。

（7）理化诱控技术：利用昆虫趋光、趋化性等原理，研发频振式诱虫灯、投射式诱虫灯等“光诱”产品；研发性诱剂诱捕和昆虫信息素迷向等“性诱”产品，研发黄板、蓝板及其他色板与性诱剂组合的“色诱”产品；研发诱食剂诱集害虫的“食诱”产品。

（8）驱害避害技术：利用物理隔离、颜色负趋性等原理，开发适用于不同害虫的系列防虫网产品和银灰色地膜等驱害避害技术产品，利用生物的生理现象，开发以预防害虫为目的的驱避植物应用技术。例如果园常用的驱避植物有蒲公英、鱼腥草、白三叶、韭菜、洋葱、串红、除虫菊、番茄、花椒、芝麻、金盏花等。

第五节　中药材草害的诊断和绿色防控

广义地说，杂草是指长错了地方的植物。从生态经济的角度出发，在一定的条件下，凡害大于益的植物都可称为杂草，都应属于防治之列。从生态观点看，杂草是在人类干扰的环境下起源、进化而形成的，既不同于作物又不同于野生植物，它是对农业生产和人类活动均有着多种影响的植物。

一、杂草的分类

对杂草进行分类是识别的基础，而杂草的识别又是杂草的生物、生态学研究，特别是防除和控制的重要基础。

据统计，全世界共有农田杂草8 000余种，给农业带来较重损失的约250种，危害严重的76种，危害极为严重且难以防治的18种。它们主要分布在禾本科和菊科，占世界重要杂草的37%，其次是莎草科，三者合占43%。现有的有关杂草的分类研究都是根据生产需要进行归类的。

（一）按植物系统分类法分类

世界上95%以上的农田杂草属被子植物，其他为藻类植物、苔藓植物、蕨类植物或裸子植物。

在化学除草实践中，人们习惯于将农田杂草简单地分为单子叶杂草和双子叶杂草两大类；有时则分为禾草、莎草及阔叶草三大类。单子叶杂草的主要特点是胚仅具1片子叶，叶脉平行，叶片狭长，茎无分枝；双子叶或阔叶杂草的特点是胚具有2片子叶，叶脉网状，叶片宽阔，茎分枝。杂草的这些差异，使得它们对除草剂的敏感程度不一，从而为某些除草剂赋予了选择性。

（二）按生长年限分类

1. 一年生杂草　一年生杂草即在当年出苗、开花、结实并死亡的杂草，以种子繁殖为主。如马齿苋、铁苋菜、鳢肠、马唐、稗、异型莎草和碎米莎草等相当多的杂草都是一年生。它们多晚春或夏初出苗，危害一年生或多年生秋熟药材。

2. 二年生杂草　在两个生长季节内或跨两个日历年度完成出苗、生长及开花结实的生活史，故又称越年生杂草，以种子繁殖为主。通常是冬季出苗，翌年春季或初夏开花结实。如野燕麦、荠菜、麦瓶草、播娘蒿和猪殃殃等。它们多危害一年或多年生夏季采收药材。

3. 多年生杂草　多年生杂草即可连续生存3年以上的杂草，一生中能多次开花、结实，既能种子繁殖，又能营养繁殖，结实后一般地上部枯死，经过休眠期后，其地下营养器官又会产生新的植株。

多年生杂草根据芽位和营养繁殖器官的不同又可分为：

（1）地下芽杂草：越冬或越夏芽在土壤中。其中还可以分为地下根茎类，如刺儿菜、苣荬菜、双穗雀稗等；地下块茎类，如香附子、水莎草等；球茎类，如野慈姑等；鳞茎类，如小根蒜等；直根类，如车前。

（2）半地下芽杂草：越冬或越夏芽接近地表，如蒲公英。

（3）地表芽杂草：越冬或越夏芽在地表，如蛇莓、艾蒿等。

（4）水生杂草：越冬芽在水中。

（三）按生长习性分类

1. 草本类杂草　茎多不木质化或少木质化，直立或匍匐，大多数杂草均属此类。

2. 藤本类杂草　茎多缠绕或攀缘等，如田旋花和乌敛莓等。

3. 木本类杂草　茎多木质化、直立，多为森林、路旁和环境杂草。

4. 寄生杂草　多营寄生性生活，从寄主植物上吸收部分或全部所需营养。根据寄生特点可分为全寄生杂草和半寄生杂草，其中全寄生杂草多无叶绿素，不能进行光合作用。根据寄生部位又可分为茎寄生类如菟丝子，根寄生类如当归等。半寄生杂草含有叶绿素，能进行光合作用，但仍需从寄主吸收水分、无机盐等必需营养的一部分，如独脚金和桑寄生。

（四）按杂草对水分的生态适应性分类

1. 旱田杂草　旱田杂草即生长在旱田的杂草，不耐涝，长期淹水后即死亡。如狗尾草、反枝苋和马齿苋等。

2.水田杂草 水田杂草即生长在水田和水域中的杂草，不耐旱，田间缺水时，生长不良或死亡。如鸭舌草、荆三棱、牛毛毡、稗草和两栖蓼等。

（五）按危害和危险程度分类

1. 恶性杂草 恶性杂草即发生面广、危害大且难防治的杂草。世界上的恶性杂草主要有香附子、狗牙根、稗、蟋蟀草、假高粱、白茅、凤眼莲、马齿苋、藜、马唐、田旋花、野燕麦、绿穗苋、刺苋、铁荸荠、两耳草和筒轴草等。

我国的恶性杂草主要有空心莲子草、稗、鸭跖草、眼子菜、扁秆藨草等水田杂草；野燕麦、看麦娘、马唐、牛筋草、绿狗尾、香附子、藜、柳叶蓼、反枝苋、牛繁缕、紫茎泽兰、白茅等旱田杂草。

2.区域性杂草 区域性杂草即发生于局部地区，但危害性大且难以防治的杂草。这类杂草种类多，分布广，如华南地区的胜红蓟、圆叶节节菜、两耳草等；华中地区的双穗雀稗、猪殃殃等；华北地区的狗尾草、播娘蒿等；东北地区的本氏蓼、野燕麦等。

3.检疫性杂草 检疫性杂草是具有潜在危害、并通过口岸检疫措施可防止其从一地传入另一地的区域性杂草。这类杂草适应性广，传播和繁殖能力强，危害性大，一经传入则难以防治。根据我国农业农村部2020年发布的修订版《全国农业植物检疫性有害生物名单》，应施检疫的杂草有3种。

二、中药材栽培常见草害

从目前已有的报道来看，比较重要的药用植物杂草主要有禾本科、菊科、藜科等杂草。这些杂草主要危害甘草、柴胡、龙胆、细辛、人参、三七、地黄、黄连、板蓝根、芍药、桔梗等重要的栽培药用植物。由于地域差异大，杂草种类多，很难找到一种标准化的控制方法。本节拟介绍几种全国分布的重要药用植物杂草的识别特征和危害的药用植物种类。

（一）禾本科杂草

1.狗尾草［*Setaria viridis*（L.）Beauv.］ 一年生，俗称毛毛狗。一年生晚春性杂草。以种子繁殖，一般4月中旬至5月种子发芽出苗，发芽适温为15 ~ 30℃，5月上中旬为大发生高峰期，8 ~ 10月为结实期。种子可借风、流水与粪肥传播，经越冬休眠后萌发。发生于柴胡、黄连、黄芪、党参、甘草、重楼、板蓝根、苍术、三七等中药材（图9-14）。

2.稗［*Echinochloa crusgalli*（L.）Beauv.］ 一年生。发芽温度在10 ~ 35℃之间，以20 ~ 30℃为最适宜。发芽的土层深度在1 ~ 5厘米之间，以1 ~ 2厘米出芽率最高，深层未发芽的种子可存活10年以上。稗的适应性很强，喜水湿、耐干旱、耐盐碱、喜温暖，却又能抗寒。繁殖力很强，每株稗草可分蘖10 ~ 100多枝，每个穗通常可结600 ~ 1 000粒种子。发生于柴胡、黄连、重楼、党参、防风、苍术、白及、三七等中药材（图9-15）。

图9-14　狗尾草

图9-15　稗

3.马唐［*Digitaria sanguinalis*（L.）Scop.］　一年生。马唐在温度低于20℃时发芽慢，25～40℃发芽最快，种子萌发最适相对湿度63%～92%；最适深度1～5厘米。喜湿喜光，潮湿多肥的地块生长茂盛，4月下旬至6月下旬发生量大，8～10月结籽，种子边成熟边脱落，生活力强。成熟种子有休眠习性。发生于柴胡、黄连、重楼、甘草、党参、苍术、麦冬、白及、三七等中药材（图9-16）。

4.千金子［*Leptochloa chinensis*（L.）Nees］　一年生。种子休眠期2～3月，萌发温度较稗高，需15℃以上，最适温度20～25℃，田间5月萌发较少，6月中下旬至7月上旬为萌发高峰，发生期长，9～10月仍有发生。种子萌发湿度要求较宽，土壤湿润至饱和均可萌发。发生于黄连、重楼、党参、苍术、玄参、麦冬、白及、三七等中药材（图9-17）。

图9-16　马　唐

图9-17　千金子

5. 牛筋草［*Eleusine indica*（L.）Gaertn.］　一年生。牛筋草以种子繁殖。5月出苗，一般颖果于7～10月陆续成熟，边成熟边脱落。种子经冬季休眠后萌发，种子在0～1厘米深的土中发芽率高，深3厘米以上基本不发芽。发生于柴胡、黄连、重楼、甘草、三七等中药材（图9-18）。

图9-18　牛筋草

6.柔枝莠竹［*Microstegium vimineum*（Trin.）A. Camus］ 一年生。花期9～10月，种子发生量大，在土壤中可以保持5年左右活力，容易在土壤中形成一个种子库。水浸环境种子最长保持10周活力，自然环境中积水退去，种子可以短时间内发芽结实。发生于党参、重楼、黄连等中药材（图9-19）。

图9-19　柔枝莠竹

（二）菊科杂草

1.刺儿菜（*Cirsium setosum*） 又名小蓟，多年生。刺儿菜以根芽繁殖为主，种子繁殖为辅。在我国中北部，最早于3～4月出苗，5～6月开花结果，6～10月果实渐次成熟。种子借风力飞散。发生于黄连、黄芪、党参、甘草、黄芩、板蓝根等中药材（图9-20）。

图9-20　小　蓟

2.山莴苣［*Lagedium sibiricum*（L.）Sojak］ 多年生。山莴苣以种子繁殖。在水肥条件充足的情况下，6～8月生长旺盛，再生力强。花果期7～9月。喜温、抗旱、怕涝，肥沃且湿度适宜的地块生长良好。喜微酸性至中性土壤。发生于黄芪、党参、黄连等中药材（图9-21）。

图9-21　山莴苣

3.猪毛蒿（*Artemisia scoparia* Waldst. et Kit.）　多年生或一、二年生。猪毛蒿以种子繁殖，春秋出苗，花果期7～10月，以幼苗或种子越冬；种子9月后渐次成熟。遍及全国，西北省份分布在中、低海拔至海拔2 800米的地区，西南省份最高分布到海拔3 800～4 000米的地区。发生于黄芪、柴胡、甘草等中药材（图9-22）。

图9-22　猪毛蒿

4.黄花蒿（*Artemisia annua* Linn.）　一年生。黄花蒿的物候期为9月上旬至下旬现蕾，9月下旬至10月上旬开花，10月上旬至11月上旬谢花，11月中旬至12月上旬种子成熟。开花过程中花部表型变化明显。多发生于黄芪、板蓝根、防风、党参等中药材（图9-23）。

5.野艾蒿（*Artemisia lavandulaefolia* DC.）　多年生。野艾蒿以根茎及种子繁殖。花期7～8月，果期8～9月。野艾蒿对气候的适应性强，对土壤要求不严，但在盐碱地中生长不良。 野艾蒿在整个生长季节不断发生。发生于党参、重楼、苍术、黄连、玄参等中药材（图9-24）。

6.一年蓬［*Erigeron annuus*（L.）Pers.］　一年或二年生。种子繁殖，有些地方幼苗可越冬繁殖。种子于8月即渐次成熟随风飞散，落地以后作短暂休眠，在10月中旬出苗，除12和次年1～2月的严寒期间极少发生，直至次年的5月均有出苗，4月和10月为两个

图9-23　黄花蒿

图9-24　野艾蒿

出苗高峰期。9月中旬前后，成年植株即停止生长，逐渐完全枯死。发生于党参、重楼、苍术、淫羊藿、柴胡、麦冬等中药材（图9-25）。

图9-25　一年蓬

7. 小白酒草［*Conyza canadensis*（Linn.）Cronq.］ 一年生，又名小飞蓬。在温带地区种子于4～6月发芽出苗，7～8月开花，8～9月成熟；种子在秋季都能出苗，但一般越冬困难。在亚热带以南地区，种子一般在3～6月和8～11月，甚至一年四季均可出苗，表现出二年生的性状。发生于柴胡、黄连、重楼、麦冬、白及、三七等中药材（图9-26）。

图9-26 小白酒草

8. 牛膝菊（*Galinsoga parviflora* Cav.） 一年生。牛膝菊在6月中旬之前、7月中旬之后生长缓慢，6月中旬之后生长开始加速，旺盛生长期出现6月末至7月中旬。生长速度主要表现在叶片数增加、分枝数增加、株高增长。牛膝菊植株从5月初出苗到12月初枯死，生长期长达7个月之久。发生于黄连、重楼、白及、党参、苍术、黄连、玄参等中药材（图9-27）。

图9-27 牛膝菊

9. 三叶鬼针草（*Bidens pilosa* L.） 一年生。三叶鬼针草从开花到果实成熟只需18天，种子成熟后自然脱落。三叶鬼针草一年四季均可成熟，其中春、夏成熟占14%，秋季成熟占50%，冬季成熟占36%。发芽的主要季节则是春、夏季。发生于黄连、柴胡、重楼、白及、三七、党参、板蓝根、苍术等中药材（图9-28）。

图9-28　三叶鬼针草

（三）藜科杂草

藜（*Chenopodium album* L.）　一年生。藜以种子繁殖。花果期5 ~ 10月，生长于海拔50 ~ 4 200米的地区，生于农田、菜园、村舍附近或轻度盐碱的土地上。发生于柴胡、党参、甘草、板蓝根、防风、苍术、黄芪等中药材（图9-29）。

图9-29　藜

（四）苋科杂草

反枝苋（*Amaranthus retroflexus* L.）　一年生。反枝苋以种子进行繁殖，土层内出苗。5月上旬出苗，一直持续到7月下旬，7月初开始开花，7月末至8月初，种子陆续成熟，成熟种子无休眠期，8 ~ 9月结果。发生于柴胡、党参、甘草、板蓝根、防风、苍术、黄连等中药材（图9-30）。

图9-30　反枝苋

（五）十字花科杂草

1.蔊菜［*Rorippa indica*（L.）Hiern.］　一年或二年生。蔊菜以种子繁殖。3月下旬种子萌发，花期4～6月，果期6～8月。生长在海拔230～1 450米的路旁、田边、园圃、河边、屋边墙脚及山坡路旁等潮湿处。发生于党参、柴胡、苍术等中药材（图9-31）。

图9-31　蔊　菜

2.荠菜［*Capsella bursa-pastoris*（Linn.）Medic.］　一年或二年生。荠菜以种子繁殖。4～6月开花，5～7月种子成熟。在温带地区可终年萌发，年繁几代。喜生于湿润而肥沃的土壤中，亦能耐旱，生于草地、田边、耕地。荠菜在12～20℃日照较短时生长迅速。发生于黄连、重楼、白及、三七等中药材（图9-32）。

图9-32　荠　菜

（六）大戟科杂草

地锦（*Euphorbia humifusa* Willd. et Schlecht.）　一年生。地锦以种子繁殖。花期6～9月，果期7～10月。地锦喜温暖湿润气候，稍耐荫蔽，较耐湿，常生于田间、地边、山坡荒地、河滩、岸边、路旁。发生于党参、柴胡、甘草、板蓝根、防风等中药材（图9-33）。

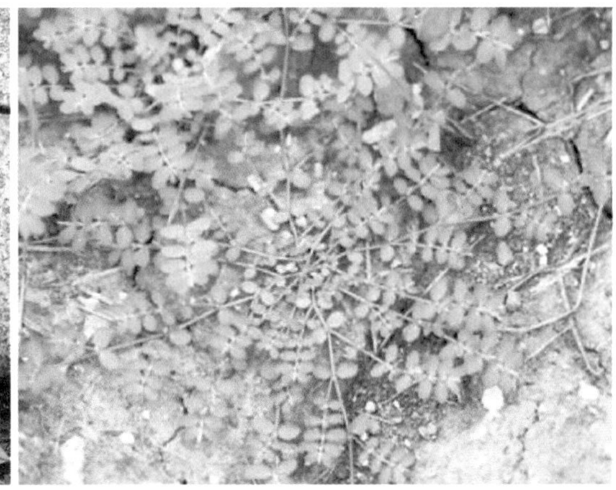

图9-33　地　锦

（七）石竹科杂草

繁缕［*Stellaria media*（L.）Cyr.］　一年或二年生。繁缕以种子繁殖。花期6～7月，果期7～8月。繁缕喜温和湿润的环境，一般在雨季生长旺盛，冬季也能见到。适宜的生长温度为13～23℃，能适应较轻的霜冻。发生于柴胡、黄连、重楼、苍术、麦冬、淫羊藿等中药材（图9-34）。

图9-34　繁　缕

（八）蓼科杂草

尼泊尔蓼（*Persicaria nepalense* Meisn.）　一年生。尼泊尔蓼以种子繁殖。花期5～8月，果期7～10月；喜阴湿，生于海拔1 600～3 600米的菜地、玉米地及水边、田边，路旁湿地或林下、亚高山和中山草地、疏林草地。发生于苍术、党参、黄连、玄参等中药材（图9-35）。

图9-35　尼泊尔蓼

（九）莎草科杂草

莎草（*Cyperus rotundus* L.）　又名香附子，多年生草本植物。莎草以分株繁殖为主，花期5～8月，果期7～11月。不耐寒。莎草喜潮湿或者沼泽地，全国大部分地区都能见到。发生于辽藁本、黄芪、甘草等中药材（图9-36）。

图9-36　莎　草

三、绿色控草常用技术

杂草防除是将杂草对人类生产和经济活动的有害性减低到人们能够承受的范围之内。杂草的防治并不是消灭杂草，而是在一定的范围内控制杂草，“除草务尽”从经济学、生态学观点看，都是既没必要也不可能的。“预防为主，综合防治”这一植保工作的指导思想同样适用于中药材杂草的防治，目前杂草的绿色防除常用方法主要有物理防除、农业防除、生态防除、生物防除等。

1.物理防除　物理防除是指利用物理性措施或物理性作用力，如机械、人工等，导致杂草个体或器官受伤、受抑制或致死的杂草防除方法。可根据草情、气候、土壤和人类生产的特点等条件，运用机械、人力、火焰、高温、电力、辐射、薄膜、除草布、秸秆覆盖等手段，因地制宜地适时防治杂草。物理防除对药材作物、环境等安全，同时还兼有松土、培土、追肥等有益作用。

人工除草是通过人工拔除、刈割等措施来有效治理杂草的方法，也是一种最原始、最简便的除草方法。无论是手工拔草，还是锄、犁、耙等应用于农业生产中除草，都很费工费时，劳动强度大，除草效率低。但是，目前人工除草在不发达地区仍是主要的除草手段，在有些发达地区，某些特种作物上也以人工除草为主（图9-37）。

机械除草是在作物生长的适宜阶段，根据杂草发生和危害的情况，运用除草机械进行除草的方法。除草机械显著提高了除草劳动效率，用工少、功效高，还降低了成本，不污染环境。但是，由于机械除草的机器轮子碾压土地，易造成土壤板结，影响作物根系的生长发育，因而机械除草多用于粗放生产农区的大面积田块中（图9-38）。

地膜化栽培除草已广泛应用于棉花、玉米、大豆和蔬菜。常规无色薄膜覆盖主要是保湿、增温，能部分抑制杂草的生长发育。近年来，生产上采用有色薄膜覆盖，不仅能

图9-37 人工除草

1.菊花基地人工拔草 2.党参基地人工锄草

图9-38 机械除草

1.柑橘园机械割草 2.宁夏金银花地钩耕除草

有效抑制刚出土的杂草幼苗生长，而且可以通过有色膜的遮光效果极大地削弱已有一定生长年龄的杂草的光合作用。在薄膜覆盖的条件下，高温、高湿，杂草又是弱苗，能有效地控制或杀灭杂草（图9-39）。

2.农业防除 农业防除是指利用农田耕作、栽培技术和田间管理等控制措施和减少农田土壤中杂草种子基数，抑制杂草的成苗和生长，减轻草害，降低农作物产量和质量损失的杂草防除方法。农业防除是杂草防除中重要和首要的一环，其优

图9-39　地膜除草

1.地膜防草　2.除草布覆盖黄连生长状况　3.未除草黄连生长状况

点是对作物和环境安全，不会造成任何污染，联合作业时成本低、易掌握、可操作性强，但是也难以从根本上削弱杂草的侵害，从而确保作物安全生长发育和高产。

防止杂草种子侵入农田是最现实和最经济有效的措施。杂草种子侵入农田的途径是多方面的，归纳起来可分为人为和自然两个方面的因素，因此，要防止杂草种子侵入农田就必须做到：①确保不使用含有杂草种子的优良作物种子、肥料和器械等；②防止田间杂草产生种子；③禁止可营养繁殖的多年生杂草在田间扩散和传播。

在农业生产活动中，土地耕耙、镇压或覆盖、作物轮作等均能有效地抑制或防除杂草，可以根据作物种类、栽培方式、气候条件和种植制度等差异综合考虑，配套合理运用上述农业措施，才能发挥更大的作用。

3.生态防除　生态防除是指在充分研究和认识杂草的生物学特征、杂草的群落组成和动态以及“药材—杂草”生态系统特性的基础上，利用生物的、耕作的、栽培的技术等限制杂草的发生、生长和危害，维护和促进作物生长和高产而对环境安全无害的杂草防除方法，主要有化感作用治草、以草治草和利用作物竞争性治草几种方式。

化感作用治草是利用某些植物及其产生的有毒分泌物有效抑制或防治杂草的方法。例如将豆科植物小冠花种植在公路斜坡或沟渠旁，生长覆盖地面，可以防止杂草蔓延。

以草治草是指在作物种植前或作物田间混种、间（套）种可利用的草本植物（替代植物）；改裸地栽培为草地栽培，确保在作物生长前期到中期，田间不出现大片空白裸地，或空地被杂草侵占，减少杂草的危害。

利用作物竞争性治草是选用优良品种，早播早管，培育壮苗，提高作物个体和群体竞争能力，使作物能充分利用光、水、肥、气和土壤空间，减少或削弱杂草对相关资源的竞争利用，达到控制或抑制杂草生长的目的（图9-40）。

图9-40　生态除草

1.以草抑草、草药共生模式（中卫试验站提供） 2.柴胡与玉米套种（承德试验站提供）

4.生物防除　生物防除是指利用不利于杂草生长的生物天敌，像某些昆虫、真菌、细菌、病毒、线虫、食草动物或其他高等植物来控制杂草的发生、生长蔓延和危害的杂草防除方法，如豚草卷蛾、广聚萤叶甲等。生物除草与化学除草相比，具有不污染环境、不产生药害、经济效益高等优点，比农业防除、物理防除简便（图9-41）。

图9-41　生物除草

1.豚草卷蛾除草 2.广聚萤叶甲除草

第十章 中药生态农业

第一节 什么是中药生态农业

一、中药生态农业的概念

中药生态农业、中药材生态种植、中药材生态种植模式等诸多概念，不仅常常把初学者搞糊涂，也给中药生态农业研究、传播带来困扰。准确理解和掌握中药生态农业相关的基本概念是正确认识中药生态农业的基础，以下简要介绍以上几个概念。

生态农业与我们平常所认识的常规农业是有区别的。生态农业是以生态学和生态经济学原理为基础，现代科学技术与传统农业技术相结合，以社会、经济、生态效益为指标，应用生态系统的整体、协调、循环、再生原理，结合系统工程方法设计，通过生态与经济的良性循环，实现能量的多级利用和物质的循环再生，达到生态和经济发展的循环及经济、生态和社会效益的统一，使农业资源得到合理使用的新型农业发展模式。

凡是把生态效益列入发展目标，并且自觉地把生态学原理运用于生产中的农业，都可以称为生态农业。如在生产中完全或基本不用人工合成的肥料、农药、生长调节剂和畜禽饲料添加剂，而采用有机肥满足作物营养需求的种植业，或采用有机饲料满足畜禽营养需求的养殖业。

生态农业是在宏观层面描述农业的发展模式，而生态种植更多地强调一种具体的种植方式。对中药生产而言，中药生态农业应是指包含各种药用植物生产的农业模式，而中药材生态种植则更多是指具体某种药用植物的生产方式。

中药材生态种植模式是指由适用于某种中药材生态种植的一套完整、相对固定，可在同种或同类中药材生产中复制的技术组成的技术体系。如“天然林（人工林）—重楼林下种植模式”“西红花—水稻水旱轮作模式”“半夏的一种多收生态种植模式”“黄芪—马铃薯—畜牧业生态种养模式”等。

二、中药生态农业与有机农业的关系

在近万年的农业发展历史中，农业总体上经历过刀耕火种阶段、传统农业阶段和工业化阶段。目前人们正在积极探索后工业化时代的农业发展路径。现阶段提出了有机农

业、绿色农业、无公害农业等众多概念。这些概念由于偏重于产品和认证，在消费者中具有更高的认知度。而生态农业、自然农法、生物农业、可持续农业则针对的是整个农业生产体系，其中更多地包含生物学、生态学、可持续发展理念。生产过程中既体现生态保护，又体现依赖生态的有效支撑。因而生态农业在学术界越来越受到关注。

1. 生态农业对产地环境和投入品的要求 生态农业环境要求至少应高于无公害农产品对环境的要求。生态农业要求禁止使用化肥、农药、植物生长调节剂等各类化学合成的投入品，禁止采用转基因产品及其产物，并通过选择种植环境或设置隔离带，防止传统农业所用农药残留物等产品对环境造成不良影响。

2. 中药生态农业对产地环境和投入品的要求 中药生态农业对环境的要求与有机产品相同。中药生态农业追求“天地人药合一”，其中对环境的保护、对投入品的管控是关键。投入品应禁止使用化肥、化学农药和植物生长调节剂等各类化学投入品，也禁止采用转基因产品及其产物，这一点也与有机农业一样。

3. 中药生态农业和普通有机农业的区别 从产地环境要求及对生产过程中投入品的管理来看，中药生态农业和有机农业的要求完全一致。在具体操作层面，生态农业和有机农业都强调使用有机肥和鼓励利用作物轮作、秸秆还田、种植绿肥作物等种植管理方式，保持土壤质量和控制病虫草害。因此，中药生态农业产品在安全上也达到有机产品要求。因此，生态农业与有机农业相辅相成，不可分割。多数情况下，有机农业主要关注产品的安全和产量，而中药生态农业对中药材不仅有安全要求，更有质量要求，最后才是对产量的要求。中药生态农业鼓励模拟原始生境的“拟境栽培”，充分理解各类中药生态农业模式的特色及优势，如区域与景观布局模式、生态系统循环模式和生物多样性利用模式等。

第二节　中药生态农业的特点和发展优势

一、药用植物的生长环境

对2015年版《中国药典》所收载的601种药用植物资源的生长环境统计分析，常用中药材以草本、乔木、藤本、灌木为主，分别占药用植物资源的56.07%、18.80%、12.98%、8.15%，合计96.00%，蕨类、菌类和藻类合计占4.00%。

有些药用植物的分布区域狭窄，如泽泻、东方香蒲、昆布、莲、芡等植物只能水生，而部分药用植物有两种或多种不同生境，356种药用植物分布于多种生境，占比59.23%，如侧柏、肉桂、杜仲、厚朴、青蒿等，通常可以在林缘、林下、山坡地、路旁、荒地、草地多种生境下生长。601种药用植物所占有生境合计957个。其中，适合生长在林缘/林下或土地贫瘠的路旁、山坡地、荒地/沙地的药用植物合计占86.31%，适合在林缘/林下、路旁、山坡地、荒地/沙地生长的药用植物分别占比为42.53%、21.94%、18.60%及3.24%。而以大田栽培为主的药用植物只占到0.94%。

药用植物喜欢生长在林缘/林下或土地贫瘠的路旁、山坡地、荒地/沙地，而农田并不是它们最原始的生长环境，只是人们为了模仿粮食作物如小麦、玉米等，将中药材也种在了农田中，从而引起了连作障碍严重、病虫害多发、药材质量下降等问题的出现。

二、中药生态农业的发展优势

发展中药生态农业是有效控制中药材栽培土壤污染及连作障碍，确保中药材产量和质量，保障人民用药安全及促进农业可持续发展的关键，是保护中药农业土壤健康，减少农残、重金属污染，保障中药材栽培土壤可持续利用，解决土地退化严重，农业灾害频繁，农业资源短缺与农业生态环境恶化的现状，实现经济、社会和环境的和谐发展，促进生态文明的重要组成部分。

1. 中药材具有独特的品质特征 与农业生产不同。农业生产主要追求产量，而中药材更加重视中药材品质。比如大量施肥通常会提高中药材的产量，但却会降低中药材的质量。因此，从质量角度考虑，在中药材生产过程中不应使用化肥。但可以采用生态种植技术适度减少病虫害，将病虫害控制在安全线以内，这不仅符合生态种植的要求，也可以提高中药材品质，同时也是对环境的保护。

2. 中药农业生产的独特生境要求 由于中药材通常是多年生的，为了避免与粮食争夺土地资源，中药材多栽培在山坡或土壤贫瘠的土地上或欠发达地区，生产基地基础设施薄弱，小规模分散经营占主体地位。近些年由于企业或农场的参与，一些中药材生产规模有很大提升。但因受连作障碍、病虫害等干扰，相对于农业，多数中药材种植规模都较小。

3. 中药农业具有独特的应用及市场特性 由于农村劳动力转移和生产成本大幅上升，造成农业生产成本逐年提高，我国农业生产的比较效益较低问题日益严重。而中药农业则不同，因为多数中药材的原产地为中国，其生产、加工及使用的理论、方法、技术基本都掌握在我国劳动人民手中，中药材生产基本不存在由国际市场带来的竞争压力。在中药材生产中，通过开展生态种植，由于劳动投入增加可能造成的成本增加，或由于不使用化肥农药造成的产量降低，可以通过品质提升带来的价值抵消掉，与此同时，基于精细耕作的中药生态农业需要较大的人力投入，既解决农业剩余劳动力在就业、增加农民收入，更可促进中药生态农业的发展。

第三节　中药生态农业的发展现状

中药农业是现代农业的重要组成，更是整个中药产业的源头。中药材栽培一直处于小农经济的种植模式，多数品种种植历史短、规模小、技术落后、产区局限。伴随着大健康产业的快速发展，中药材需求量剧增，为了满足不断增长的医疗需求，很多以野生或少量栽培为主的中药材开始大面积种植。据估计，截至2019年，全国中药材栽培品种达到300多种，栽培面积达7 000万亩，其中云南省中药材种植面积达756万亩，甘肃省种植面积约460万亩，山东省种植面积超过260万亩。目前已实现人工栽培的药用植物中，95%以上具有连作障碍。连作障碍导致中药材产量和质量下降，病虫害高发甚至绝收。连作障碍不仅表现为重茬难，还表现为多年生药用植物随栽培年限增加自毒作用显著加剧，如栽培4～5年后的人参随栽培年限增加发病率显著上升。为克服连作障碍，中药材生产中曾大量使用化肥农药，但事实证明，这种做法不但不能有效改善中药材生长状况，还造成土壤和药材中农残及重金属超标，严重影响药材质量，既危害人民的用药安全，又污染生态环境。

中药生态农业的理念及生产实践正是在这种背景下产生的。由于中药栽培具有明显的地域性，其种植和研究主要集中在国内。2004年，郭兰萍、黄璐琦等提出中药资源生态学的概念，并指出大力推行生态种植和精细农业将展现出更大的潜力和更广阔的前景。

国家“十一五”科技支撑计划首次支持中药生态农业研究项目“有效恢复中药材生产立地条件与土壤微生态环境修复技术”，针对中药材栽培中普遍存在的土壤退化、连作障碍严重及农残、重金属超标的问题，开展中药生态种植研究及土壤立地条件综合治理，初步形成了中药生态种植的技术体系。

2015年，郭兰萍、黄璐琦等就生态农业的起源、概念、特点及实用技术，梳理景观、生态系统、群落、种群、个体和基因等不同生物层次上的生态农业模式，分析中药生态农业的背景及现状，总结我国生态农业的起源和常用技术和特点，提出了中药生态农业是中药材GAP的未来发展思路及重点任务。2017年，郭兰萍、黄璐琦分别结合我国农业生产现状和问题，从中药材的品质特征、独特的生境要求，以及中药农业应用及市场特性三个方面，分析了中药生态农业的独特优势，指出生态农业是中药农业的必由之路。

2018年，郭兰萍在第二届中国中药资源大会提出了“不向农田抢地，不与草虫为敌，不惧山高林密，不负山青水绿”的中药生态农业宣言。

2019年，《中共中央 国务院关于促进中医药传承创新发展的意见》中指出，“大力推动中药质量提升和产业高质量发展”“推行中药材生态种植、野生抚育和仿生栽培”，表明中药生态农业已上升为中药农业的国家战略。

在生产实践中，尽管中药材生产仍以传统农业种植方式为主，但是，生态种植越来越得到重视，面积在不断扩大，且发展速度很快。据不完全统计，全国已有21个省份约60余种中药材开展了生态种植的探索和实践。

第四节　如何发展中药生态农业

药用植物在野外状态下，很少会大范围暴发病虫害，其主要原因是生态系统稳定，形成了完整的食物链，或者是所处生境不利于病虫害发生。例如，林缘/林下的药用植物，虽然面临湿度较大，具有病虫害高发的小生境，但由于林中生物及其土壤微生物都具有很大的生物多样性，形成了复杂完整的食物链，因此，大部分药用植物都很少发病。而路旁、山坡地、荒地/沙地的生境简单，物种单一，但由于通常干旱、昼夜温差大，不利于各类害虫及微生物的生长，限制了病虫害的发生。可见，长期面对同类环境胁迫导致了药用植物的适应性，即药用植物的形态结构和生理机能与其赖以生存的特定环境条件相适合的现象。

中药材生产中应首选“拟境栽培”的种植模式。什么是拟境栽培呢？拟境栽培是指中药材种植过程中，尽可能模拟野生生境，完成整个生长发育周期的栽培模式。

拟境栽培的难点和关键是“模拟”药用植物野生生境，尤其是道地药材原始生境。拟境栽培不是简单的仿野生栽培，栽培过程中需要充分理解和应用生态系统原理，利用科学设计和巧妙的人为干预，优化中药农业生态系统的功能和服务，充分体现“天地人药合一”的中药生态农业的特点和优势。在中药材生长的整个生命周期中，都要模拟药用植物原生境中所面临的各种环境因子，尽量减少人为干扰，不使用化肥、农药、除草剂、植物生长调节剂，尽可能不耕作、不除草，科学进行密度设计和管理，以及灌溉、剪枝等田间管理，在了解药用植物生物学特性及中药材品质形成特性的基础上，科学引入各类适宜共生，或有利于药用植物病虫害综合防治、杂草控制，以及中药材品质形成的伴生植物及动物，后者常见的如鸡、鸭、鹅、羊等。

第五节　常见的中药材生态种植模式

我国地域辽阔、自然和社会经济条件差异明显，各地区的中药材生态种植方式繁多，同一地区的生态种植方式也多种多样。这里仅简要介绍我国各地区中药材生态种植的主要模式。

一、东北地区中药材生态种植模式

东北地区包括辽宁、吉林、黑龙江及内蒙古东北部，大部分属温带、寒温带季风气候，是关药主产区。东北地区优势道地药材品种主要有人参、鹿茸、北五味、关黄柏、辽细辛、关龙胆、辽藁本、赤芍、关防风等。东北地区地形主要由山地、丘陵和平原组成，有大面积的森林和草地分布，为该地区重点发展人参林下中药材种植和赤芍、防风等仿野生种植提供先天优势。

（1）人参林下种植模式：模拟野生人参生长环境，将人参种植在乔木、灌木、杂草组成的针阔叶混交的森林中自然生长（图10-1）。人参林下种植技术的关键点在于人参种质优选、林分和土壤坡度的筛选，其中伴生树种以蒙古栎、椴树、色木槭、白桦等阔叶混交林或针阔混交林为宜，郁闭度以0.6 ～ 0.8为宜；灌木丛以刺五加、龙牙楤木、忍冬、榛树等为宜。土壤宜选取疏松透气、排水与保水性强以及微量元素含量较高的森林棕壤沙壤质或轻壤质，腐殖质厚度5厘米以上，土层厚度20厘米以上，pH 5.1 ～ 6.5。高海拔林下山参适宜坡度为30° ～ 45°，低海拔地区适宜坡度为25° ～ 40°。该种植模式主要集中在吉林靖宇县、抚松县以及辽宁宽甸县，可推广应用到其他人参种植区。

（2）赤芍仿野生栽培模式：赤芍仿野生栽培关键要选好适宜的生境，一般以秋季栽培效果较好，栽培密度不宜过大。赤芍仿野生栽培基本不使用化肥农药，人为干预较少，

图10-1　人参林下仿野生种植模式

节省劳力成本，不仅能够提高药材品质，而且对于抚育幼林、促进林木迅速生长也大有益处。辽细辛、关防风等药材的生态种植可借鉴这种仿野生栽培模式。

二、华北地区中药材生态种植模式

华北地区包括河北、山西、天津、内蒙古中部，大部分属温带季风气候，是北药主产区。华北地区优势道地药材品种主要有黄芩、连翘、知母、酸枣仁、潞党参、柴胡、远志、山楂、天花粉、款冬花、甘草、黄芪等。鉴于该地区自然环境和经济发展情况，可以开展黄芪、柴胡等药粮间作轮作生态种植模式，黄芩－果树套作生态种植模式，柴胡－玉米套作种植模式，知母林下种植模式和连翘仿野生种植模式等。

（1）连翘仿野生种植模式：实施“三不”管理，即不浇水、不施肥、不打药。靠自然降水；将适量落叶或杂草埋于鱼鳞坑，培肥土壤，增加根系土壤微生物；适当保留伴生植物，形成多种类昆虫相互制约，避免形成大规模纯林，造成病虫害的频发。采用该生态种植模式，连翘产量比自然野生连翘提高1 ～ 3倍，经济效益大幅度提高。此外，还能改善生态环境，增强保水固坡能力，具有较好的生态效益（图10-2）。

图10-2 连翘仿野生种植模式

（2）柴胡-玉米套作种植模式：柴胡种植以旱地为主，幼苗期喜湿润、阴凉环境，旺盛生长期需要有足够的光照时间和较强的光照条件。将柴胡与玉米套作，解决了柴胡种子发芽率不高、不整齐的问题。通过药粮套作每亩柴胡每年可增收2 000 ~ 3 000元。柴胡与玉米套作种植模式可推广至河北邯郸、安国，山西等干旱半干旱地区应用。

（3）知母林下种植模式：杨树、山杏、梨树、苹果树、桃树、李树、文冠果等林下套种知母的生态种植模式，增强了水土保持能力，弥补了果树初期阳光利用率低的问题，解决了知母种植效益低的问题，可取得较好的经济效益和生态效益。该模式可推广到黄芩、党参的林下种植。

（4）黄芪仿野生种植模式：为了克服黄芪种植过程中明显存在的连作障碍问题，可采用黄芪仿野生种植模式，实现增产。黄芪仿野生种植模式已经在山西广灵县等周边地区开展了示范推广，在整理过的坡地上，人工撒播，每亩播种量掌握在0.75 ~ 1千克之间。播种后20天左右应及时进行查苗补苗，对大面积缺苗地块进行补种，补种时将地块内的小杂草除净再次撒播，覆少量湿土盖住种子即可。该种植模式可推广应用于荆芥－小麦轮作种植地区（图10-3）。

图10-3　黄芪仿野生种植模式

三、华东地区中药材生态种植模式

华东地区包括江苏、浙江、安徽、福建、江西、山东等省份，地形以丘陵、盆地、平原为主，属于热带、亚热带季风气候，是浙药、江南药、淮药等主产区。华东地区优势道地药材品种主要有浙贝母、温郁金、白芍、杭白芷、浙白术、杭麦冬、台乌药、宣木瓜、牡丹皮、江枳壳、江栀子、江香薷、茅苍术、苏芡实、建泽泻、建莲子、东银花、山茱萸、茯苓、灵芝、霍山石斛、铁皮石斛、菊花、前胡、木瓜、天花粉、薄荷、元胡、玄参、车前子、丹参、百合、青皮、覆盆子、瓜蒌等。该地区自然环境条件优越，物产资源丰富，工业门类齐全，是中国综合技术水平最高的经济区，为中药材生态种植推广应用提供技术支撑。该地区在长期生产实践中形成了代表性的生态种植模式，主要有霍山石斛拟境栽培模式，白芍、泽泻、苍术、丹参、浙贝母等药粮套作轮作种植模式，栝楼-黄豆、小麦复合作种植模式，椴木灵芝林下种植模式，铁皮石斛附树种植模式和金银花梯田堤堰种植模式等。该区域适合发展中药材间套作或轮作生态种植。

（1）霍山石斛拟境栽培模式：该模式完全模拟其野生状态的生长环境，选取具有适宜的温度、湿度、光照条件及水傍山崖石边，将石斛幼苗移栽至山崖石缝中任其自然生长。霍山石斛拟境栽培的具体技术特点包括：①环境选择：选择山间多石、植被丰富、以针叶林为主的林地；空气相对湿度平均不低于50%，山林有河流为最佳，一般以石头上多附有苔藓类植物判断空气湿度条件适合；最高海拔不超过1 000米。②种源选择：为保证种源的纯正性，避免杂交，选择霍山石斛植株为同一品种、同一性状的植株；选择的霍山石斛植株经过大棚越冬驯化10个月以上。③附石栽种：采用的基质是山间原有的石头，石头上需附有苔藓、地衣类植物；根据石斛的生长特性，在气温回升后新芽生根前栽培下去，最佳时间为3月下旬到5月上旬，即石斛开花之前结束；在青苔成片的石头上，将青苔切开一个小口，然后将一丛石斛的根部塞进青苔与石头之间，以此类推，随后用棉线围绕石头一圈将青苔捆绑严实，以此固定。该模式在安徽六安地区示范推广种植面积2 000亩左右（图10-4）。

图10-4　霍山石斛拟境栽培模式

（2）泽泻－莲田套作或轮作栽培模式：莲田套种泽泻是一种水生立体共生种植模式，以莲与泽泻的互补互利关系为基础，进行合理种植。泽泻与莲轮作模式可以有效减缓泽泻长期种植导致的连作障碍，减少化肥和农药的使用，降低土壤污染率，提高泽泻药材产量和质量。据调查，采用莲田套种泽泻方式比单独种植莲、泽泻品种，每亩可增收5 000元左右。可推广到白芍－大豆、麦冬－玉米、苍术－玉米、菊花－柑橘等中药材生态种植。

（3）栝楼－黄豆、小麦复合作种植模式：栝楼－黄豆、小麦复合种植模式，利用栝楼、小麦和黄豆在时间和空间上的生育特性，通过运用适时栽培、合理密植、水肥管理等技术手段，建立的一种立体高效的套种栽培模式，从而达到了提高土地利用率与作物产量、增加经济效益的目的。据调查，通过该生态种植模式年增产小麦500千克、黄豆200千克，亩增收效益30%以上（图10-5）。

图10-5　栝楼－黄豆、小麦复合作种植模式

（4）铁皮石斛附树种植模式：铁皮石斛附树种植模式是将铁皮石斛放置在原始森林树木、原木边材上的栽培，因其在仿野生环境下种植，减少了农药的使用量，对药材质量有保证。该种植模式与设施栽培模式相比，兼顾铁皮石斛野生资源保护和经济效益，同时具有前期投入小、不占用耕地、产品质量高、价格高等特点，对于提高林业利用率和综合效益以及保护生态环境具有十分重要的意义。值得注意的是，种植过程中栽培环境要温暖、湿润、通风、透气，自然遮阳率一般要达到50%～70%。对于附生树种，铁皮石斛在香樟、杨梅、枫杨、黄檀、梨、板栗、松、红豆杉、杉木、柏上均能生长良好（图10-6）。

（5）金银花梯田堤堰种植模式：利用堰边闲散土地，进行金银花梯田堤堰种植，增加了土地利用率。大部分的金银花种植在山坡、堤堰等地，既能起到保水保肥功能，又能防风固沙，在长期的实践过程中产生了巨大的经济效益和生态效益。目前金银花梯田堤堰生态种植技术在平邑等地区推广5万亩以上（图10-7）。

图10-6　铁皮石斛附树生态种植模式

图10-7　金银花梯田堤堰种植模式

四、华中地区中药材生态种植模式

华中地区包括河南、湖北、湖南等省份，地形以平原、丘陵、盆地、山地为主，属于温带、亚热带季风气候，是怀药、蕲药等主产区。华中地区优势道地药材品种主要有怀山药、怀地黄、怀牛膝、怀菊花、密银花、荆半夏、蕲艾、山茱萸、茯苓、天麻、南阳艾、天花粉、湘莲子、黄精、枳壳、百合、猪苓、独活、青皮、木香等。该地区代表性的中药材生态种植模式主要有黄精林下仿野生种植模式、半夏－玉米间作模式、地黄药粮轮作种植模式等。该区域适合发展中药材林下生态种植和间作轮作种植。

（1）黄精林下仿野生种植模式：黄精林下仿野生种植是利用林地造就的湿润、荫蔽、土层深厚肥沃的自然环境来进行黄精仿野生种植。林地的选择以杉木、锥栗、油茶、毛竹等林木为宜。利用林地环境发展黄精种植，可以调节林地小气候，改善土壤，提高肥力，涵养水源和保持水土，既不占用农田，且林下生态种植病虫害明显减少，大幅度减少农药的使用，节约人工成本，带来明显的综合效益。该种植模式可推广应用到大麻等中药材林下种植（图10-8）。

图10-8　黄精林下仿野生种植模式

（2）半夏－玉米间作种植模式：半夏为喜阴忌高温植物，在种植过程中，充分利用半夏与农作物生物学习性的差别，搭配玉米等高秆农作物，能减轻半夏病虫草害的发生。同时间作农作物还可以增加农田生态多样性，改良土壤环境，减少土壤化学自毒物质的积累，减轻半夏连作障碍，经济效益显著（图10-9）。

（3）地黄药粮间作种植模式：地黄药粮间作种植模式下的地黄适合两年三熟或一年两熟旱作区、温带草原化灌木荒漠、温带草丛的植被类型区域生长。通常采用小麦、玉

图10-9 半夏－玉米间作种植模式

米、花生、芝麻等与地黄轮作的生态种植技术以确保地黄的产量和品质。该种植模式关键在于间作作物的筛选和田间水分的管理，可推广到半夏的生态种植中。

五、华南地区中药材生态种植模式

华南地区包括广东、广西、海南等省份，地形以山地、丘陵为主，属于热带、亚热带季风气候，气温较高、湿度较大，是南药主产区。华南地区优势道地药材品种主要有阳春砂、新会皮、化橘红、高良姜、佛手、广巴戟、广藿香、广金钱草、罗汉果、广郁金、肉桂、何首乌、益智仁等。该地区代表性的中药材生态种植模式主要有阳春砂林下种植模式、岗梅－金钱草套种模式、罗汉果－砂糖橘立体套种模式等。该区域适合发展中药材林下生态种植和间套作生态种植。

（1）阳春砂林下种植模式：在经济作物龙眼、荔枝树林下栽培阳春砂，是一种立体种植技术，符合中药生态农业的理念。龙眼、荔枝树可以作为阳春砂的荫蔽树，而阳春砂铺满了龙眼、荔枝树林间的空旷地并使土壤湿润、肥沃，也有利于龙眼、荔枝的生长发育，具有较好的生态效益和经济效益。该种植模式可推广应用到金钱草、何首乌、山豆根等中药材林下种植。

（2）岗梅－广金钱草套种模式：岗梅－金钱草套种可以避免二者对水、肥的争夺，一方面可扩大广金钱草的种植地块，以短养长，另一方面也可减少病虫草害的发生，提高当地土地资源利用率，实现药材生产长短结合，经济效益显著。该种植模式可推广到穿心莲－玉米套作种植（图10-10）。

（3）罗汉果－砂糖橘立体套种模式：在砂糖橘种好后，选择扦插育苗的罗汉果早熟品种套种，种苗种下后即可搭建网棚，用杉木、杂木作支柱。每年9月下旬采果结束后，把罗汉果主蔓从基部剪断，然后把枯蔓清除，罗汉果块根挖除进行清园，以利砂糖橘生

图10-10　岗梅－金钱草林下套种

长。2年后解除套种，及时撤除棚架，以便进行砂糖橘管理。这种立体套种模式不但充分利用了土地，解决了山区发展罗汉果破坏森林资源的矛盾，而且也解决砂糖橘种植前2年的投资效益问题。

六、西南地区中药材生态种植模式

西南地区包括重庆、四川、贵州、云南等省份，地形以盆地和高原为主，属于亚热带季风气候及温带、亚热带高原气候，是川药、云药、贵药等主产区。西南地区优势道地药材品种主要有川芎、川续断、川牛膝、黄连、川黄柏、川厚朴、川椒、川乌、川楝子、川木香、三七、天麻、滇黄精、滇重楼、川党、川丹皮、茯苓、铁皮石斛、丹参、白芍、川郁金、川白芷、川麦冬、川枳壳、川杜仲、干姜、大黄、当归、佛手、独活、青皮、姜黄、龙胆、云木香、青蒿等。该地区代表性中药材生态种植模式主要有川芎、附子等药粮套作轮作模式，黄柏－芍药间套作种植模式，麦冬－玉米间套作种植模式，三七、黄精、重楼等林下种植模式，大黄仿野生种植模式，天麻－冬荪循环种植模式等。该区域适合发展中药材间套作和林下生态种植。

（1）川芎－水稻水旱轮作模式：川芎－水稻水旱轮作能够改变农田土壤生态环境，使农田生物群落发生变化，减少病虫草害的发生，而且川芎生长期内稻草即腐烂还田，起到以草增肥、保湿、调温、抗病虫等多重作用，有效减少农药、化肥和劳动力成本，改善了川芎生长环境，当季川芎增产效果显著。

（2）黄柏－芍药间套作种植模式：黄柏为高大的落叶乔木，树种生态适应性强，常见于野外荒坡上。芍药忌连作，在与黄柏间套作采收之后，可改换其他品种的药材继续与黄柏间套作。黄柏与芍药间套作在种植上可以形成田园生态综合体，种植区内形成景观示范，开展旅游休闲活动，有利于生态环境的可持续发展（图10-11）。该种植模式可

图10-11　黄柏－芍药间套作种植模式

推广应用到黄精、重楼、白芍、麦冬、厚朴、太子参等中药材间套作种植。

（3）重楼林下种植模式：重楼宜阴畏晒，喜湿忌燥，林下种植为重楼提供足够的荫蔽生长空间，不仅能克服重楼单一种群种植的自毒作用，提高土地的利用率，还能使植物具有较高的光能利用效率，提高重楼成活率。林地宜以针叶树种，如马尾松、杉木等为主。林木与重楼互利共生，具有较高的生态价值和经济价值。这种林下种植模式可推广应用到三七、天麻、黄精、白及、铁皮石斛等中药材的林下种植（图10-12）。

图10-12　重楼林下种植模式

（4）天麻－冬荪资源循环利用种植模式：根据中药材及其非药用部位在生态系统中

的能量流动和物质循环规律，构建物质及能量良性循环的资源利用体系，使系统中的废弃物多次循环利用，提高能量的转换率和资源利用率，保证生产体系的高效循环和有效产出。天麻和冬荪循环利用菌棒资源是基于天麻采收后，废弃的菌材能够为冬荪食用菌的生长提供优良的物质基础。这种循环种植模式不仅能获得与野生天麻品质相近的药材，还能增加冬荪的产量，提高土地资源和木材的重复利用率（图10-13）。

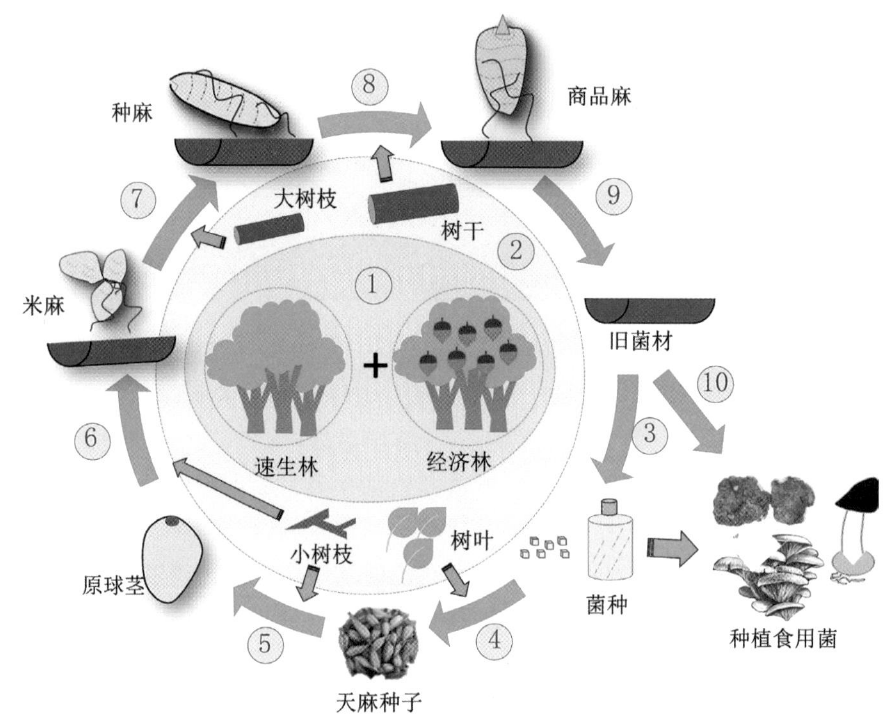

图10-13　天麻－冬荪资源循环利用种植模式

注：①～⑩表示生产的顺序。

七、西北地区中药材生态种植模式

西北地区包括陕西、甘肃、青海、宁夏、新疆、内蒙古西部等地区，地形以高原、盆地、山地为主，大部分属于温带季风气候，较为干旱，是秦药、藏药、维药等主产区。西北地区优势道地药材品种主要有当归、大黄、纹党参、枸杞、银柴胡、柴胡、秦艽、红景天、胡黄连、红花、羌活、山茱萸、猪苓、独活、青皮、紫草、款冬花、甘草、黄芪、肉苁蓉、锁阳等。该地区受自然环境和社会经济因素的限制，发展中药材生态种植较为缓慢，但也形成了一些代表性的生态种植模式，主要以仿野生和野生抚育种植模式为主，如甘草野生抚育种植模式、唐古特大黄仿野生种植模式，还有柴胡－玉米间套作模式、秦艽林药间作模式等。

（1）甘草野生抚育种植模式：野生抚育是根据药用植物生长特性及对生态环境条件的要求，在其原生境或相类似的生境中，人为或自然地增加种群数量，使其资源量能为人们采集利用，并能继续保持群落平衡的一种药用植物仿生态的生产方式。在甘草野生抚育种植过程中，人工补苗和围栏管理是关键，充分利用了药材的自然生长特性，大幅降低了土地和人工管理费用，而且能够获得高品质的近野生甘草药材。人工补苗，提高荒地的绿色面积达到防风固沙的效果，逐步恢复生态平衡，另外通过围栏抚育科学管理，科学采收，既能提高野生甘草种子产量，还可提升野生甘草资源蓄积量（图10-14）。

图10-14　甘草野生抚育种植模式

（2）秦艽林药间作模式：秦艽林药间作模式提高了秦艽的出苗率、节约费用、提高了土地利用率，同时秦艽生长两年后种子极易落于地表，在杂草遮阴和足够的地表墒情情况下又可发芽出苗，长出参差不齐的秦艽植株，可选择性采挖，既提高了收益，又能保护秦艽优质种质资源，扩大其种群分布和蕴藏量。

（3）当归－燕麦轮作种植模式：当归－燕麦轮作生态种植模式以当归为主栽作物，以燕麦为轮作作物，每2年一个轮作周期的种植模式。适宜于高寒阴湿、气候冷凉的甘肃岷县、漳县、宕昌东北部、卓尼、临潭等传统当归道地产区。该模式的特点是：前茬种植燕麦，在燕麦收割后再进行深松土壤，驱使土壤生物群落发生变化，使原来猖獗的病、虫、杂草一时不能适应新的生态环境而被消灭。还能使土壤容重减小，非毛管空隙增加，有利于团粒结构的形成。燕麦高茬还田增加了土壤有机质含量，提高了土壤水分保蓄能力，避免了因焚烧而引起的空气污染。改革了原有当归单一种植方式，轮作作物燕麦可作为马、驴、骡等的优质饲料，其粪便成为良好有机肥源，节省种植中的肥料投入成本。在当归田间地埂再种植一些显花植物或蜜源植物，预留适当数量的杂草，可招引天敌、扩繁有害生物天敌，实现了生物防治。

八、青藏地区中药材生态种植模式

青藏地区主要包括西藏自治区、青海中西部、四川西部和甘肃西南部等地区，地形以高原为主，平均海拔在4 000米以上，属于高原山地气候，冬季严寒，夏季温暖，全年干旱少雨，是藏药的主产区。青藏地区道地药材品种主要有胡黄连、大黄、秦艽、羌活、甘松等。该地区适于耕种的土地很少，主要适宜发展中药材野生抚育和仿野生栽培种植模式，目前现有相对成熟的生态种植模式主要有唐古特大黄仿野生种植模式和甘松仿野生种植模式等。

（1）唐古特大黄仿野生种植模式：唐古特大黄喜冷凉气候，耐寒，忌高温，一般以土层深厚、排水良好的高原草甸土最好。在栽培过程中，建议选取优质种源，及时摘薹和培土，促进根部发育。培土能提高唐古特大黄产量和质量，改善其商品性状。另外，及时割薹对药材地上部分的生长非常关键（图10-15）。

图10-15　唐古特大黄仿野生种植模式

（2）甘松仿野生种植模式：甘松仿野生种植模式不仅可以减少草地土壤中各种有毒物质积累和病虫草害，保护草地生态环境，而且可调温保湿增肥，降低肥料、农药和劳动力投入。在甘松种植时，选择海拔3 500米左右的15°～30°阴坡草地或有小灌丛分布的草地，平畦作畦。9月种子播种后，于5月再出苗时方可移栽定植，并堆积腐熟杂草覆盖栽种行。堆积腐熟杂草不仅增加了土壤有机质，而且改善了土壤的理化性状，有利于甘松的生长。该种植模式可推广应用到胡黄连等中药材的仿野生种植。

第十一章 中药材设施栽培及智能化管控

中药材设施栽培是利用特定的设施创造适于药用植物生长的环境，有计划地生产优质、高产的中药材，是人工栽培条件下提高中药材产量和质量的有效补充，不仅可实现中药材规范化、集约化生产，而且可以减少土壤病虫害，克服连作障碍，提高药材的产量和质量。药用植物有其自身的生长特点，设施栽培必须遵循一定的原则。

第一节　中药材设施栽培的特点与原则

中药材设施栽培不仅对我国野生药用资源保护有着重要意义，还能克服露地栽培的弊端、缩短栽培周期、提高产量，有着巨大的应用价值。在中药农业现代化过程中，必须充分考虑药用植物的实际生长情况，有所选择、有的放矢地开展其设施栽培，这样才能真正实现中药材的规范化生产。

一、中药材设施栽培的特点

1.设施栽培能保证药材的质量　设施栽培能根据特定药用植物的生长要求，模拟其所需的环境和特殊的养分供应，保证其用成分的含量稳定，达到生产优质道地药材的目的。如蛹虫草的栽培已经实现工厂化生产，能通过智能系统控制温室内的温度、湿度、光照、通风等环境条件，为蛹虫草生长发育的不同阶段适时调整其所需的环境条件，可提高蛹虫草的产量和品质，并实行周年多批次生产。

2.设施栽培能提供大量优质的种苗　设施栽培可提供大面积生产所需的大量优质种苗，降低育苗成本，有效避免育苗风险。如铁皮石斛是我国的名贵中药，在野生状态下，铁皮石斛需要特定的昆虫协助才能完成授粉，其结果率低，而铁皮石斛的种子需要与真菌共生才能萌发，因此种子的萌发率极低。野生铁皮石斛已经被列为濒危物种。随着铁皮石斛组织培养技术的研究和种子萌发技术的成熟，铁皮石斛工厂化育苗和栽培产业迅速发展，可为市场供应大量的铁皮石斛种苗。

3.设施栽培能实现工厂化生产　设施栽培能实现统一播种、移植、栽培、管理、收获、加工等一系列工厂化生产流程，能严格控制影响药材质量的采收、加工等环节，使药材质量得到保证，亦可避免出现靠天吃饭的被动局面，还可形成自主品牌以提高市场竞争力。广东省微生物研究所的有机灵芝种植基地，采用仿野生种植直立栽培方式，实行统一的栽培管理规范，以套袋的方式安全、纯净地收集灵芝孢子，杜绝农药残留和重金属污染，获得了良好的经济效益和社会效益。但是并不是所有的中药材都适合或者有必要进行设施栽培，设施栽培必须遵循一定的原则。

二、中药材设施栽培遵循的原则

1.适应性原则 特定的药用植物都有其特有的生物学特性和生长环境。因此，为了保证药用植物不因异地栽培而改变有效成分，设施栽培必须根据药用植物的生长特性对环境进行选择和改造，以适应植物生长所需的环境。西洋参主要栽培于加拿大的卑诗省和安大略省、美国的威斯康星州，该地域气候偏冷，夏季凉爽，土壤肥沃，富含多种矿物质。国内的科研人员根据其生长特性引种在我国海拔为800 ～ 1 100米的具有微酸性、富含腐殖质、土层较厚且易于排水、气候凉爽而湿润的山地阔叶林地带或肥沃的园田中。目前，国内山东文登地区实现了规模化的人工栽培。

2.道地性原则 传统意义上的道地药材是指具有特定的种质、产区和栽培技术及加工方法所生产的中药材，其产品质优、质量稳定、疗效可靠。把道地药材与地理、生境和种植技术等特异性联系起来，可将药材分为关药、北药、怀药、浙药、南药、云药及川药等。在众多的药材品种中，有的药材道地性强，如云南的三七、四川的川芎、重庆的黄连、甘肃的当归、吉林的人参、广东的化橘红和广陈皮等，它们的道地性受地理环境、气候条件等多种生态因素的影响且影响较大。这些因素不仅限定了植物的生长发育，更重要的是影响了药用植物次生代谢产物的种类和含量。

但并非所有种类的药材都有很强的道地性，有些药用植物引种后的生长发育和质量与原产地一致，如薯蓣（山药）、芍药、忍冬、菊花等。随着科研水平的提高，越来越多的药用植物在尊重传统道地性的基础上，通过设施栽培保证了中药材的有效成分含量和产量。

3.安全性原则 在中药材设施栽培管理过程中，防治病虫草害采取生态学的理念，采用以预防为主、防治结合的措施。尽可能地使病虫草害不发生或少发生，尽量不施农药，尽量采用物理防治措施或采用无毒的生物农药。在设施中栽种具有驱虫效果的植物，可驱赶害虫；在周边栽种害虫喜食的作物，可吸引害虫并统一扑杀；采用黄板、灭虫灯等物理手段，可吸引并消灭害虫；利用天敌消灭害虫，如释放捕食螨、赤眼蜂、胡蜂等控制红蜘蛛、小实蝇等害虫。

4.经济性原则 中药材设施栽培需要建设大棚、灌溉、控温等设施，投资巨大，因此，必须遵循经济性原则。应立足于本地、因地制宜，设施条件能满足植物生长需要和日常生产管理需求，达到一定的规模和管理规范化即可，不必追求高、大、全的设施。栽培品种一般选择市场前景广阔、栽培技术成熟、开发价值高的药用植物，可使设施栽培的投资生产效率高、整体回报率高、经济效益高。

中药材设施栽培必须遵循以上原则，才能在保证中药材药效和质量的同时实现经济效益最大化。

第二节 栽培设施的类型

作物设施栽培是指在露地不适于某些作物生长的季节或地区，根据人们的需要，利用特定的设施，人为创造适于作物生长的环境，有计划地生产优质、高产的作物产品。在20世纪50 ～ 70年代设施栽培常称为保护地栽培，既包括风障、阳畦、小拱棚、地膜覆盖和浮面覆盖等简易保护设施，也包括塑料薄膜大棚和温室等大型设备。20世纪80年代后，由于世界经济和科技的发展与进步，支撑设施栽培的新品种、新装备、新资材不断被开发应用，也赋予了设施农业以全新的含义。全天候可控制环境的植物工厂和宇宙（太空）农业以及无土栽培、工厂化穴盘育苗、遮阳网、避雨棚栽培、防虫网覆盖栽培等都属于现代设施农业的范畴。作物栽培的设施随着社会的发展和科技的进步，由简单到复杂、由低级到高级发展成为当今各种类型的栽培设施，以满足不同作物不同季节的栽培要求。

作物栽培设施有不同的分类方法。①根据温度性能可以分为保温加温设施和防暑降温设施。保温加温设施包括各种大小拱棚、温室、温床、冷床等，防暑降温设施包括荫障、荫棚和遮阳覆盖设施等。②根据用途可以分为生产用、实验用和展览用设施。③根据骨架材料可以分为竹木结构设施、混凝土结构设施、钢结构设施和混合结构设施等。④根据建筑形式可以分为单栋和连栋设施。单栋设施用于小规模的生产和实验研究，包括单屋面温室、双屋面温室、塑料大小拱棚、各种简易覆盖设施等；连栋温室是将多个双屋面的温室在屋檐处连接起来，去掉连接处的侧墙，加上檐沟构成。连栋温室土地利用率高，内部空间大，便于机械作业和多层立体栽培，适合工厂化生产。

从设施条件的规模、结构的复杂程度和技术水平可将设施分为四个层次：

一、简易覆盖设施

简易覆盖设施主要包括各种风障、阳畦（冷床）、温床、地面覆盖、小拱棚、防雨棚、防虫网覆盖、遮阳网覆盖等。这些设施结构简单，建造方便，造价低廉，多为临时性设施，主要用于作物的育苗和矮秆作物的季节性生产。

二、普通保护设施

通常是指塑料大中拱棚和日光温室。这些保护设施一般每栋面积在200 ～ 1 000米^{2}之间，结构比较简单，环境调控能力差，栽培作物的产量和效益较不稳定，一般为永久性或半永久性设施，是我国现阶段的主要园艺栽培设施。

三、现代温室

通常是指能够进行温度、湿度、肥料、水分和气体等环境条件自动控制或半自动控制的大型单栋或连栋温室。这种设施每栋面积一般在1 000米^{2}以上，大的可达10 000 ～ 30 000米^2，用玻璃或硬质塑料板（俗称阳光板）和塑料薄膜等进行覆盖，包括计算机监测和智能化管理系统，可以根据作物生长发育的要求调节环境因子，满足作物生长要求，能够大幅度提高作物的产量、质量和经济效益。

四、植物工厂

植物工厂是园艺栽培设施的最高层次，其管理完全实现了机械化和自动化。作物在大型设施内进行无土栽培和立体种植，所需要的温、湿、光、水、肥、气等均按植物生长的要求进行最优配置，不仅全部采用计算机监测控制，而且采用机器人、机械手进行全封闭的生产管理，实现从播种到收获的流水线作业，完全摆脱了自然条件的束缚，但是植物工厂建造成本高，能源消耗大，目前只有少数国家投入生产，多数正在研制之中或为航空等超前研究提供技术储备。

第三节　设施栽培的基质

设施农业的发展，可以根据栽培目的及生产方式的不同合理、科学地选择土壤、无机基质、有机基质、混合基质或营养液进行栽培。

一、设施土壤栽培

设施土壤栽培是在有限的土地面积上谋求最大效益的一种生产方式，是设施作物生产最基本的形式。只要设施类型得当，大多数的作物都可进行设施土壤栽培。设施的封闭或半封闭状态，高温高湿的环境，使设施土壤的矿化和有机质分解速度加快；作物的周年生产，产量的逐年提高，使设施土壤中的有效养分迅速减少，有机质含量明显下降。为了持续获得理想的产量和高效益，人们不得不持续地往土壤中施用大量的有机肥或化学肥料。由于设施的集约化生产、作物连作等，又造成了设施土壤的有机质下降、养分失衡、病虫害加重、次生盐渍化、土壤酸化和作物次生代谢物质的自毒作用，反过来又严重制约了设施作物的生产。因此，设施作物的土壤栽培，科学的做法应该是在尽量多施用优质有机肥的基础上，采取精准施用化学肥料，并实行不同作物的轮作倒茬，经常进行太阳能或蒸汽消毒，才能实现土壤的可持续生产。否则，设施土壤则难以继续利用。当土壤栽培受限时，可采取不用土壤的无土栽培进行作物生产。

二、无机基质栽培

利用天然的或加工的无机物质来代替土壤的某些作用进行作物生产，是无土栽培的类型之一。常用的基质有砾石、沙石、石英砂、蛭石、岩绵、珍珠岩、陶粒、炉渣等。大多数无机基质不含或含有少量的作物所需营养成分，作物生长发育所需的营养主要依靠人工配制的营养液来提供。

无机基质栽培一般使用的基质量少，即便是基质被病原菌污染或残留某些过剩的盐分影响了作物生长，进行消毒或清洗也是比较容易的，可以重复使用。

三、有机基质栽培

有机基质栽培属于无土栽培的一种类型，是利用一些天然或加工过的有机物质来代替土壤的某些作用进行作物生产。常用的有机基质有草炭、锯末屑、甘蔗渣、发酵树皮、发酵作物秸秆、发酵动物粪便、菇渣、稻壳、椰糠等。有机基质一般含有丰富的营养成分，可以为作物的生长发育提供大量的营养，特别是在作物生长的前中期，基本上不用增加其他养分，作物仍能生长良好。而含营养成分较少的有机基质，在作物生长的中后期，还应采取措施补充营养，作物才能生长正常，特别是长季节栽培的作物更应如此。

有机基质栽培的基质使用量也较少，如果是生产过程中基质被病原菌污染，可以进行消毒重复使用。如果是基质中残留某些过剩的盐分影响了作物生长，一般不进行清洗，可直接将其施入大田作物土壤，设施内更换新的有机基质进行生产。

四、混合基质栽培

混合基质栽培是将某些无机、有机物质按照不同的比例混合，使其代替土壤的某些作用进行的作物生产。大多数无机基质不含或只含有少量的作物所需营养成分，但多数都具有疏松透气等特点。多数有机基质都含有作物生长发育所需的营养，但也有些有机基质的养分不均衡或物理性较差。无机、有机基质各根据其性质特点，按照不同的比例混合，物理性质互补，既疏松透气又能补充营养，使其更适于作物的生长发育。

五、营养液栽培

营养液栽培亦称为水培。既不利用天然土壤，也不利用其他无机、有机物质作为基质，而是利用水作为基质，把作物生长发育所需要的营养物质溶解到水中来供作物所需，并采用其他方式固定支持植株。

根据营养液的供应方式不同，可分为以下几种形式：

（1）营养液膜栽培：亦称营养液膜技术。栽培槽面上用泡沫板固定作物，槽内作物根系有1 ～ 2厘米深的营养液层，由于营养液层较浅，要求营养液要不断流动才能满足作物生长所需，部分根系裸露在湿空气中可以吸氧，很好地解决了水培作物根系吸水与吸氧的矛盾，水培设备也较简易。此种栽培方式的营养液量较少，根系温度易受环境温度的影响，而且供液时间不能间隔太长，故对设备和环境的要求较高。

（2）深液流栽培：亦称深液流水培技术。栽培槽内有3 ～ 10厘米深的营养液层，在栽培槽面上用泡沫板固定作物，使其根系浸在槽内营养液中，由时间控制器控制电泵，使营养液定时间断流动，将养分、氧气带到作物根系供生长所需。此种栽培方式的营养液量较多，根系温度较稳定，而且根据营养液层的深度可以调整营养液流动的间隔时间，因此，对设备和环境的要求不高。

（3）浮板毛管栽培：亦称浮板毛管水培技术。栽培槽内有5 ～ 6厘米深的营养液层，把铺有吸水无纺布和防根布的泡沫板放置在液面上，使在槽面上固定好的作物根系生长在湿润的防根布上面，营养液通过无纺布的毛管作用源源不断地供给作物生长所需，暴露在槽内湿润空气中的根系可直接从空气中得到氧气。

（4）喷雾栽培：亦称雾培技术。由于雾培要求喷雾设备的控制精度要高，而且根系环境的温度易受外界温度的影响，变幅较大，难以控制，生产上很少应用。

第四节　中药材设施栽培的常用技术

设施栽培在蔬菜、花卉、果树生产领域已经取得了很大的成就。药用植物多以地下根茎作为收获目标，生长年限大都在2年以上，有草本、木本、藤本多种植物形态。因此，中药材设施栽培有其自身的特殊性和特殊要求。相对来讲，中药材设施栽培尚处于初级阶段，其形式应根据生态环境条件、药用植物品种、栽培技术要点和控制水平而定。

一、设施育苗技术

在人工栽培的药用植物中，有些药用植物由于资源稀少、不结实、繁殖系数小、生长缓慢、易感染病毒等原因，需要利用组织培养技术繁育种苗。药用植物组织培养是实现上述药用植物可持续利用的重要措施，具有快速繁殖、集约化生产、无性系遗传性状一致、可获得无病植株、方便种质资源保存等优点，是实现药用植物高效繁殖的有效手段。非试管快繁技术是利用生物全能性结合计算机智能控制技术控制环境条件进行高效育苗的技术，可以克服组培炼苗困难、移栽成活率低的问题，育成苗具有适用范围广、根系发达、适应性广的特点。无论是种子繁殖，还是组织培养、非试管快繁，最后的阶段都需要采用穴盘或营养杯假植，以促进种苗的健壮均一、更好地保护根系、方便装运和移栽成活。

二、设施栽培常用技术

设施栽培常用技术包括地表覆膜、水培、气雾培、牵引架和定向栽培等。

草本药用植物栽培多采用地表覆膜，以减少虫害和草害的发生，增产、增收效果明显。黄芪是一种具有悠久种植历史的中药材，传统种植方法中采用的是露地移栽的形式，这种方法容易导致黄芪植株干旱缺苗，或者遭受雨涝灾害，发生腐烂，且种植区域有限，种植效率较低。随着现代社会农业技术的快速发展，技术人员在北方地区建立示范基地，引进地膜覆盖技术，克服北方地区的自然条件，提高黄芪种植的抗旱抗涝能力，优化黄芪产品品相与质量，提高种植效率，实现增产目标。

水培、气雾培可以应用于全草入药及以根入药的药用植物栽培，如车前草、薄荷、溪黄草、鱼腥草等。车前草的气雾培可缩短生长周期、提高生物量、改善营养品质，但有效药用成分含量相对偏低。

何首乌、金银花、防己、五味子、白扁豆、鸡骨草、绞股蓝、罗汉果、栝楼、三叶木通、山药等药用藤本植物在栽培过程中需要牵引架作为茎蔓攀爬的附着物，可扩大光合作用的面积，提高产量。

为了提高产量和质量、便于采收，有些药用植物采用限根栽培或定向栽培，淮山药栽培中根部采用浅生槽和松软填料，可以人为地改变块根垂直向下为斜面定向生长，形成良好的块根生长环境，能在多种类型的土壤中种植，采收容易，可连作2 ~ 3年。

人参、三七、金线莲等阴生植物的设施栽培多采用荫棚或遮阳网、遮阴大棚的方式。铁皮石斛的设施栽培一般在遮阴大棚中采用无土栽培的床栽模式，栽种3 ~ 5年后采收。

第五节　中药材设施栽培新技术应用及智能化管控

一、设施栽培的新技术应用

1.转光膜的应用　转光膜是指在农用薄膜中引入转光助剂，改善透过温室棚膜的光质，有益于植物进行光合作用的功能塑料膜。转光膜可以吸收太阳光中植物光合作用所不需要的紫黄光和绿光，发射为蓝光和红光，强化植物在弱光条件下的光合作用，促进作物的生长发育。目前，转光膜在大白菜、菠菜、番茄及辣椒等蔬菜种植中应用广泛，在藻类培养、茶叶和烟草种植中也开展了相关的应用研究，相信在中药材设施栽培中也大有用武之地。

2. 二氧化碳气肥的应用　二氧化碳是作物光合作用的基本原料之一，由于温室大棚内的环境相对封闭，导致室内二氧化碳含量不足。在设施栽培中对作物施用二氧化碳气肥，具有改善生理功能、促进早熟、提高产量和抗病能力、改善品质等综合效应，是实现药用植物高产优质的重要技术措施之一。

3.光伏农业　光伏农业模式主要是指光伏大棚及光伏小棚，以药用植物种植、药用真菌种植和药用小动物养殖为主。太阳能光伏大棚温室是一种新型的温室，是指在温室的部分或全部向阳面上铺设光伏太阳能发电装置的温室，它既能充分利用太阳能发电，又能改变大棚内的光照时间和强度，为作物或药材提供适宜的生长环境。

二、设施栽培智能化管控

1.自动化控制技术的应用　现代化温室大棚，通过传感器对温室内环境的光照强度、温度、湿度等进行实时监测，并通过温室补光系统、温控系统、营养液循环系统、二氧化碳补给系统等，做出相应的自动操作以改变室内环境，创造出最适宜植物生长的环境。在荷兰、日本温室大棚已经广泛应用，可减少人力成本，促进作物生长。

2.远程控制技术的应用　远程控制技术由无线传感器网络、环境监控系统、灌溉控制系统、决策支持系统、数据采集与分析、远程客户端等方面组成，可实现对温室大棚的远程控制。随着移动互联网技术的发展和无线网络的覆盖，远程控制技术也逐渐应用到移动客户端，可以实时监测温室大棚的情况并进行远程控制。

3. 大数据、云计算和物联网技术的应用 大数据、云计算和物联网技术也逐渐应用到中药材设施栽培中。监测药用植物的生理生态信息，研究其生理生长模式，并通过分析各类型数据发现药用植物的生长规律，建立药用植物设施的水肥管理模式、病虫害发生预警模式等，用于指导生产。进一步开发成本低、效果佳、面向不同药用植物的各种类型设施的应用模式，最终以药用植物物联网技术应用研究为基础，制定操作性强的药用植物物联网应用标准。

4. 设施栽培机器人 人力成本的上升和人工智能、机器人技术的发展，使得设施栽培中的机器人被逐渐应用。在国外已制造出了农业机器人，根据其作用范围可分为嫁接机器人、扦插机器人、育苗机器人、种植机器人、蜜蜂机器人、植保机器人、采摘机器人、分拣果实机器人等。以色列研制出了由机器人管理的无土栽培新系统，它可采用水栽法在集装箱中种植蔬菜瓜果，其能够完成播种、施肥和收割等一系列操作。日本京都的Spread公司在关西科技城木津川市，已建成世界上首家机器人农场，蔬菜种植全过程管理都由机器人控制。

第六节 珍稀濒危中药材设施栽培案例

我国设施栽培在果树、蔬菜、花卉设施生产及育苗等领域取得了巨大的成就。药用植物的设施栽培技术刚刚起步，目前只有铁皮石斛、金线莲、人参、三七等为数不多的名贵药材品种采用和实现了设施栽培。

一、铁皮石斛设施栽培

1. 总体介绍 铁皮石斛（*Dendrobium officinale* Kimura et Migo）属兰科（Orchidaceae Juss.）石斛属（*Dendrobium* Sw.）植物，是我国名贵中药材，具有滋阴清热、益胃生津之功效。现代药理学研究证明，铁皮石斛可用于慢性萎缩性胃炎、高血压、糖尿病等疾病的治疗，具有抗肿瘤、抗衰老等作用。铁皮石斛喜温暖湿润、半阴半阳、凉爽、空气畅通的环境；适宜温度为15 ~ 28℃，空气湿度要求80%左右；由于铁皮石斛特殊的生长环境和人们的不合理采挖，铁皮石斛的野生资源已日趋枯竭，设施栽培是实现铁皮石斛人工种植的有效途径。

2. 设施选择 铁皮石斛设施栽培设备的共同特点为具有喷淋和遮阴设备，同时配备距地面高度70 ~ 80厘米的种植床。采用设施栽培铁皮石斛应保证水源干净、通风良好、环境相对独立，15 ~ 28℃是其最适宜的生长范围。由于耐低温性能差，因此在气温低于0℃的低温地区，应在大棚中种植。对大棚进行保温设计，保证通风，这种条件更适合铁皮石斛生长，使其抗病虫害能力增强。种植在空旷无遮蔽的区域应采用遮阳网遮挡阳光，控制透光度为40%左右（图11-1）。

3.育苗技术 当前，组培苗是铁皮石斛种苗的主要来源。基本工艺流程为：铁皮石斛果荚消毒→播种萌发→壮苗→生根。从瓶内取出炼苗后的组培苗，使用清水冲洗干净瓶苗，将不合格苗排除，大小苗分级。利用高锰酸钾1 000倍溶液、克菌丹或者多菌灵600 ～ 800倍液进行浸泡消毒，浸泡时间为1 ～ 2分钟。组培苗消毒后，需晾晒植株根系到发白再移栽种植，以此保证栽种幼苗更好地成活。栽培时选择健壮的苗体，整齐一致，苗高度为4 ～ 5厘米，有2 ～ 3条根系，根长2 ～ 3厘米，茎秆颜色大致相同（图11-2、图11-3）。

图11-1 铁皮石斛设施栽培

图11-2 铁皮石斛种苗工厂化生产

图11-3 铁皮石斛设施育苗

4.栽培技术要点

（1）栽培基质的选择和准备：铁皮石斛栽培的基质应兼备吸水和排水性，材料既透气又含有足够养分。比如木屑、树皮、水草、碎石等都是常用的材料，其中松树皮和松木屑是使用较多的基质。

（2）栽培时间和方法：直接栽种组培苗，适宜的栽培季节为春季，其次为秋季。栽种方式为丛栽，1丛为3 ～ 5株，间隔20厘米种植1行，丛距为10厘米，150万株/公顷为宜。

（3）光照管理：栽种后做好遮阴管理，光照强度应保持在3 000 ～ 5 000勒克斯；根据不同的季节调整光照强度，春、冬季节遮光率为30%～ 50%，夏、秋季节遮光率为60%～ 70%。

（4）温度管理：铁皮石斛的温度管理应充分灵活考虑季节变化和其生长阶段，幼苗的最佳生长温度为18 ～ 30℃，最宜温度为15℃以上，在夏季种植时应保持温度低于30℃。

（5）水分管理：铁皮石斛的水分管理可分为两个方面，即基质湿度和空气湿度，不同季节所需的水分也有所不同。大苗在4 ~ 7月时进入旺盛生长期，需确保基质有足够的水分，利于新芽、新苗的生长。在11月时气温开始下降，需合理控制基质含水量。如气温低于10℃，铁皮石斛开始进入休眠期，停止生长，不需过多水分。

二、人参设施栽培

1.总体介绍 人参（*Panax ginseng* C.A.Mey.）为五加科多年生宿根草本植物，以其干燥根入药。人参为阴生植物，喜散射光，怕强光直接照射。人参栽培过程中需要搭设荫棚进行遮阴管理。

2.设施选择 目前东北地区人参栽培生产中使用的参棚绝大多数为单畦、单透光棚，部分区域如集安人参栽培区有双透棚，即透光、透雨棚。

（1）单畦单透棚：生产实际中，单畦单透棚有两种棚架材料，一种是钢管材料，按需求进行钢管整体设计加工，一体式，宽度可在150 ~ 200厘米间，可直接插入地下固定，成本低、操作简单（图11-4）；另一种是利用硬杂木做立柱，用竹片做弓条绑在立柱上，这种是传统的棚架模式（图11-5）。生产中还有一种单畦单透棚是引进韩国的棚室结构，即斜式棚：顶端是斜平棚，前高后低，可有效利用光照及水分。目前单透光畦宽120 ~ 170厘米，床高20 ~ 30厘米，畦间作业道宽30 ~ 50厘米，棚高120 ~ 160厘米。

埋立柱：埋立柱时间在做床前或栽参后。用硬杂木截取立柱长度130 ~ 150厘米左右，立柱直径6 ~ 8厘米；下端砍成尖状，在比床边宽10厘米左右插入地下，柱间距离为150 ~ 200厘米。绑弓条：弓条长160 ~ 220厘米，用16 ~ 20号铁丝，将弓条绑在立柱上。上棚膜：采用6 ~ 8道厚蓝色或黄色塑料膜，宽度为220 ~ 240厘米。上遮阳网：不同时期、不同年生可适当调整透光率，移栽地透光率20% ~ 40%，育苗田透光率15% ~ 30%。遮阳网宽度为220 ~ 240厘米，一般与参膜一致或略宽。将遮阳网抻开，使遮阳网固定在棚上。

（2）单畦双透棚：目前生产中还有一种设计就是不用遮雨的塑料膜，这在某些降雨

图11-4 人参钢架单畦单透棚

图11-5 人参立柱单畦单透棚

较少的地区应用较多；也有部分地区高棚遮阴，内设棚遮雨，但只在雨季上膜遮雨。

3.育苗技术 人参种子具有形态后熟和生理后熟的特性。种子与湿沙贮藏，经3 ~ 4个月12 ~ 20℃昼夜变温条件，在适当的温湿度及通气条件下，逐渐分化、增大，胚长1.0 ~ 1.3毫米时，种子开始裂口，标志该种子已完成后熟，但给予其适宜的发芽条件也不能发芽，还必须在低温条件下通过生理后熟阶段。裂口的人参种子上冻前播种，在田间完成生理后熟。如需第二年春播，可继续在发芽槽中经低温（5℃以）贮藏2 ~ 3个月，可完成生理后熟（图11-6）。

图11-6 人参设施育苗

4.栽培技术要点

（1）移栽：目前多用“二三制”“三三制”。“二三制”即育苗两年，移栽后三年收获。“三三”制指育苗三年，移栽后三年收获。秋栽应在地表结冻前移栽完，春季应在土壤化冻后立即进行。

（2）防旱排涝：参床干旱严重时，人参生长缓慢，鲜参产量低，浆气不足，加工红参黄皮多，因此对于春季干旱地区，播种田待接受雨水后再覆膜。老参床可把棚膜撤掉进行适当放雨，也可采取人工灌水，如沟渗灌，浇灌至床面出现“麻花脸”。

（3）营养调控：人参出苗至结果期吸收氮多，绿果至红果期吸收磷多，整个生育期对钾吸收量大。氮肥过多，人参抗病力降低，易感染病害。微量元素对人参的生长发育有利，不可缺少硫、硼、钙、镁、锌等。施肥以采用腐熟的有机肥为主。

（4）调光照：参棚在6月中旬至8月中旬，如上午10时直射光不能退出床面，易致日灼病。为此，生产上常进行调光。目前多在棚膜的基础上加遮阳网。

（5）摘蕾疏花：花果生长消耗大量营养，使参根减产，不利于参根中淀粉、脂肪和皂苷成分的积累。为此，人参生产中，除留种田外，要掐掉花蕾。

（6）防寒：为了使人参安全越冬，防止缓阳冻，一般往床帮、床面覆盖防寒物，厚度为10厘米。

三、三七设施栽培

1.总体介绍 三七［*Panax notoginseng*（Burk）F.H.Chen］为五加科多年生草本植物，以干燥根及根茎入药。三七味甘、微苦，性温，具有散瘀止血、消肿定痛等功效。三七是典型的阴生植物，需要在遮阴条件下栽培，因此，要求搭建荫棚栽培。荫棚的透光度应随着季节和栽培地点变化。研究表明，荫棚透光度不仅影响三七植株的正常生长发育，而且制约着空气温度、湿度和土壤温度、湿度等田间小气候因子。因此，荫棚透光度的合理调整是三七栽培中的一项关键技术。

2.设施选择 专用遮阳网荫棚的建造按3.0米×1.8米打点栽叉，铺上大杆（或铁线）固定，铺盖遮阳网，加放压膜线（铁线）于两排大杆中部，每空用铁线来回缠绕成“人”字状，将压膜线拉紧，固定于左右“两七叉”中部，使荫棚呈M形，有利于防风和排水。荫棚高度以距地面1.8米左右，距沟底2米左右为宜。园边用地马桩将压膜线拉紧固定，整个遮阳网面应拉紧（图11-7、图11-8）。

图11-7　三七棚内部

3.育苗技术

（1）种子包衣：三七的种子寿命较短，在自然状态下仅有15天，为了提高三七种子的活力和壮苗率，对三七种子进行包衣处理是十分必要的。包衣的方法是按照药种比1∶（40～60）称量好种子和种衣剂后，先放种子，边搅拌边加入种衣剂直到包衣均匀。包衣好的种子晾两天即可播种，不能存放很长时间。

图11-8　三七大棚外观

（2）播种：要随采随播、及时移栽。种子、种苗存放后，会降低发芽率和出苗率，三七播种或移栽时间一般在12月中下旬至翌年1月中下旬。播种或移栽的方法是先用自制打穴器在床面上打出浅穴，再人工点播或移栽。

4.栽培技术要点

（1）调整荫棚：由于三七生产区海拔不同，三七对荫棚透光度要求也不同，应根据不同海拔高度与生态环境条件选择不同透光度的遮阳网。1 500～1 800米的高海拔地区宜选用15%～20%透光率的遮阳网，1 200～1 500米中海拔地区宜选用10%～15%透光率的遮阳网。遮阳网幅宽一般可根据三七种植墒面的宽度和地形而定。三七棚为透光率不同的两层遮阳网组成，下层为调光网，离地1.4～2.0米且与地面平行，上层为顶网，顶高1.6 ~ 2.3米，调光网的遮光率为40% ~ 90%，顶网的遮光率为40% ~ 90%，使两层网的透光率综合为8% ~ 15%。

（2）除草追肥：除草要根据杂草的生长情况确定。在除草时，用手握住杂草的根部，轻轻拔除，不要影响三七根系。追肥应掌握“少量多施”的原则，以保证三七正常生长发育的需要。

（3）保持三七园清洁：要做到经常保持三七园清洁，切勿忽视。尤其是在发病的三七园，更应加强，做到及时彻底清除。这样做实质上是在清理发病中心和初次侵染源，对防治多种病害能起到良好效果。

（4）防寒保温：若遇气候反常，三七出苗遭受寒流时，刚萌发的幼苗新芽和休眠芽会冻死或冻伤，表现青枯状，严重的会造成植株地上部死亡。因此，三七产区在冬季栽种或管理中，要注意气象预报，及时做好防寒保温工作。

（5）冬季管理：三七收种后半个月（12月上旬），用锋利的剪刀或镰刀距畦面1 ~ 2厘米处小心地将地上茎剪去，并用药剂对畦面进行全面、彻底消毒处理，以预防翌年病虫害大发生。三七园消毒后应及时追施一次盖芽肥。盖芽肥施用结束后，应及时均匀撒一层保墒草，以利保温、保墒、保芽。

四、金线莲设施栽培

1.总体介绍 金线莲［*Anoectochilus roxburghii*（Wall.）Lindl.］属兰科开唇兰属草本植物，是我国名贵稀有中药材，对提高人体免疫力，增强人体对疾病的抵抗力具有特殊的功效。由于其种子不具胚乳，无发芽能力，因此其种子发芽率极低，并且在自然条件下生长缓慢，再加上人工采挖及鸟、虫危害，其自然种群几乎枯竭。随着组织培养繁殖技术的突破，利用现代设施大棚对金线莲进行规模化栽培已成为可能。金线莲是阴生植物，合理遮阴，避免太阳直射，降低植株表面温度，可提高其光合生产能力，促进生长。

2.设施选择 设施大棚走向因地形而异，一般以南北走向为宜。棚宽16米（2拱，每拱8米），长约30米（如大棚长度超过30米，则在大棚中间加装循环风机），高5米，四周遮盖利德膜，棚顶安装2层可活动的遮阳网，棚内离地高3米处安装1层可活动的遮阳网。在棚的一端安装抽风机（1拱2个），另一端安装水帘。棚外两边外侧装可卷起的利德膜，内侧装固定的防虫网。棚顶应保证不积水，并且无尖锐棱角，以免刺破防虫网和利德膜（图11-9）。

3.育苗技术 目前生产上育苗主要以茎段为外植体，采用组培技术工厂化育苗。选择苗高8 ~ 10厘米、有4片及以上展开叶的健壮组培苗为宜。在种植前需对组培苗进行适应性炼苗，以增强移出瓶后对大棚环境的适应性，促使其从异养向自养转化过渡，提高移栽成活率。大棚温度一般不要超过35℃，如果温度太高，叶片会因为脱水变成灰褐色，导致萎蔫。育苗时间春、秋一般在30天左右，冬季在50天左右（图11-10）。

4.栽培技术要点

（1）光照：金线莲属喜阴植物，其光合作用的光饱和点较低，光照强度是影响金线

图11-9　金线莲设施栽培

图11-10　金线莲种苗工厂化生产

莲生长的重要因素。金线莲喜散射光短时照射，其适宜光照强度一般为 2 500 ～ 6 000 勒克斯，种植前期光照强度低一点，后期可适当加强。光线太强会使叶片褪绿，影响产品质量，且不利于植株生长，影响成活。

（2）水分：金线莲性喜湿润，水分是影响金线莲存活的最主要因素。刚种植时，大棚内空气相对湿度应控制在85%～ 90%；成活后，相对湿度应控制在75%～ 85%。同时，应保持基质湿润，但不能过湿，以免引起烂根、烂茎。浇水应在早上进行，中午、下午和棚内温度较高时切忌浇水，否则会灼伤植株。

（3）温度：金线莲性喜温凉，最适生长温度在23℃左右。当气温超过30℃或低于15℃时，生长会受到抑制；当气温长时间超过35℃时，会因蒸腾失水严重而死亡。因此，在高温季节，应同时打开水帘降温和开动风机抽风，以降低大棚内的温度和保持较高的湿度，有利于金线莲的生长。

（4）施肥：金线莲组培苗在种植20天后，部分根的根尖处开始长出新根，说明组培苗移栽已成活，可以施肥。金线莲的根属于气生根，根的吸收能力相对较弱，因此，其营养吸收以叶面为主。在整个生长周期中，可喷洒5 000倍的芸薹素3 ～ 4次。采收前1个月停止施肥。

第十二章 中药材采收及产地加工

中药材产地加工是指在中医药理论指导下，根据制剂、调剂及临床医疗实践的需要，在产地对作为中药材来源的植物、动物、微生物和矿物进行采收、初加工等处理的过程，主要包括采收、初加工、包装、贮藏及相关的质量控制。

随着科学技术的发展和社会的进步，中药的使用由最早的鲜药煎汤，已演变为广泛的应用干燥药材和饮片（除少数须鲜用外）、制剂和提取物。但中药材是饮片、制剂和提取物的基础物质，在中医药领域有“药材好，药才好”的说法，可见药材质量非常重要，中药产地加工是生产中影响中药材质量的关键因素，是保证中药临床疗效的重要环节之一，在长期的中药材生产实践中人们已经积累了丰富的产地加工经验。

我国药用资源中植物药种类最多，约占全部总数的87%，从野外采收来的植物类中药绝大多数为鲜品，含有大量水分，若不及时进行加工处理极易生虫、霉烂和变质，这会严重影响中药材的质量和疗效。中药材一般是在一个或几个产地种植周期后再在全国销售，具有很强的季节性，一季或两季生产后全年销售，因此贮藏和运输也相当重要。为了保证中药材的质量，除少数需要新鲜用的品种外，绝大多数中药材必须在产地及时进行初步加工，才能进行包装、贮藏、运输和销售。

第一节　中药材的采收

药用植物生长发育到一定的阶段，当入药部位器官达到药用要求时，则可在一定的时间范围内，采取相应的技术措施进行收获，这一过程称为中药材的采收。中药材的采收要根据药材的特点和生长物候期，确定生长年限、采收期及采收方法。生长年限和采收期等与传统经验不一致时，应有充分的依据。中药材的采收直接影响其质量和产量，合理采收，对保证中药材优质高产、实现中药资源的可持续利用均具有重要的意义。

中药材的合理采收与药用植物的种类、药用部位及采收期密切相关。植物有效成分在体内的积累与个体的生长发育、居群的遗传变异、生长环境因素等密切相关。因此，合理采收应根据品种、入药部位的不同，把有效成分的积累动态与药用部位的产量变化结合起来考虑，要以药材质量的最优化和产量的最大化为原则，来确定最佳采收期和采收方法，这样才能够获得高产优质的药材。

一、各类中药材的采收期和采收方法

中药材种类繁多、入药部位亦不尽相同，不同中药材均需要适宜的采收期和采收方法，这样才能保证药材的优质高产。中药材通常根据不同入药部位划分为以下几类：

（一）全草类

全草类中药材多在植物生长最旺盛、枝叶繁茂、花蕾初放而未盛开前采收，如益母草、荆芥、广藿香、穿心莲、香薷等。有的全草类中药材在开花盛期采收，例如薄荷，在其盛花期采收时，其叶片肥厚且挥发油含量最高。有的全草类中药材在夏、秋季茎叶茂盛时进行采收，如仙鹤草、垂盆草和淫羊藿等。还有一些则是在开花后采收比较适宜，如马鞭草等。

全草类中药材采收时大多是采用割取法，割取地上部分即可，可一次割取或分批割取。少数全株入药的，如紫花地丁、车前草、蒲公英、败酱草等，则应用掘取法将其连根挖取。

（二）根及根茎类

根及根茎是植物的贮藏器官，大多数根及根茎类中药材在秋、冬季地上部分枯萎、初春植物发芽前采收，这时植物体内营养物质大多集中在根及根茎中，通常有效成分含量也高，此时采收最适宜，能保证中药材的优质高产[①]。如丹参在霜降过后采收，其丹参酮等有效成分含量较其他季节要高；石菖蒲冬季采收时，挥发油含量高于夏季。又如人参、西洋参、黄芩、天花粉、桔梗、甘草、黄芪、大黄、何首乌、地黄、当归、藁本等品种均适宜在秋、冬季或初春采收。这些品种如采收过早，根及根茎中营养物质和有效成分含量累积量较低，过晚则又会因为地上部分的生长导致根及根茎中营养物质被大量消耗。

另外也有一些品种适宜在春季及夏季进行采收，如附子在次年夏至至小暑期间采收比较适宜；川芎、太子参和半夏均在夏季芒种至夏至期间采收较为适宜；麦冬多在次年清明至谷雨期间采收。

根及根茎类药材采收时多采用掘取法，一般选择晴天土地较松软时进行，从土地的一端开始，依次掘取。采收时要保证药用部位完整，以避免受伤破损，影响药材的外观及品质。另外，部分根及根茎类药材也可采用机械采收，如丹参（图12-1）、人参、西洋参、黄芩等均可采用拖拉机牵引耕犁的方式采收。

（三）茎木类

茎木类药材多在秋、冬季节采收为宜，如通草、钩藤、鸡血藤、桑寄生等。而有些木类药材全年均可进行采收，如苏木、沉香、降香等。

---

① 孔令武，孙海峰. 现代实用中药栽培养殖技术[M]. 北京：人民卫生出版社，2000.

茎木类药材采收时通常采用割取法或砍取法。茎髓类药材应在割取地上茎后，截段，趁鲜将茎髓取出。木类药材由于药用部位多为心材，应在砍取后除去外皮和边材以便取得心材。

图12-1　丘陵地区丹参机械化采收

（四）皮类

皮类药材多在春末夏初采收为宜。此时植物生长活跃，其体内汁液营养充分，皮部容易从木质部剥离下来，同时剥离后容易形成愈伤组织，容易再生新皮；且此时皮部有效成分含量也高，如杜仲、厚朴、黄柏及秦皮等。

也有部分皮类药材在秋、冬季节采收为宜，如肉桂在9～10月前采收，称为“秋桂”，其挥发油含量最高；川楝皮宜在冬季采收，此时的川楝素含量最高；丹皮适宜在秋季采收，这时的丹皮粉性大、品质好。

皮类药材采收通常采用剥取法，可用传统的伐树剥皮法和现代立木环状、半环状或条状剥取法。

（五）叶类

叶类药材一般在花未开放或果实未成熟时采收为宜，此时处于植物生长最旺盛的时期，叶片繁茂、颜色青绿。此时植物光合作用旺盛，有效成分含量高，如艾叶、大青叶、番泻叶、罗布麻叶、臭梧桐叶等。若等到植物开花、结实后采收，叶中贮藏的营养物质转移到花或果实中，会影响到叶的质量和产量。也有部分叶类药材在秋霜后采收为宜，如霜桑叶，其经过霜降后，叶中的腺碱、胆碱、芦丁及绿原酸等药用成分的含量均较高。

叶类药材采收时除了采用摘取法或割取法，还可以采用机械采收，如采用切割式采叶机械作业进行大面积银杏叶的采收。

（六）花类

花类药材多数在含苞欲放时采收，此时的药材有效成分含量高、性状佳，如金银花、槐花、丁香、辛夷、密蒙花等，槐花未开时其芦丁含量较开花后高出75%；有的药材则在花初开时采收，如洋金花、红花等[①]；也有的药材在盛花期时采收，如菊花、野菊花、番红花、旋复花等，过早采收，药材性状不饱满、气味不足，过晚采摘，则可能会造成花瓣散落，色、气、味俱败；另外，以花粉粒入药的药材，如松花粉和蒲黄等应在花刚开放时及时采收；而金银花、月季花这种花期较长的品种，为保证其产量和质量，应分

① 孙超，武孔云，等. 中药材栽培与加工技术[M]. 北京：科学出版社，2015.

批采收，如金银花花期为5～9月，根据其生长情况一年分3次以上采收。

花类药材一般采用摘取法（图12-2）。部分花类药材已经在逐步推广机械化采收，如金银花机械化采收。

图12-2　人工采收金银花

（七）果实类

果实类药材一般在植物果实自然成熟时采收，如栝楼、山楂、连翘、砂仁、益智等。而果实成熟期不一致的药材，则应该随熟随采，如木瓜、山楂等过早采收时，药材质量差、产量低，过晚采收时则肉质松泡，影响质量；又如枸杞子，其采收期可持续数月，如不及时采收会引起药材颜色差，产量也会下降。有的果实则在成熟结霜后采收为宜，如山茱萸、川楝子等。还有一些药材应在果实接近成熟而未成熟时进行采收，如覆盆子、枳壳。有的则是在幼果时进行采收，如枳实、青皮、西青果等。

果实类药材采收时一般采用采摘法。

（八）种子类

种子类药材多数在果实完全褪绿成熟时采收为宜，此时种子干物质的积累已停止，产量和折干率也最高，有效成分含量最高，可以保证优质高产。如决明子、桃仁、酸枣仁、牵牛子、苦杏仁等。而采收种子成熟期不一致的药材时，应分批采收，避免种子散落，如水飞蓟等。春播和多年收获的种子一般在8～10月采收，如决明子、地肤子等；秋播两年收获的种子一般在5～7月采收，如白芥子、王不留行等。

种子类药材的采收一般采用摘取法或割取法。

二、适宜采收期的确定

中药材的采收期是指采收药材的适宜季节或时期。中药材种类不同，采收期亦有差异，其质量、产量也会随之变化。如俗语所讲“三月茵陈四月蒿，五月六月当柴烧”便说明了不同时期茵陈所含成分的变化规律。如麻黄中生物碱含量以8、9月时为最高，故其适宜采收期一般为8～9月；薄荷在开花末期时薄荷脑的含量会急速增加；天麻在冬季花茎未出土时采集，其质高效佳。因此，合理、适时采收中药材不仅要考虑到单位面积的产量，还要熟悉中药的生长发育特性、生长年限、有限成分积累变化规律等因素，以达到药材优质高产的目的。药用部位产量与药材有效成分的积累变化规律的关系因中药种类不同而不同，因而根据实际情况进行研究，应以药材质量的最优化和产量的最大化为原则，确定其最适宜采收期。具体情况包括：

1.产量高峰期与有效成分含量高峰期基本一致时，共同的高峰期即为适宜采收

期 以部分根及根茎类中药为例，在秋、冬季地上部分枯萎后和春季初期植物发芽前，为其有效成分积累高峰期，又是其产量高峰期，因此可以确定该时期为最适宜采收期。此时采集的药材，质量好产量高，如丹参、黄芩、天花粉、姜黄、山药、莪术等。又如金银花在花蕾期时，其有效成分绿原酸的含量及金银花产量均为最高，因此金银花的最适宜采收期即为其花蕾期；在每年的9月，朝鲜淫羊藿中所含的淫羊藿苷、总黄酮含量为最高，其地上部分的产量在同期也接近最高，因此其最适宜采收期应为9月；穿心莲在花蕊期至开花前期时，其所含的穿心莲内酯和脱水穿心莲内酯含量均较高，同期其产量也处于高值，因此穿心莲的适宜采收期一般为花蕊期至开花前期。

2.有效成分含量变化不明显，药材产量有显著高峰期的，药材产量高峰期就是其适宜采收期 如以丹参产量、丹参酮类、丹酚酸类、醇溶性浸出物等为评价指标，研究丹参的适宜采收期，发现丹参根干重在霜降过后达到最大，丹酚酸B、丹参酮Ⅱ$_A$及醇溶性浸出物的含量分别在9月、10月和11月达到最大值[①]，且丹参酮Ⅱ$_A$含量在10～12月差异不显著，同时丹酚酸B含量在9～12月差别不大，因此综合考虑丹参产量及有限成分含量的变化，建议丹参适宜的采收期为霜降前后植株开始枯萎时开始至冻土前，以当年11～12月采收最适宜。

3.药材产量变化不明显，有效成分含量有显著高峰期的，有效成分含量的高峰期就是其适宜采收期 如以铁皮石斛中多糖含量为评价指标，研究铁皮石斛的适宜采收期，发现12月采收的铁皮石斛中多糖含量为最高，此时的铁皮石斛产量变化不明显，因此建议铁皮石斛的适宜采收期为12月。

三、采收的注意事项

（一）采收年限的确定

采收年限是指播种（或栽植）到采收所经历的年数。其影响因素主要包括：第一是药用植物本身的特性，如木本植物一般比草本植物收获年限长。第二是环境因素的影响，同一种药用植物由于气候、海拔高度等差异也会造成采收年限的不同，如红花在北方多为1年收获，而南方则是2年收获。第三是药材品质的要求，有的药用植物收获年限可短于该植物的生长周期，如麦冬、白芷、浙贝母、川芎、附子等。因此，应将多种因素综合考虑来确定采收年限[②]。

（二）采收器具的选择和存放

根据中药材不同药用部位选择不同的机械、器具进行掘取、收割、剥取、采摘、砍取等。按照《中药材生产质量管理规范（试行）》第二十八条规定，采收机械、器具应当保持干净、无污染，并应存放在无虫鼠害和禽畜的干燥场所。

① 陈随清, 秦民坚. 中药材加工与养护学[M]. 北京: 中国中医药出版社, 2013.

② 秦民坚, 郭玉海. 中药材采收加工学[M]. 北京: 中国林业出版社, 2008.

（三）采收过程中杂质的去除

在采收过程中，采收人员应尽可能将非药用部位及杂质、异物等去除，特别是杂草及有毒物质，并剔除破损及腐烂变质的部分。采挖地下部位的应注意清除泥土。

（四）加强资源综合利用

在采收药用部位的同时，对非药用部位的综合开发利用程度不够，普遍被当做废弃物处理，这便造成了资源的浪费。因此，为使中药资源得到充分利用，应当加强其非药用部位的综合利用。在我国已经开始中药非药用部位的研究工作，如人参、西洋参以根入药，其地上部位茎、叶及花中，也含有一定量的人参皂苷，具有较高的药用价值，我国每年都存在大量的人参及西洋参茎、叶、花资源浪费的现象，现在已经有企业将其开发成产品，实现了人参、西洋参多部位的综合利用；又如黄连的地上部分和须根、杜仲的叶、苏木的根、砂仁的叶以及钩藤的茎枝等，都可以用于提取药用成分；还有企业开展丹参叶、桔梗叶及三七叶的开发利用，将其做成丹参茶、桔梗茶和三七茶。

（五）加强野生药材资源保护

随着人类医药保健事业的快速发展，中药产业发展势头强劲，中药材被广泛用于药品、保健品、食品、化工及日用品等领域，中药材需求量的不断增加导致野生中药资源被过度采挖和破坏，使得部分野生中药材面临着资源枯竭甚至灭绝的风险。如冬虫夏草、肉苁蓉、甘草等常用野生中药材，适宜其生长的生态环境遭到破坏，产量与质量不断下降，价格则逐年上涨。因此，野生中药材的资源保护工作已经迫在眉睫。我们应做到以下几点：

1.按照需求采药 按照市场需求采集野生中药材，防止过度采集造成的资源浪费和生态破坏现象。同时一些中药材长期贮存容易失效，过量采集会造成野生中药材的浪费，如铃兰等。

2.注意合理采收 只是地上部位入药的药材，应注意保留其根，以利于中药资源的再生；同时应做到采大留小、采密留稀、分期采集和合理轮采等。

3.采取野生抚育和封山育药 可在野生中药材的天然生长地，通过人工管理，采取野生抚育和封山育药的方式，保证野生中药资源的可持续利用。

第二节　中药材的加工

中药从采收后到被病人服用前，中间需经过若干不同的处理，这些处理通常都称为“加工”，主要包括产地加工和炮制。产地加工是将采收后的鲜品通过干燥等措施，使之成为“药材”。炮制是根据中医药传统理论，按照临床使用和制剂等不同要求，结合中药自身性质，将药材进行切片、炒、炙等，按一定操作工艺和不同方法对药材进行再加工处理的过程，其产品是直接供服用的“饮片”。本节重点讲解产地加工。

药用动植物采收后，除少数鲜用，如生姜、鲜石斛、鲜芦根等，绝大多数均需在产地及时进行加工。在产地对动植物药用部位进行的初步处理与干燥，就是“产地加工”或“初加工”。最早的传统用药都是用鲜品，随着中医药的进步和社会的发展，单纯依靠采集鲜药已不能满足需要，人们开始将鲜品晒干贮藏备用，这种简单晒干的方法就是最早的中药材加工方法。经过几千年的实践、总结和提高，中药材加工技术不断创新与发展，现已成为中药材生产中的关键技术之一。

一、中药材加工的目的意义

中药材加工的目的主要是清洁除杂，使药材干燥，达到商品规格标准，保证药材质量，符合临床应用要求，便于包装、贮藏和运输，提高经济效益。加工后的药材一般都要达到形体完整，干燥无杂，色泽好，保持良好气味，有效成分破坏少等标准，因而加工对中药材商品形成、中药饮片和中成药质量、市场流通和临床使用等都具有重要意义。

（一）清除杂质，保证药材的纯净度

药用植物采收后，在药材中容易夹带和附着泥土、沙石、虫卵等杂质以及非药用的部位，如花类药材易夹带叶片等，果类药材易夹带果柄、果枝，种子类药材易夹带果皮或种皮，根和根茎类药材易带残茎、叶、须根和泥土等。这些都会造成药材不干净，降低药材的等级，影响药材质量。所以在采收后必须通过净选、修整等产地加工技术加以清除，以提高药材的质量。

（二）加工修制，形成符合《中国药典》标准的合格药材

《中国药典》中对中药材的性状包括药材的外形、颜色、气味、质地及其含有的化学成分都有一定的规定和要求。通过加工修制可达到体型完整、含水量适度、色泽好、香气散失少、不变味（有些需要加工变味的除外）、有效物质破坏少的要求，才能确保药材商品的规格和质量。

（三）保持质量与药效，利于贮运

新鲜的药材体内含有大量的水分和营养物质。若直接堆放或包装贮藏，可造成温度、湿度增高，使药材表面或包装袋上潮湿或有水珠凝结，不利于药材贮藏，高温高湿容易造成药材发热、霉烂变质，最终使药材失效。

药材在采收后也仍然进行着生物代谢，或者说植物还有生命，但是由于采后受到伤害，其生理活动与在田间生长时有很大的不同，生物体的代谢活动都是由许多酶来调控的，新鲜药材体内还存在大量能起作用的酶，导致药材内部的有效成分会发生降解、转化等各种变化，容易使药效降低，甚至失效。例如苦杏仁中的一种有效成分苦杏仁苷在酶的作用下会变化，为了保持有效成分苦杏仁苷，就需要对生苦杏仁进行沸水焯、烫，

破坏酶，防止苦杏仁苷水解。槐花、白芥子、黄芩等必须经加工，使有效成分保持稳定不受破坏。同时，部分中药的有效成分在加工过程中会增多，如丹参、天麻等，所以为了提高药效，也必须进行加工。

另外，新鲜的药材，如全草类等体积较大，不利于贮藏和运输。因此，药材在采收之后，必须在产地随即进行干燥处理，缩小体积，防止霉变，保证药效，便于贮运。

（四）降低或消除药材的毒性、刺激性或副作用，保证用药安全

川乌、草乌、白附子、天南星、半夏、马钱子、大戟等剧毒药材，经过加工炮制后可以消除或降低其毒性。例如川乌头、附子中含生物碱成分，药性极毒，口服2毫克即可造成死亡，须经炮制加工方可用于临床。有的药材表面有大量的毛状物，如不清除，服用时可能刺激口腔和咽喉黏膜，引起发炎或咳嗽，如狗脊、枇杷叶等。另如新鲜山药含有较多黏液，对皮肤、口腔黏膜都有刺激性，通过加工干燥，特别是传统的熏硫等过程，会明显降低山药的刺激性。

二、中药材的加工方法

由于中药的种类及产地不同，加工方法也有差异，主要的加工方法有净制、蒸煮烫、浸漂、发汗、切制、干制等。

（一）净制

药材采收后，需要选取规定的药用部分，除去非药用部分、霉变品、虫蛀品，以及石块、泥沙、灰屑等杂质，使其达到药用净度标准。净制主要包括清洗、筛选、风选及修整等。

1.清洗 将采收的新鲜药材于清水中洗涤，以除去药材表面的泥沙及残留的枝叶、粗皮、须根等非药用部位，但多数直接晒干或阴干的药材，不用水洗，以免损失有效成分，影响药材质量，如木香、白芷、薄荷、白芍、细辛等。需要蒸、煮、烫的药材需洗涤，以保持药物色泽，如天麻、天冬等。有毒药材如半夏、天南星对皮肤有刺激性，易发生过敏的药材如银杏、山药等，清洗时应做好保护，穿戴防护手套、筒靴，或用菜油等涂擦手脚。

常用于清洗的方法有水洗和喷淋。水洗就是将药材放入清水中快速洗涤，除去杂物，及时捞出，可借用柔软的毛刷刷洗药材表面的泥土，避免刷破表皮。含泥土少的小量药材，也可以采用冲洗的方法，将药材放在过滤网或生产线上，用流水冲去药材表面的泥土。药材的清洗一般以洗去泥沙为主，洗的时间不宜过长，以免损失有效成分。

喷淋是用清水喷洒在药材表面，除去泥土的一种方法。操作时，将药材放在可沥水的筛网上，用清水均匀喷洗。在喷淋过程中要进行轻翻，以便喷淋均匀，不残存泥土。药材表面泥土较多、药材量大时，有时采用高压水泵或高压水枪喷洗，但注意压力不可过高，防止将药材表皮冲破。

2.筛选 根据药材和杂质的大小或重量不同，选用不同规格的筛或箩，使药材与杂质分开。药材在采收时带的泥土、沙石等细小的杂质可以用过筛的方法除去，筛选的工具有筛、箩等，工厂生产时多用振动筛等机械（图12-3），根据不同要求需选用不同孔径的筛选工具。有些细小的种子类、花粉、孢子类药材也可以通过筛选的方法筛取药材，除去杂质。根据下一步加工的需要，通常要进行药材的分级，以使加工的产品质量均一，通常是根据药材的大小、粗细、形状等进行分级。随着科技的发展，色选机也逐步在中药材筛选中得到推广。

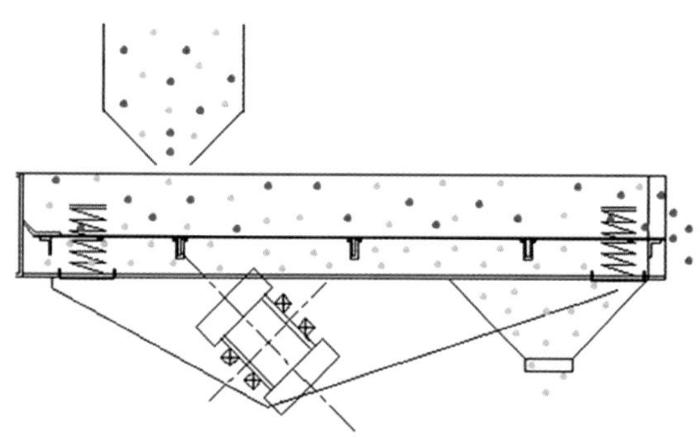

图12-3 中药材振动筛选机示意图

3.风选 利用中药材与杂质的质量密度不同，借助风力将杂质除去。在药材产地，药材量小时，常利用簸箕扬，药材量大时可利用自然风力或扇风，使杂质与药用部分分开，如紫苏子、王不留行、牵牛子等。工厂化生产常采用扬风机等设备，以提高工作效率。

4.修整 是指选取规定的药用部分，除去非药用部分，以达到药材质量标准要求，符合商品规格。除去非药用部分可以手工操作，也可以借助工具、机械设备等完成。

茎及全草类中药材，需除去主根、支根、须根等非药用部位，如石斛、薄荷、麻黄、泽兰、茵陈、益母草、卷柏等。根及根茎类中药材，需除去非药用部位的残茎，如甘草、黄连、柴胡、南沙参、黄芪、白薇、威灵仙、续断防风等。有些根茎类药材按传统加工方法需要剪切去除芦头，如人参、桔梗、防风、党参等，但现代研究证明芦头也同样具有药效，因而生产中大多不再要求去除。如同一植物的根、茎均能入药，但作用不同，也必须分开，如麻黄的根与茎需分开入药。种子类中药，若种子带硬壳要除去，取仁入药，如白果、杏仁、桃仁等传统要求去种皮。果实类中药，如木瓜、枳实、青皮等需要去瓤，山茱萸、山楂、乌梅、诃子等需要去核。

（二）蒸煮烫

蒸、煮、烫就是将药材置于蒸汽或沸水中进行加热的处理。主要有几方面作用：①有利于药材更好的干燥，特别是对于含淀粉和糖分较多的根茎类药材，如太子参、石斛、地黄、山药、何首乌、白芍等，有些多汁药材，如马齿苋，直接晒干需要20 ~ 30天，而经蒸1 ~ 2分钟后，晒干只要2 ~ 3天。②可除去药材中的空气，破坏酶，避免药材活性成分损失，如菊花、槐米等。③有助于去除中药毒性，如乌头有毒，需要经过加工后使用，目前最常用的是蒸法或煮法，《中国药典》中的方法为用水浸泡至内无干心，取出，加水煮沸4 ~ 6小时（或隔水蒸6 ~ 8小时）至取切开无白心。④对于球茎或鳞茎类药材，蒸、煮、烫可使其中的淀粉糊化而增加透明度，如黄精、天麻等。蒸、煮、烫的处理时间根据药材性质的不同确定，如天麻、红参需蒸透心，太子参置沸水中略烫，白芍煮至透心等。

（三）浸漂

浸漂是指浸渍和漂洗，即将药材放入水中浸泡或清洗。浸渍时间较长，有的还加入一定辅料，一般要做到药透水尽。漂洗时间短，需要勤换水，用水要清洁，以免发臭引起药材霉变。漂洗可减轻药材的毒性和不良气味，如半夏、附子等的毒性，紫河车的腥味等，还可抑制氧化酶的活性，以免药材氧化变色，如白芍、山药等。浸漂要注意药材外观的变化，掌握好时间、水的更换、辅料的用量和添加的时机。

（四）发汗

鲜药材加热或干燥一段时间后，密闭堆积使之发热，内部水分就向外蒸发，当堆内空气含水汽达到饱和，遇堆外低温，水气就凝结成水珠附于药材的表面，如人出汗，故称这个过程为“发汗”。发汗能有效地克服干燥过程中产生的结壳，使药材内外干燥一致，加快干燥速度，使某些挥发油渗出，化学成分发生变化，药材干燥后更显得油润、有光泽，或者香气更浓烈。

如板蓝根、大黄、玄参、黄芪等都需要堆积发汗，薄荷等需要白天晾晒，夜晚堆积使药材回软发汗，另外还有加温发汗，即将药材加温后密闭堆积使之发汗，如厚朴、杜仲用沸水烫淋数遍加热，然后堆积发汗，茯苓用柴草烧热后，盖草密闭使之发汗。

（五）切制

切制是将中药材切成一定规格的块、段、片、丝等形状的操作，主要是较大的根及根茎类中药材需要切制。切制的方法主要有手工切制，即利用切药刀进行切制；机械切制，即采用机械化的切药设备。

部分中药材以鲜品入药，采收净制后需趁鲜切制，如石斛、芦根、地黄等。有些中药干燥后非常坚硬或干燥后不易软化，也适宜趁鲜切制，趁鲜切制可以减少干燥后再软化切制的烦琐工序，避免有效成分损失，如土茯苓、鸡血藤、白药子等。将新鲜中药材净选、洗净后晾至半干，趁中药材中纤维未完全干燥、还有一定韧性时，即可切制。

干燥后的中药材切制时，部分柔韧的干燥中药材，可不经软化，直接干切，如丝瓜络、鸡冠花、通草、灯心草等。多数干燥药材需要经过加水、蒸煮、加温等软化后切制，如瓜蒌、木瓜、黄芩、天南星等。

（六）干制

干制是指除去中药材中水分的过程，是中药材产地加工中重要的技术环节，新鲜药材采收后都含水量较高，极易发生霉烂、变质，因而除了地黄、生姜、白茅根、薄荷等少数鲜用以外，绝大多数中药材都必须进行干燥加工。同时，干制也便于包装、贮藏与运输。中药材因品种与药用部位不同，干燥方法也不同，按热源不同一般分为自然干燥法和人工干燥法。

1.自然干燥法 是利用太阳光、热风、干燥空气等自然热源进行干燥的方法，主要包括晒干和阴干。

（1）晒干：就是将中药放置在日光下直接曝晒进行自然干燥的方法。一般选择晴朗、有风的天气，将中药材薄薄地摊在苇席上或水泥地上，并经常翻动保证光照均匀。这是最为简便而经济的干燥方法，适合于大多数中药材（图12-4）。但对于具有芳香气味的中药材如薄荷等，颜色鲜艳或有效成分容易被光照氧化的，如黄连、大黄、红花等不适宜晒干，另外白芍、郁金、厚朴等曝晒后易爆裂的中药材，也不适宜晒干。注意空气湿度大的夜晚，要及时将药材收起以防返潮。

图12-4 金银花晾晒

（2）阴干：简单说就是摊晾，将中药材摊晾在日光不太强的通风良好的室内或棚内，或悬挂在树上、屋檐下或晾架上等适宜处，避免日光直射，利用空气流动、水分蒸发而达到干燥的目的。阴干常用于阴雨天气或含水量少的药材，对于含挥发性成分、油脂类成分、色素类成分等的中药材，或已经晒至五六成干但不宜继续曝晒的中药材等，都适宜采用阴干，主要是花、叶、种子、全草类药材，如玫瑰花、枇杷叶、艾叶、苦杏仁、柏子仁等。自然干燥不需要特殊设备，经济方便，但占地面积大，易受气候变化的影响，要随时注意天气的变化。

2.人工干燥法 是利用一定的干燥设备，人为提供热量，利用干燥的热空气等使中药材达到干燥的方法。与自然干燥法相比，不受气候影响，可降低劳动强度，缩短干燥时间，提高效率，同时有助于保持干燥产品的质量均一性，人工干燥的条件可控，适合于绝大部分中药材。传统常用的人工干燥法主要有烘炕干燥和热风干燥，近年来发展起来的现代干燥技术还有红外干燥、微波干燥、真空冷冻干燥等。

（1）烘炕干燥：也称为接触式干燥，就是指中药直接与加热面接触进行干燥，通常是利用炭火提供热量，在火炕上烘烤药材以达到干燥的目的，是一种传统、简便又经济的干燥方法，近年来已较少使用。该方法适用于根及根茎类等药材，特别是适合阴湿多雨的季节使用。烘炕的设计如东北地区农村用的火炕，传统的火炕一般宽约1.5米，高2米，火炕的下面每隔一段距离（通常为80厘米）留一个用于添加煤炭等燃料的能开关的小门，使用过程中要注意火候，避免将药材炕焦，同时要注意时常翻动药材，使其受热均匀，不同药材要分别对待，也可搭配电风扇、抽风机等排气通风设备，可加快干燥速度。该方法投资少、设备简单，但温度不均匀且不易控制，燃料消耗较大，利用率低，不适宜现代生产。

（2）热风干燥：顾名思义就是利用热空气进行干燥的方法，也称为气流干燥，通过控制空气的温度、湿度、流速等达到干燥的目的。热量的来源有多种，如炭火、柴火、蒸汽、太阳能及电能等。常用的设备有烘房（火墙干燥室、太阳能干燥室）、烘箱（电热干燥箱）、隧道式烘箱、翻板式干燥机等。该方法操作简单，能较好控制干燥温度和时间，适合于各类中药材的干燥加工，可根据药材的不同性质来设定干燥温度。

如金银花在低于40℃热风干燥过程中颜色变化不明显，色泽良好，褐变程度较低，也可采用分段式干燥（35 ～ 40℃，5小时；40 ～ 50℃，4小时；60℃，3小时），产品褐变程度低，活性成分含量较高。枸杞子的热风干燥，可采用恒温干燥，将鲜果分层平铺在架子上，保持38℃恒温，约4天，即可达到含水量12%～ 13%，色泽比自然晒干的更好。为提高效率，也可采用分段式干燥，第一阶段（时间大约为全部烘干时间的2/5），温度为45 ～ 50℃，失去鲜果60%～ 70%的水分，果皮大部分皱缩，近于半干状态；第二阶段，温度为55 ～ 60℃，时间同第一阶段，失水20%～ 25%，果皮接近干燥状态；第三阶段，温度为60 ～ 65℃，失水10%～ 15%，果皮呈干燥状态，果实红色，没有果汁外流与焦脆果粒。

干燥时的温度要严格控制，做到既不造成中药材的活性成分破坏或流失，以保证其质量和疗效，又提高干燥效率、节约成本。一般药材干燥时温度不应超过80℃，含挥发油类的中药材不应超过60℃。干燥过程中应使烘箱、烘房的温度缓慢上升，如上升过快，药材表面水分会快速蒸发，容易形成硬结，从而影响内部水分向外蒸发，造成后续干燥的困难和不完全。生产上烘干量大，为提高效率，加快烘干速度，不仅要有适宜的温度，而且要有良好的通风条件，使水分尽快脱离中药表面。

（3）红外干燥：是将电能转变为红外线辐射出去，被干燥物体吸收后引起分子、原子的振动和转动，导致快速升温发热，水分经扩散、蒸发而达到干燥的目的。该方法干燥速度快，脱水率高，干燥时间一般仅为热风干燥的1/10左右，加热均匀，药材表面和内部同时干燥，同时具有较高的杀菌、杀虫及灭卵能力，设备操作简单。红外干燥适合于含水量大、有效成分对热不稳定、易腐烂变质或贵重药材的快速干燥，对于不易吸收红外线的药材或厚度大于10毫米的药材不适合。如丹皮含有对热不稳定的有效成分丹皮酚，干燥环节对丹皮质量影响很大。用太阳能大棚配合远红外干燥西洋参，内部干燥速度略大于外部，表面不会形成明显的致密层，表皮及断面为黄白色，不易产生腐烂，加工成本可减少60%。

（4）微波干燥：微波是指频率为300 ～ 300 000兆赫，波长为1毫米至1米的高频电磁波，药材中的水和脂肪等能不同程度地吸收微波能量，并将其转变为热能，使药材干燥，目前应用的微波频率主要有915兆赫和2 450兆赫。如金银花较适宜采用微波干燥，一般先将金银花鲜品薄摊于微波炉内干燥3分钟，取出发汗至室温，再微波干燥3分钟，取出晾至室温后再微波干燥至全干，成品能保持良好的色、香、形，绿原酸含量较晒干、烘干、真空干燥品高，不易霉变生虫，保存期延长。

因微波穿透力强，能深入物料的内部，干燥速度快，时间短，且加热均匀，有效成分破坏少，故能保持中药材原有的色、香、味，产品质量高，且可杀灭细菌、害虫和螨，保证药材质量。由于微波干燥时药材内部温度高于外部，升温较快，容易造成内部焦糊甚至炭化现象，如鲜人参用915兆赫的微波处理只需1分钟即可熟化，因此干燥时间等参数需提前摸索，生产中要准确控制。

（5）真空冷冻干燥：即快速将物料的中心温度降至－18℃以下，将水分冻成冰晶，通过低温真空使水晶升华从而实现干燥的目的。如人参采用真空冷冻干燥，可使形状和组织结构保持完整，皂苷和挥发油等有效成分含量高，人参皂苷含量达到7.3%，形、色、气、味都优于生晒参，因此冻干人参也被称为活性参。在－25℃下采用真空冷冻干燥鲜三七，成品外形饱满美观，香气浓，质地疏松，便于服用和粉碎，采用传统的晒干（10～12天）或低温烘烤干燥，容易造成皂苷和挥发油的损失。黄芩、丹参、丹皮、细辛、枸杞子、薄荷、金银花、蒲公英等都可采用真空冷冻干燥法[①]。

第三节　中药材的包装

中药材的包装是指按照设定的剂量，通过机械或人工的方式将中药装入符合规定的包装材料中，并进行密封和标识等操作的过程。中药材加工之后，需要进行包装，以保持质量品质，避免污染，便于贮藏运输，特别是对于商品流通很重要。正确的包装方法及适宜的包装材料等对保障中药材的安全和质量稳定起着重要作用。国家对中药材包装管理制定了相关政策、法规，各地从事中药材生产、经营和使用的企业应严格遵守，采用正确的包装措施，现代化规范化的包装也有利于传统中药进入国际医药市场。

一、中药材包装的目的意义

中药具有“道地性”，大多数中药材从其产地出产后需要运往全国甚至世界各地，因而需要包装，包装后再进行运输、贮藏、使用等。包装的目的意义主要包括以下几方面。

（一）避免污染，保障中药质量和品质

中药材的流通及贮藏等过程中自然环境会经常发生变化，如果长期暴露在环境中，会受到光照、空气、温度、湿度等因素的影响，同时极易受到鼠、虫、微生物等的侵害。正确的包装可以保障中药材有效地与外界因素隔离，进而避光、隔热、防潮及防鼠、防虫、防霉，避免中药材被外界污染，保证其质量和品质稳定。同时也使得不同种类的中药实现了区分，不会混杂。

（二）减少损耗，便于计量和计数

中药包装完好，能有效避免碰撞、摩擦，减少药材的掉落、散失及破碎等，减少中药的损耗。按照统一规格或质量进行包装的药材可实现大批量的计量和统计，规范的包装也有利于快速准确的计数。

① 杨兰，肖培根. 中药材产地加工与物流管理[M]. 长沙：湖南科学技术出版社，2012.

（三）便于运输、装卸和贮藏

包装完好、整齐的中药能更好地装卸、堆码、运输、贮藏，能有效节省货架或仓库等贮藏空间，规范化的包装也利于现代生产中各种工具的机械操作。

（四）有助于销售，提高附加值

较好的包装有利于改善药材商品的外观性状，不同规格的小包装可以分别销售，避免了拆分的麻烦，也保障了产品销售过程中的质量稳定性，个性化的包装也利于满足不同消费者的需求。

二、中药材包装的特点与要求

中药材包装可分为内包装和外包装，内包装也叫“小包装”或“销售包装”，外包装也叫“大包装”或“运输包装”，一般一个大包装中只能分装一种小包装，不能混装。包装方式主要有人工包装、半自动包装、自动包装、真空包装等，目前大多数体积大、重量轻且蓬松的各类药材采用人工包装。质地轻且蓬松，受压不宜变形的中药可采用打包机压缩打包，包装外面用麻布或塑料编织布等包裹。

包装前药材需分为不同的规格等级，按照不同档次分类分级包装，一般同一药材按照不同品质会分为三到四等，一等是品质最好的，有些种子、果实及全草类药材品质差别不大，不进行分级，统一包装，叫做统货。包装应按标准操作规程操作，并在包装上做好标识，标明品名、规格、产地、批号、包装日期、生产单位，并附有质量合格的标志等。

三、中药材包装材料

中药材包装涉及装中药材的容器和辅助物等，按其性质可分为硬性包装、半硬性包装和软性包装，常用的包装材料主要有以下几种。

1.纺织材料 主要是各种包装袋，如麻袋、布袋、尼龙编织袋等，具有轻便耐用的特点，一般价格实惠，较为严密，但不适宜负重，常用于包装质地较硬、抗霉、抗虫害较好的品种，如较细小的果实种子类、颗粒状及粉末状药材。

2.木质及竹质材料 如木箱、木桶、竹筐、竹篓等。木质包装一般牢固耐压，但严密性能较差，竹质材料透气性好，但牢固性较差，易损坏，不适用于要求防潮和防压的药材。可采取内部加防潮纸或塑料膜，铁皮加固等方法进行改善。

3.纸质材料 如纸盒、纸袋、纸箱等。具有轻便、严密、成本较低等优点，但易破损。多用以包装质量和体积较小的颗粒及粉末类药材，或加工制品及动物胶类药材。纸箱多用瓦楞纸，必要时可涂油或内衬塑料膜进行防潮，其牢固性仅次于木箱，但比木箱轻便，应用范围较广，易变质和易碎中药都可选用，如枸杞子、山茱萸、玫瑰花、月季花等。

4.金属材料 如铁皮盒、铁皮桶、铝合金盒等。优点是牢固、耐压、严密、机械性能好，但成本较高，适用于盛装液体、半固体、挥发性药材和贵重药材。

5.塑料 如塑料编织袋、塑料薄膜袋、塑料盒、塑料箱等。塑料薄膜、塑料袋极易破损，主要用作各类包装的内衬物，由于可塑性强，性能和种类多样，塑料包装用品发展迅速，不断更新，促进了中药包装的现代化发展。

中药材包装的材料、容器应保证清洁、干燥、无毒、无污染，利于保持中药材的品质，应根据药材的形态特点、活性成分特性要求，选用不同的包装材料和形式。

第四节 中药材的贮藏

中药材从种植到应用要历经采收、加工、运输等多个过程，整个过程都需要贮藏，贮藏不当会使药材出现发霉、虫蛀、变色、走油、气味散失、吸潮、腐烂等变质现象，降低质量，影响疗效，我国每年都会因中药材贮藏与保管不当造成较大的经济损失，同时劣质药材被使用后还会带来安全隐患。因此采用适宜的措施进行良好的贮藏对保障中药质量非常重要。

一、贮藏过程中影响药材质量的因素

药材在贮藏过程中常受到各种因素的影响，但总的来讲不外乎两个方面：药材内部因素（内因）和外界因素（外因）。内因主要包括含水量、化学成分及其性质，外因主要包括空气、温度、湿度、光照，以及真菌污染和虫害等。

（一）内部因素

中药材中都含有一定的水分，控制含水量是中药材贮藏管理的关键。水分含量过高会引起发霉、虫蛀、潮解、软化、粘连等情况，水分含量过低又会引起走油、走味、干裂、风化、脆化、变形等现象。一般要求的适宜含水量是10%～15%，不同的药材中水分含量的要求不同，如金银花的安全水分为10%～13%，丹参为11%～14%，枸杞子为13%～18%，黄精为11%～17%，桃仁为5%～8%。中药贮藏过程中必须对含水量进行实时监控，以确保中药的质量。

中药材中的化学成分非常复杂，在贮藏过程中会不断地发生变化，引起中药材变质。比如含糖类成分的地黄、麦冬、天冬等，容易发生霉变、泛油、变色等情况，生物碱类成分容易被氧化、分解等，因此含有生物碱类成分的中药材，如麻黄、黄连，在贮存时应避免光线照射，不然会引起颜色变化，影响药效。苷类成分由于高温、光照及含水量高等原因会被破坏分解，因此含有苷类成分的中药材，如苦杏仁等，在贮藏时应注意避免光线照射，放在干燥的环境中。

（二）外部因素

影响中药材变质的外部因素主要是自然环境，空气、温度、湿度和光线照射等，在自然因素的影响下，遇到一些其他外在因素的影响更容易引起药材变质现象的发生，如

霉变、虫蛀、鼠害等。

1. 空气 空气中的影响因素主要是氧气、臭氧、二氧化碳等，其中氧气的影响最大，黄精、白芍等含酚羟基成分的药材及含油脂多的药材与氧气作用后表层的颜色会加深。臭氧作为强氧化剂，可以加速药材中有机物质，特别是油脂的变质。有时由于氧的作用而引起的变化虽在外观上看不出，如维生素类的氧化，但已经造成药材质量降低。

2. 温度 温度是很多化学反应所需要的条件，也是害虫、真菌等生存所必须的条件。在常温（15 ~ 25℃）下，药材成分基本稳定，利于贮藏。温度高于35℃时，含油脂较多的杏仁、桃仁、柏子仁等，产生油脂分解外流，形成“走油”（泛油）。含挥发油多的中药也会因受热而使芳香气味散失，如薄荷、荆芥、肉桂、丁香等，形成“走味”，玄参、党参等含糖较多的中药会产生软化。温度在20 ~ 35℃时，易导致害虫、真菌等滋生繁殖。

3. 湿度 湿度是指空气中水蒸气含量的多少，也就是空气潮湿的程度。湿度变化能直接引起潮解、溶化、糖质分解、霉变等各种变化。如空气相对湿度超过70%时，含有淀粉黏液质、钠盐类、糖类或苷类等的中药，以及炒炭、炒焦的中药易发生变质、潮解或发霉。如糖及蜜制药品，会因吸潮发软发霉乃至虫蛀，盐制药物（如盐附子等）会潮解。当空气相对湿度过低时，叶类、花类、胶类中药因失水而失润或干裂发脆，蜜丸剂类会失水发硬。

4. 光照 中药在贮藏时均不宜受日光直射，否则所含成分会发生氧化、分解、聚合等光化反应，从而引起中药变质。日光对中药的色素和叶绿素有破坏作用，红色和绿色的中药不宜在阳光下久晒。如含有鲜艳色素的中药番红花、红花、月季花等，颜色会逐渐变浅，绿色的某些全草，叶类等植物药薄荷、藿香、大青叶、益母草等，也会褪色。含有挥发油类的中药，如川芎、当归、丁香、薄荷等，经直接照射容易降低或散失芳香气味。

5. 真菌污染与虫害 真菌就是俗称的霉菌，真菌会导致中药发生霉变，俗称为发霉。大部分中药中都含有糖类、蛋白质及脂肪等营养成分，在适宜的温度（20 ~ 35℃）、湿度（相对湿度75% ~ 95%）条件下，真菌很快就会在药材上繁殖起来，有些霉菌还会产生毒素，如黄曲霉素、杂色曲霉素、黄绿青霉素、灰黄霉素等。因而在贮藏过程中，中药的霉变是一个较严重的问题。

中药害虫是指在贮藏过程中危害中药的昆虫。危害中药的害虫以甲虫类为数最多，其次是蛾类，还有属于蛛形纲的螨类，这些害虫分布面广，食性广泛，繁殖迅速，适应力强。危害根及根茎类药材的害虫主要有药谷盗、烟草甲、甘草天牛等，危害果实及种子类药材的害虫主要有米象、麦蛾、锈赤扁谷盗、皂荚豆象、长角扁谷盗等，危害藤木类的害虫主要有帝小蠹虫、抱扁蠹甲等，危害花、叶类药材的害虫主要有印度谷螟、谷蛾等。害虫蛀入中药内部后会排泄粪便，分泌异物造成污染，使药材出现小孔或大的空洞，甚至成粉，药材的外观、色泽、气味发生改变，有效成分损失，质量下降，严重时不能入药①。

① 卫莹芳. 中药材采收加工及贮运技术[M]. 北京: 中国医药科技出版社, 2005.

二、中药材的贮藏方法

（一）干燥贮藏法

干燥贮藏是指利用一定的方法，对中药材进行干燥处理，降低其中水分含量，以达到长久保存的目的。干燥可以除去中药材中多余的水分，使部分害虫、虫卵、真菌等无法存活。常用的干燥方法有晒干法、阴干法、烘干法、微波干燥法、红外加热干燥法等。

（二）密封贮藏法

密封贮藏就是将中药与外界隔离，尽量减少自然条件和虫、鼠等的影响，一般可分为容器密封、罩帐密封和库房密封。容器密封就是采用缸、坛、罐、瓶、箱、柜、铁桶等容器密封，根据需要也可添加吸湿剂。贵重中药如冰片、降香、牛黄等，通常要将其置于密闭容器中，加盖严封，置于阴凉干燥处保存。味甜香且富含营养成分的中药材容易生虫和遭鼠害，如党参、薏苡仁、杏仁等，一般要进行密闭贮藏。有芳香气味的中药材如袭香、肉桂最好能放在密封的缸或坛子里贮藏，如厚朴容易散失香气，在高温高湿季节前可按垛密封保存。在密封前应注意的是检查，保证中药无变质现象，否则不利于贮存。

（三）对抗贮藏法

有些中药极易发生霉变或虫蛀，同时有些药物会散发特殊的味道，或者具备一定的杀菌效果，能够对霉变及虫蛀起到有效的抑制作用，将这两种性质的药材放置在一起形成对抗，发挥对抗优势。

常用的对抗方法有：种子类中药与明矾共贮，可避免或延缓氧化分解变质，具有腥气的动物类中药与装在纱布袋内的花椒或细辛同贮，含糖、淀粉、油脂类较多的饮片与草木灰同贮，对于一些不宜暴晒、烘烤的饮片，可与95%酒精密闭共贮，泽泻与牡丹皮同贮，既可使泽泻不生虫，又可使牡丹皮不变色，大枣与木香同贮，既可有效防止大枣虫蛀发霉，又可防止木香走油。此外还有陈皮与高良姜同贮，硼砂与绿豆同贮，蜈蚣与樟脑丸同贮，土鳖虫与大蒜同贮，大黄、山药、薏苡仁等与大蒜同贮等，均可达到药物防虫蛀、防霉变的作用。

（四）埋藏贮藏法

将药材埋入不同的填埋物进行贮藏，包括沙子、麦麸或谷糠、石灰、活性炭等。

干沙埋藏贮藏法适用于根茎类饮片及部分新鲜饮片，将沙子铺在晒场上暴晒，使其充分干燥，装入箱或缸中，由于干燥的沙子不易吸潮，又无养分，所以既能防潮，又能防虫防霉菌，将药材理入箱内的干沙中，然后放在铺有干沙的地面上，山药、党参、泽泻等适用该方法。谷糠埋藏法是将药材埋入干燥的谷糠或麦麸中，适用于胶类饮片和某些根茎类饮片，如阿胶、鹿角胶、白芷、党参等。石灰、活性炭埋藏法主要是达到吸潮防霉的目的，石灰适用于动物药和部分昆虫类药材，活性炭吸湿后经过晒干或烘干后仍可反复使用。

（五）低温贮藏法

低温环境一般控制在0 ～ 10℃，目前常用的是利用机械制冷设备（空调、冷风机、冷冻机等）产生冷气降低温度，从而防虫、防霉，主要用于难保存的贵重药材和部分不适宜烘晒的药材，人参、鹿茸、菊花、山药、陈皮、银耳、苦杏仁等。在北方也可利用冬季的天然低温进行药材的冷藏。

三、各类中药材贮藏的注意事项

由于中药材的种类较多，对化学成分、气味、温湿度等的要求各不相同，因此在贮藏时必须分类贮藏，定期检查，认真管理，发现问题及时解决。分类主要是把性质相似、变化相同的中药材品种归为一类，选择合适的贮藏场所，采取针对性较强的保管措施。通常植物类中药按药用部分分为根及根茎类、茎类、皮类、叶类、花类、全草类、果实和种子类、树脂类等。分类存放还包括将毒性药材、易燃药材、名贵药材及盐腌药材等单独分库存放，对用药安全、防火防盗及保证中药材质量都很重要。

（一）花类药材

花类药材都具有各种不同的色泽和芳香气味，如果保管不善容易产生褪色和散失气味，严重的还会发霉、生虫。贮藏花类药材的关键是要防止受潮，故必须严格控制湿度。对有些色泽特别艳丽、气味浓郁而且又容易变色的花类，如玫瑰花、蜡梅花等，还应放入生石灰等进行吸潮除湿，或采取小件缺氧充氮等方法进行保管，以确保花类药材的花形和香味。

（二）根与根茎类药材

此类药材中有些含糖分较高，如首乌、知母、党参、天冬、玉竹、地黄、白及等，有些含淀粉较高，如山药、大黄、明党参、泽泻、贝母、北沙参等，贮藏时首先应进行充分干燥，然后装入无毒食品级的塑料袋或包装袋内，放置在密封的容器内或在环境适宜的仓库中贮藏，如地黄切片干燥后，装入聚乙烯薄膜袋中，封口，再装入纤维袋，密封贮存。也可将塑料袋密封后放置在冰柜、冷库内冷藏，可以防止霉烂、虫蛀等变质现象。

（三）果实、种子类药材

此类药材大多含有脂肪、蛋白质、糖类、淀粉等丰富的营养成分，如杏仁、大枣、桃仁、莲子肉、核桃仁、柏子仁、薏苡仁等不宜贮藏在高温场所，更不宜用火烘烤，应置于包装袋或容器内贮藏，有的贮藏前应加热清炒或用沸水浸烫等消毒灭菌，再装入木箱、铁盒内加盖密封贮藏，可防止虫蛀和霉变。如五味子常用麻袋、塑料编织袋或木箱包装，因含糖分较多夏季容易吸潮霉变，需贮存于阴凉干燥通风处。

（四）全草及地上部分品种药材

全草和地上部分的品种很多，由于质量轻体积大，贮藏时占用面积很大。多数品种只要自身干燥，一般不容易发生变化，可以用打包机压成捆，装入木箱或麻袋中，贮藏在常规的仓库或库房内，在货架上应注意与墙壁保持足够的距离，防止虫蛀及发霉，有的还可以堆码露天货垛，但应注意盖严隔潮，避免遭受雨淋和日晒。

（五）鲜活药材

鲜活药材要有特殊的贮藏条件，如需要保持水分，要有通风凉爽日照的环境，夏日要防热，冬天要防冻。必要时还须进行栽植养护，要有专人管理，以保持它的鲜活状态。

（六）盐腌药材

盐腌药材具有潮解溶化和含盐分的特点，会造成贮藏场所经常潮湿不干，影响其他药材的正常贮藏。故贮藏这类药材应选择阴凉的仓库（库房），尽力防止潮湿空气进入。集中贮藏这类品种，应采取防潮隔湿措施，控制潮解。

（七）名贵药材

如人参、西洋参、牛黄、麝香、西红花、冬虫夏草等，这类药材经济价值高，必须严格管理，可用铁盒、铝盒、玻璃瓶等密封保存。保管这些药材应有安全可靠的设备，此类药材极易被虫蛀或霉变，所以更要加强养护。

（八）易燃药材

药材有遇火极易燃烧的品种，如硫黄、火硝、樟脑、干漆、海金沙等，必须按照消防管理要求贮藏在安全地点，建筑物四周空旷，要间隔50米以上，并具有安全和消防设施。

（九）有毒药材

主要指具有毒性，使用不当会致人中毒或死亡的药材。对于这些毒性药品的贮藏和管理，应根据国家有关管理条例，设专人负责，严格执行管理制度，防止发生意外。应特别注意，毒性中药材必须由熟悉中医药的具备资格的药学技术人员负责管理，建立健全保管等制度，毒性中药材的包装容器上必须印有毒药标志，称量用具等要专用，用后妥善处理，勿作他用。

北京平谷“农业中关村华北中药材种质基地生态种植博士农场”简介

生态环境是人类生存和发展的根基，保持良好的生态环境是各国人民的共同心愿。党的十八大以来，党中央把生态文明建设作为关系中华民族永续发展的根本大计，坚持绿水青山就是金山银山的理念，开展了一系列根本性、开创性、长远性的工作。在全面建设社会主义现代化国家新征程上，中药产业实现高质量发展，必须将产业经济与绿色可持续相结合，推广符合中药材生产特性的生态种植模式，以实际行动防止耕地“非粮化”。生态种植是举世公认的先进农业生产模式。中药材生态种植不用或少用耕地，具有投入小、环境友好、综合收益高等优势，对于保障我国粮食供给、提高中药材质量、改善生态环境和发展经济等具有重要意义。近年来，国家对林草产业发展日益重视，林下经济产业逐渐培育壮大。2021年，国家林业和草原局在《关于开展第五批国家林下经济示范基地认定工作的通知》中提出“为推进林草中药材高质量发展，鼓励支持林草中药材生态培育”。2022年，国务院办公厅印发《“十四五”中医药发展规划》，明确提出“构建中药材良种繁育体系，加强道地药材良种繁育基地和生产基地建设，鼓励利用山地、林地推行中药材生态种植”。在一系列利好政策的推动下，中药材良种繁育基地和林下中药材生态种植示范基地建设进入快速发展阶段，成为促进中药产业高质量发展和推动乡村振兴的重要抓手。

如何全面发挥中药生态农业低风险、低投入、高产出、无污染、综合效益高的优势，在适生地区大力倡导和开展林下中药材生态种植，尽快最大程度地将生态种植的研究成果在全国进行推广应用成为中药产业高质量发展的关键。在此背景下，由中国中医科学院中药资源中心承担的“农业中关村华北中药材种质基地生态种植博士农场”（以下简称“中药材生态种植博士农场”）入选首批北京市平谷区农业农村局科研创新型创建项目。

北京平谷
“农业中关村华北中药材种质基地生态种植博士农场”

创建人：黄璐琦，郭兰萍

创建类型：科研创新型

创建地点：峪口镇东樊各庄村

农场规模：100亩

创建目标：针对平谷区峪口镇龙源森林公园林地资源优势和自然环境条件，收集整理适合本地区种植的药用植物种质资源，打造“华北地区中药材种质资源圃；在此基础上，优选苍术、丹参等中药材开展林下中药材生态种植技术集成与示范推广，建设林下中药材生态种植示范基地，进行科普宣传和推广应用，打造平谷区峪口镇中医药文化展示区，助力乡村振兴。

创建内容：1.利用“桑蚕基地”梯田林地，收集保存华北地区中药材种质资源，打造“华北地区中药材种质资源圃”；2.利用当地丰富的林下土地资源和林荫优势，开展林下中药材生态种植关键技术集成优化与示范推广，建设林下中药材生态种植示范基地；3.通过对农民“面对面”指导，“手把手”示范，将中药材生态种植关键技术进行科普宣传和推广应用。

北京市平谷区农业农村局
2022年5月

北京平谷“农业中关村华北中药材种质基地生态种植博士农场”简介

“中药材生态种植博士农场”的创建旨在打造高质量农业中关村，转化农业中关村科技应用成果，培育高素质农民，带领农民共同富裕。以博士团队为创建主体，分为科研创新型和生产经营型两种类型，为高科技人才提供科研平台和农业创新创业的舞台，同时探索博士带领农民增收致富的新路径。

“中药材生态种植博士农场”以“不向农田抢地，不与草虫为敌，不惧山高林密，不负山青水绿”的生态农业宣言为宗旨，建成“华北地区中药材种质资源圃”，展示中药生态农业最新研究成果，建立体现“天人合一”生态文明理念的中药材生态种植示范基地，形成中医药“生态种植－科技展示－景观旅游－科普宣传”一体化的展示基地，打造平谷区峪口镇药用植物园和精品中医药文化展示区，助力乡村振兴。

“中药材生态种植博士农场”以中国中医科学院院长、国家中药材产业技术体系首席科学家黄璐琦院士团队为核心，由中国中医科学院中药资源中心主任、国家中药材产业技术体系岗位科学家郭兰萍研究员牵头的15名博士组成专家团队，立足科技部“中药生态农业创新团队”研究成果，按照“基础研究—应用技术创新—种植模式构建—核心技术固化—推广服务体系建设”的创新链条进行设计，实现中药材生态种植模式的发掘整理、设计优化、技术固化和有效应用。针对平谷区峪口镇龙源森林公园林地资源优势和自然环境条件，收集整理适合本地区种植的药用植物种质资源，打造“华北地区中药材种质资源圃”；在此基础上，优选苍术、丹参等中药材开展林下中药材生态种植技术集成与示范推广，建设林下中药材生态种植示范基地，进行科普宣传和推广应用，打造平谷区峪口镇中医药文化展示区，示范引领平谷区中药材产业高质量发展。

“中药材生态种植博士农场”创建人郭兰萍研究员率队
在平谷农业中关村与当地政府第一次会谈

“中药材生态种植博士农场”将我国中药材生态农业的最新成果在平谷农业中关村进行集中展示，将会带来巨大的综合效益。充分利用当地闲置林下土地及荒坡地，大力发展生态林下中药材，提高土地产出率和利用率，促进当地农民增产增收。同时可以向社会各界展示古老的中医药所蕴含的“天人合一”的文化精髓，展现中医药与现代科学技术高度融合的研究成果。还可以通过生态景观设计，与当地的康养旅游、科普教育相结合，引领农民转变生产观念，提高农业生产科技水平，增强农民的获得感、幸福感和满足感，为促进乡村振兴找到新的经济增长点。与此同时，通过项目实施，建设华北地区中药材种质资源圃和中药材生态种植示范基地，可促进野生中药资源保护，减少生态环境破坏，确保绿色、有机中药材的生产，提高中药材生产生态服务功能，降低中药材生产的生态成本，具有良好的生态和经济效益。在此基础上，农民可以依托良好的生态环境和中医药文化，大力发展乡村特色旅游，积极推进旅游配套设施建设，有效带动当地农民就业，繁荣农村经济，切实做到经济效益和社会效益的良性循环，走出一条生产发展、生活富裕、生态良好的文明发展道路。

“中药材生态种植博士农场”创建人郭兰萍研究员
调研平谷区峪口镇龙源森林公园开展林下中药材生态种植的可行性

图书在版编目（CIP）数据

优质中药材种植全攻略：一本写给药农的中药材宝典/黄璐琦，王升，郭兰萍主编．—北京：中国农业出版社，2021.11（2024.11重印）
ISBN 978-7-109-28882-9

Ⅰ.①优… Ⅱ.①黄…②王…③郭… Ⅲ.①药用植物-栽培技术 Ⅳ.①S567

中国版本图书馆CIP数据核字（2021）第212489号

中国农业出版社出版
地址：北京市朝阳区麦子店街18号楼
邮编：100125
责任编辑：阎莎莎
版式设计：杜　然　　责任校对：周丽芳　　责任印制：王　宏
印刷：北京缤索印刷有限公司
版次：2021年11月第1版
印次：2024年11月北京第3次印刷
发行：新华书店北京发行所
开本：787mm × 1092mm　1/16
印张：14.5
字数：300千字
定价：108.00元
